O INTELECTO EM IBN SĪNĀ
(AVICENA)

Coleção Estudos Árabes

Apoio: Capes

العقل في ابن سينا

O INTELECTO EM IBN SĪNĀ
(Avicena)

Miguel Attie Filho

Ateliê Editorial

Copyright © 2007 Miguel Attie Filho

Direitos reservados e protegidos pela Lei 9.610 de 19.02.1998.
É proibida a reprodução total ou parcial sem autorização, por escrito, da editora.

Dados Internacionais de Catalogação na Publicação (CIP)
(Câmara Brasileira do Livro, SP, Brasil)

Attie Filho, Miguel
O intelecto em Ibn Sīnā (Avicena) / Miguel Attie Filho. – Cotia, SP: Ateliê Editorial, 2007.

ISBN 978-85-7480-382-1
Bibliografia.

1. Alma 2. Avicena, 980-1037 – Crítica e interpretação 3. Epistemologia 4. Filosofia árabe 5. Inteligência 6. Teoria do conhecimento – Obras anteriores a 1800 I. Título.

07-7456   CDD-181.07

Índices para catálogo sistemático:
1. Avicena: Filosofia árabe islâmica 181.07

Direitos reservados à
ATELIÊ EDITORIAL
Estrada da Aldeia de Carapicuíba, 897
06709-300 – Granja Viana – Cotia – SP
Telefax: (11) 4612-9666
www.atelie.com.br
e-mail: atelie@atelie.com.br

Printed in Brazil 2007
Foi feito depósito legal

Sumário

Apresentação – *Safa Abou-Chahla Jubran* 9

Nota Prévia 13

Tabela de Transliteração das Letras Árabes 15

Introdução 17

Capítulo I. A Classificação do Intelecto na Hierarquia
das Faculdades Humanas 29
    I.1. A definição da alma 29
    I.2. A substancialidade da alma 42
    I.3. O início da existência da alma 52
    I.4. Ações e faculdades da alma 60
    I.5. As faculdades vegetais 67
    I.6. As faculdades animais 72
    I.7. A faculdade racional 86

Capítulo II. A Divisão da Faculdade Racional 95
  II.1. A faculdade prática 95
  II.2. A faculdade teórica 106
  II.3. Os graus do intelecto 115
  II.4. O intelecto agente 126
  II.5. A metáfora do Sol 136
  II.6. A iluminação da inteligência ativa 148

Capítulo III. O Caminho das Formas Inteligíveis 163
  III.1. Os níveis de apreensão das formas
        e os graus de abstração 163
  III.2. A apreensão das formas sensíveis
        pelos sentidos externos 172
  III.3. A interiorização das formas sensíveis
        para as câmaras do cérebro 183
  III.4. A materialidade e a corporeidade
        das faculdades da alma 198
  III.5. A imaterialidade e a incorporeidade do intelecto 209
  III.6. A permanência do intelecto
        e a imortalidade da alma individual 223

Conclusão 235

Anexo I 245
  Notas 265

Anexo II 279

Bibliografia 289

Apresentação

É com muita honra e prazer que apresento este livro, fruto de anos de pesquisa e dedicação de Miguel Attie Filho, um dos precursores dos estudos da *Falsafa* no Brasil, cuja importância para a História da Filosofia era, de certa forma, ignorada por muitos estudiosos, ou porque dispunham apenas de materiais provenientes da tradição greco-latina, ou porque preferiram não considerar nada que não fosse oriundo dessa tradição.

Neste trabalho, Attie Filho ocupa-se do *Livro da Alma*, uma das obras de Ibn Sīnā que mais tiveram repercussão no Ocidente medieval latino e, também, no mundo árabo-islâmico. O *Livro da Alma* é um dos constituintes da Física – que representa a segunda parte de sua obra enciclopédica intitulada *Al-Šifā'* (A Cura), sendo a *Lógica, a Matemática e a Metafísica* suas primeira, terceira e quarta partes, respectivamente. O *Livro da Alma* é dividido em cinco capítulos que, por sua vez, dividem-se em seções. No primeiro capítulo, Ibn Sīnā constata a existência da alma e refuta as opiniões de seus antecessores, dentre os quais destacam-se os pré-socráticos e os platônicos; segue Aristóteles na classificação tríplice da alma nas categorias vegetal, animal e humana. No segundo e terceiro capítulos, Ibn Sīnā discorre sobre as faculdades da alma vegetal e inicia o estudo da alma animal, pela análise dos sentidos externos. No quarto capítulo são apresentados os sentidos internos, tais como a imaginação, a memória, a faculdade estimativa etc., e suas relações com as demais faculdades. O quinto capítulo, dividido em oito seções, é dedicado ao estudo da alma humana. Neste apresentam-se a divisão da faculdade racional, o início da existência da alma, as ações e as paixões da alma, os graus do intelecto e os órgãos que pertencem à alma. É justamente sobre este último capítulo que Attie Filho se atém neste mais recente livro, baseado em sua tese de doutoramento, cujo objetivo principal foi o estudo do intelecto no *Livro da Alma*, particularmente sobre a questão do "intelecto agente" – tema tão conhecido dos medievais – e o modo pelo qual o intelecto adquire as formas inteligíveis.

Attie Filho, além de ir ao texto árabe e estudá-lo, traz inúmeras passagens importantes numa tradução inédita direta do árabe para a língua portuguesa, acompanhadas da tradução latina medieval. Destaque-se especialmente a tradução integral da seção 5 do capítulo V – a respeito do intelecto agente – cotejada com a tradução latina e francesa. No entanto, a contribuição de Attie não fica na tradução do texto – que por si só é um grande feito – mas vai além, abrindo a discussão, partindo do nível terminológico e chegando ao nível conceitual, apresentada em longas notas comentadas. Com essa atitude, Attie demonstra que conceitos podem ser compreendidos de maneiras diferentes e, às vezes, levam a equívocos por parte de tradutores e estudiosos. É preciso destacar esses aspectos específicos desta publicação, pois eles atestam a originalidade da leitura de Attie Filho e frisam a importância inquestionável que este trabalho traz para os estudos da História da Filosofia. Mais do que trazer o texto árabe para a língua portuguesa, o diálogo que Attie Filho estabelece com a tradição latina medieval possibilita entender em que medida a *Falsafa* é elemento fundamental na formação do pensamento medieval latino e, conseqüentemente, presente até os dias de hoje.

Assim, o estabelecimento do vocabulário aviceniano, em língua portuguesa, revela precisão e interpretação adequada, mostrando-se divergente em muitos pontos dentre aqueles que são conhecidos até o momento. Seria mesmo inevitável que, na recuperação da fonte árabe, não surgissem questões desafiantes à leitura tradicional de "Avicena". Esse feito, que poderia ser considerado restrito ao nível lingüístico, acaba apontando para uma discussão no nível conceitual e uma nova abordagem ao texto de Ibn Sīnā.

É preciso chamar a atenção para um dos aspectos mais relevantes, e que pode ser conferido durante a leitura deste livro, em que Attie Filho mostra que a *Falsafa* não representa um momento petrificado dentro da História da Filosofia, mas, ao contrário, tanto dialoga com a Filosofia Antiga e Medieval, como o faz também com as teorias filosóficas modernas e contemporâneas.

Safa Abou-Chahla Jubran
*Professora de Árabe do
Departamento de Letras Orientais
da FFLCH-USP*

Nota Prévia

Meus estudos sobre Ibn Sīnā iniciaram-se ainda nos bancos da graduação. O interesse, naquela época, não surgiu porque os filósofos de língua árabe nos houvessem sido apresentados, mas porque, ao contrário, nas aulas havia um incansável silêncio a seu respeito. Uma ausência, assim, presente. O livro que ora apresento é uma parte desse trajeto de estudos, baseado em minha tese de doutorado, defendida em março de 2004 na Faculdade de Filosofia, Letras e Ciências Humanas da Universidade de São Paulo com o apoio da Fapesp e orientação do Prof. Dr. José Carlos Estêvão, aos quais grafo meus agradecimentos. O trabalho em questão está a meio caminho de dois outros: ele é tanto uma extensão da pesquisa de mestrado *Os Sentidos Internos em Ibn Sīnā (Avicena)* como é um prelúdio da pesquisa de pós-doutorado *O Intelecto na Metafísica da Al-Šifā' de Ibn Sīnā,* concluída no Programa de Estudos Pós-Graduados em Filosofia da Pontifícia Universidade Católica de São Paulo com apoio do CNPq. Seria muito difícil seguir o mínimo desse caminho sem a mão segura de professores, amigos e familiares que, em certa medida, me conduziram e me mantiveram fixo na pesquisa acadêmica ao longo desses anos. Colaboradores e incentivadores que jamais cansei de mencionar em trabalhos e publicações anteriores, tenha sido em livros, tese e dissertações, aos quais reitero, pois, minha gratidão e reconhecimento, tanto pelos pequenos, como pelos grandes auxílios que recebi. Do muito obtido, tenho me esforçado para que outros, depois de nós, encontrem um terreno amaciado pelos nossos passos e sigam em frente abrindo novas perspectivas no futuro. Contudo, quero registrar especiais agradecimentos à Profa. Dra. Safa Abou-Chahla Jubran, pela revisão do texto árabe e incansável disponibilidade; ao Prof. Dr. Mamede Mustafa Jarouche, pela extrema confiança em meu trabalho e pelo caloroso incentivo em todos os momentos; ao Programa de Pós-Graduação de Língua, Literatura e Cultura Árabe da Universidade de São Paulo e ao Centro de Estudos Árabes da Universidade de São Paulo, sem os quais esta publicação não seria possível. Agradeço também aos participantes de minha banca de doutorado que, por suas anotações em meus originais contribuíram para correções, alterações e novas idéias para a publicação desse livro: Prof. Dr. Carlos Arthur Ribeiro do Nascimento, em toda extensão de meu trajeto na filosofia e pela postura sempre magnânima; Prof. Dr. Jamil Ibrahim Iskandar, pela revisão cuidadosa e pelo companheirismo na *falsafa*; Prof. Dr. Alfredo Carlos Storck, pelas minuciosas anotações e generosidade acadêmica; Prof. Dr. Moacyr Ayres Novaes Filho, pelas oportunas intervenções. Agradeço também àqueles que seguiram parte dessa jornada: Prof. Dr. Carlos Eduardo de Oliveira, Profa. Dra. Cristiane Abbud; Prof. Dr. Tadeu Mazzola Verza; assim como ao Prof. Dr. Rafael Ramón Guerrero; Prof. Dr. Dimitri Gutas e Prof. Dr. Ahmed Hassnaoui; e a todos, enfim, que direta ou indiretamente auxiliaram na produção, no acompanhamento e na confecção deste trabalho. E se nada de tudo e de todos teria sido sem a divina providência, que possa sua sábia condução, tortuosa e enviesada até aqui, nos guiar e acompanhar por toda obra, em cada página, por toda linha e em cada letra.

M. A. F.
maio de 2007

Tabela de Transliteração das Letras Árabes

ا	ā	ر	r	غ	ğ
ب	b	ز	z	ف	f
ت	t	س	s	ق	q
ث	ṯ	ش	š	ك	k
ج	j	ص	ṣ	ل	l
ح	ḥ	ض	ḍ	م	m
خ	ḫ	ط	ṭ	ن	n
د	d	ظ	ẓ	ه	h
ذ	ḏ	ع	ʿ	و	ū/w
				ي	/y
				ء	ʾ
				(آ	â)
				(ى	ä)

Vogais

 ‒́‒ a
 ‒̄‒ i
 ‒̓‒ u

Introdução

Escrever uma obra enciclopédica na qual se ousa reunir os conhecimentos mais significativos da ciência da época não foi, de modo algum, uma prática comum no século XI d.C. No entanto, esse foi o legado deixado por Ibn Sīnā: *Al-Šifā'*. Sem paralelo na história da filosofia, nela reuniram-se sob sua pena, da lógica à metafísica[1], em língua árabe, tais saberes. O *Kitāb al-Nafs / Livro da Alma*, incluído na parte da Física, é um deles[2].

---

1. A *Al-Šifā'* comporta quatro tomos: Lógica, Física, Matemática e Metafísica. A Lógica compreende nove livros: *Isagoge, Categorias, Perihermeneas, Primeiros analíticos, Segundos analíticos, Dialética, Sofística, Retórica* e *Poética*. A Física compreende oito livros: a *Física* propriamente dita, *O Céu e o Mundo, A Geração e a Corrupção, As Ações e as Paixões, Os Meteoros, A Alma, Os Vegetais* e *Os Animais*. A Matemática é disposta em quatro livros: *Geometria, Aritmética, Música* e *Astronomia*. E finalmente a Metafísica, em dez livros. Cf. G. C. Anawati, "Essai de bibliographie avicennienne", *Revue thomiste*, Paris, vol. 51, p. 417, 1951. Não nos deteremos em fornecer a relação de edições que existem atualmente. Para as respectivas partes da *Al-Šifā'* que foram editadas em árabe ou então traduzidas para outros idiomas, ver a relação fornecida por J. L. Janssens, *An Annotated Bibliography on Ibn Sīnā (1970-1989)*, Leuven, University Press, 1991, pp. 3-13.
2. Não nos deteremos sobre os dados a respeito da vida e da obra de Ibn Sīnā nem sobre as características particulares da *Al-Šifā'* e do *Livro da Alma* e sua importância histórica a partir

O provocativo título geral da obra – *A Cura* – confere à sua letra prescrição, alça o saber à condição terapêutica e estatui Ibn Sīnā médico da alma. O inequívoco caráter desse desejo transpira de sua autobiografia[3] – repetida ao fastio – na qual o filósofo atesta a facilidade de aprendizado e a oportunidade de ter lido, na biblioteca de Nuḥ Ibn Manṣūr, autores consagrados nas ciências de seu tempo. Ter ultrapassado seu primeiro mestre Al-Nafīlī, ter continuado sozinho a aprender o *Almagesto* de Ptolomeu, os *Elementos* de Euclides, a *Metafísica* de Aristóteles, além da arte médica, não lhe constituiu árdua tarefa. Peculiaridades insignes que forjaram em Ibn Sīnā um caráter próprio de saber universal. Há um milênio, ser mestre em todas as ciências ainda era possível. Entretanto, a garantia do estatuto de mestria não se atingia pela mera atualização de ciências estanques: formar-se era também possuir o atilho para ligar os conhecimentos em uníssono. O paradigma do homem universal versado em todas as ciências foi atingido em larga escala por Ibn Sīnā. Não se trata, porém, de mero recolhimento de temas consagrados, o que por si já seria valioso, mas estes amparam-se de reflexões, críticas e experiências próprias, como se vê na *Al-Šifā'*. E isso fê-lo original.

A pedido de Al-Jūzjānī, discípulo, organizador e continuador da autobiografia do mestre, nasceu a obra. Ibn Sīnā, já em idade madura, iniciou-a em Hamadan e levou aproximadamente dez anos para completá-la em Isfahan, quando tinha por volta de cinqüenta anos. Morreu poucos

---

das traduções ao latim em meados do século XII d.C. Para tal, remetemos o leitor à introdução que oferecemos em Attie, *Os Sentidos Internos em Ibn Sīnā – Avicena*, Porto Alegre, Epicurs, 2000, pp. 9-39, na qual fornecemos uma localização mais detalhada a esse respeito e a respectiva bibliografia de apoio. Apenas lembramos que as fontes de nosso autor não se restringem a Aristóteles mas incluem Al-Fārābī, Plotino e Galeno dentre outros. A isto deve ser somada sua própria experiência como médico. Na verdade, o *Livro da Alma* não é um comentário ao texto de Aristóteles – e surpreende o leitor acostumado à tradição de comentários à obra do mestre grego tais como alguns escritos de Ibn Rušd (Averróis). Não se encontra nesta obra de Ibn Sīnā qualquer semelhança nesse sentido, tratando-se de abordagem diversa, na qual o filósofo não se encerra nos princípios aristotélicos, acrescentando a estes uma série de novos elementos.

3. A autobiografia completa encontra-se em edição bilíngüe em W. E. Gohlman, *The Life of Ibn Sina*, New York, State University of New York Press, 1974, pp. 17-89. Cf. também S. Afnan, *Avicenna: His Life and Works*, London, Unwin Brothers, 1958, pp. 57-82.

anos depois de sua composição. O discípulo lhe pedira que escrevesse comentários às obras de Aristóteles. A recusa de Ibn Sīnā e a idéia da reunião dos saberes constitui-se em fato notável. Herdeiro da tradição peripatética e neoplatônica em língua árabe, sob seu projeto estende-se uma concepção própria da classificação das ciências e da possibilidade de realizá-las[4]. Não obstante seguir de perto a estrutura de classificação da escola peripatética – declarando no prólogo que fará o discurso sob tal estilo – a recusa do comentário estabelece novo horizonte na história do autor: equiparar-se a Aristóteles e a Al-Fārābī e mesmo ultrapassá-los. Revigorar as ciências em nova chave de leitura? Legar à humanidade uma síntese das ciências de sua época? Pensamentos pertinentes que ombreiam a *Al-Šifā'* e fazem-na, no curso da história da filosofia, simultaneamente, convergência e dispersão, e marco nessa história. Seu prólogo fala por si:

الشفاء

المنطق

المقالة الأولى من الفن الأول من الجملة الأولى

وهو في علم المنطق

الفصل الأول

فصل في الإشارة إلى ما يشتمل عليه الكتاب

قال الشيخ الرئيس أبو علي الحسين بن عبد الله بن سينا، أحسن الله إليه : وبعد حمد الله، والثناء عليه كما هو أهله، والصلاة على نبيه محمد وآله الطاهرين، فإن غرضنا في هذا الكتاب الذي نرجو أن يمهلنا الزمان إلى ختمه، ويصحبنا التوفيق من الله في نظمه، أن نودعه لباب ما تحققناه من الأصول في العلوم الفلسفية المنسوبة إلى الأقدمين، المبذية على النظر المرتب المحقق، والأصول المستنبطة بالأفهام المتعاونة على إدراك الحق المجتهد فيه زمانا طويلا، حتى استقام آخره على جملة اتفقت عليها أكثر الآراء، وهجرت معها غواشي الأهواء. وتحريت أن أودعه أكثر الصناعة، وأن أشير في كل

---

4. Para uma recuperação das ligações de Ibn Sīnā com a tradição aristotélica, sua concepção da história da filosofia e questões pertinentes à classificação das ciências, cf. Gutas, *Avicenna and the Aristotelian Tradition*, New York, Ed. Hans Daiber, 1971.

موضع إلى موقع الشبهة ، وأحلها بإيضاح الحقيقة بقدر الطاقة ، وأورد الفروع مع الأصول إلا ما أثق بانكشافه لمن استبصر مما نبصره ، وتحقق ما نصوره ، أو ما عزب عن ذكرى ولم يلح لفكرى. واجتهدت في اختصار الألفاظ جدا ، ومجانبة التكرار أصلا ، إلا ما يقع خطأ أوسهوا، وتنكبت التطويل في مناقضة مذاهب جلبة البطلان أومكفية الشغل بما نقرره من الأصول ، ونعرفه من القوانين. ولا يوجد في كتب القدماء شيء يعتد به إلا وقد ضمناه كتابنا هذا، فإن لم يوجد في الموضع الجارى بإثباته فيه العادة وجد في موضع آخر رأيت أنه أليق به ، وقد أضفت إلى ذلك مما أدركته بفكرى، وحصلته بنظرى، وخصوصا في علم الطبيعة و ما بعدها، وفي علم المنطق. وقد جرت العادة بأن تطول مبادئ المنطق بأشياء ليست منطقية ، وإنما هي للصناعة الحكمية، أعنى الفلسفة الأولى ، فتجنبت إيراد شيء من ذلك ، وإضاعة الزمان به ، وأخرته إلى موضعه. ثم رأيت أن أتلو هذا الكتاب بكتاب آخر ، أسميه "كتاب اللواحق"، يتم مع عمرى ، ويؤرخ بما يفرغ منه في كل سنة ، يكون كالشرح لهذا الكتاب ، وكتفريع الأصول فيه ، وبسط الموجز من معانيه . ولي كتاب غير هذين الكتابين، أوردت فيه الفلسفة على ما هي في الطبع ، وعلى ما يوجبه الرأى الصريح الذي لا يراعى فيه جانب الشركاء في الصناعة ، ولا يتقى فيه من شق عصاهم ما يتقى في غيره، وهو كتابي في "الفلسفة المشرقية". وأما هذا الكتاب فأكثر بسطا، وأشد مع الشركاء من المشائين مساعدة. ومن أراد الحق الذي لا مجمجة فيه ، فعليه بطلب ذلك الكتاب ، ومن أراد الحق على طريق ما فيه ترض ما إلى الشركاء وبسط كثير، وتلويح بما لو فيطن له استغنى عن الكتاب الآخر ، فعليه بهذا الكتاب. ولما افتتحت هذا الكتاب ابتدأت بالمنطق، وتحريت أن أحاذى به ترتيب كتب صاحب المنطق، وأوردت في ذلك من الأسرار واللطائف ما تخلو عنه الكتب الموجودة. ثم تلوته بالعلم الطبيعى، فلم يتفق لي في أكثر الأشياء محاذاة تصنيف المؤتم به في هذه الصناعة وتذاكيره. ثم تلوته بالهندسة ، فاختصرت كتاب الأسطقسات لأوقليدس اختصارا لطيفا، وحللت فيه الشبه واقتصرت عليه. ثم أردفته باختصار كذلك لكتاب المجسطى في الهيئة يتضمن مع الاختصار بيانا وتفهيما، وألحقت به من الزيادات بعد الفراغ منه ما وجب أن بعلم المتعلم حتى تتم به الصناعة ، ويطابق فيه بين الأحكام الرصدية والقوانين الطبيعية. ثم تلوته باختصار لطيف لكتاب المدخل في الحساب. ثم ختمت صناعة الرياضيين بعلم الموسيقى على الوجه الذي انكشف لي، مع بحث طويل ، ونظر دقيق، على الاختصار. ثم ختمت الكتاب بالعلم المنسوب إلى ما بعد الطبيعة على أقسامه ووجوهه، مشارا فيه إلى جمل من علم الأخلاق والسياسات، إلى أن أصنف فيها كتابا جامعا مفردا. وهذا الكتاب ، وإن كان

صغير الحجم، فهو كثير العلم، ويكاد لا يفوت متأمله ومتدبره أكثر الصناعة، إلى زيادات لم تجر العادة بسماعها من كتب أخرى، وأول الجمل التي فيه هو علم المنطق. وقبل أن نشرع في علم المنطق، فنحن نشير إلى ماهية هذه العلوم إشارة موجزة، ليكون المتدبر لكتابنا هذا كالمطلع على جمل من الأغراض. "

A Cura
Lógica

Tratado I – Parte I – Tomo I.
Sobre a ciência da Lógica

Primeira seção
Seção a respeito da indicação do conteúdo do Livro

Disse al-šaīḫ al-ra'īs 'Abū 'Alī al-Ḥussain bin 'Abd Allāh bin Sīnā – que Deus o beneficie; louvado seja Deus, e sejam as loas para Ele, pois é digno disso; que a bênção esteja sobre seu profeta Muḥammad e seus familiares, os puros:

"Nosso objetivo neste livro – e esperamos que nos seja dado tempo para concluí-lo e que nos acompanhe o êxito de Deus em sua feitura – é consignar o cerne do que verificamos dos fundamentos das Ciências filosóficas atribuídas aos antigos, com base na análise metódica verificada e nos fundamentos deduzidos pelos pensamentos que se auxiliam para perceber o que é verdadeiro e que mereceu um esforço constante desde longo tempo, até se estabelecer num conjunto a respeito do qual a maioria das opiniões converge abandonando-se, assim, as opiniões quiméricas.

"Procurei consignar nele grande parte da arte; apontar em cada lugar a ocorrência da ambigüidade, solucionando-a pela elucidação da verdade, na medida do possível; indicar os desdobramentos com os fundamentos, exceto o que acredito estar claro para quem entendeu o que estamos informando e verifica o que descrevemos, ou aquilo que esqueci e não me ocorreu. Esforcei-me em abreviar consideravelmente os temas e evitei totalmente as repetições, exceto o que tenha se dado por engano ou distração. Evitei estender-me na contestação de doutrinas claramente falsas ou suficientemente trabalhadas pelo que constatamos nos fundamentos e do que conhecemos dos cânones.

"Nada existe nos livros dos antigos que não incluímos neste nosso livro. Caso não esteja fixado no lugar de costume, estará em outro que achei mais conveniente, tendo sido complementado com aquilo que foi fruto de minhas reflexões e concluído por meio de minha análise, especialmente na Ciência da Natureza, na Metafísica e na Ciência da Lógica. Era costumeiro prolongar os princípios da Lógica com coisas que não cabem à Lógica por pertencerem à arte da sabedoria, isto é, a Filosofia Primeira, e, por isso, evitei abordar algo a esse respeito e, para não perder tempo com isso, posterguei-o ao seu lugar próprio.

"Depois, pensei em dar seguimento a esse livro com um outro que chamo *Livro dos Apêndices*, que será terminado até o final de minha vida, e será datado a cada ano que se completar. Ele será como um comentário a esse livro ou um desenvolvimento dos fundamentos que aqui estão, numa exposição concisa de suas noções.

"Tenho outro livro, além desses dois, em que expus a filosofia como ela naturalmente é e conforme o que se exige de uma opinião franca, isto é, não seguindo o ponto de vista dos colegas da arte, e nem me precavendo de ruptura ou oposição a eles, como fiz alhures. E é meu livro *A Filosofia Oriental*. Quanto a este livro, ele é mais simplificado e mais condizente com os colegas peripatéticos. Quem quiser a verdade sem circunlocução deve dirigir-se àquele livro, e quem quiser a verdade de forma tal a se conciliar com os colegas e ter mais simplificação e glosas do que já foi mencionado pode dispensar aquele livro e seguir por este.

"Iniciei este livro começando pela Lógica e nele procurei seguir a ordenação dos livros do autor da Lógica, indicando nele alguns segredos e coisas apuradas inexistentes em outros livros. Dei prosseguimento a esta parte com a Física mas nessa disciplina não acompanhei de perto, na maioria das coisas, sua classificação e seu memorial. Segui, então, pela Geometria, resumindo o livro *Elementos* de Euclides, com um bom resumo, trazendo soluções para ambigüidades, mas sem me prolongar muito. Depois, prossegui com um resumo do mesmo tipo, do livro sobre astronomia, o *Almagesto*, incluindo, além do resumo, um índice e algumas explicações. Anexei nele, ainda, alguns adendos, terminando-o com o que é necessário para o conhecimento dos aprendizes para dominar a disciplina e fazer correlações entre os princípios da astronomia e as leis naturais. Em seguida, apresentei um bom resumo do livro *Introdução à Aritmética* e concluí a disciplina dos matemáticos com a Música como foi revelada para mim, além de uma pesquisa longa e uma análise minuciosa do resumo. Finalizei o livro com a Ciência que diz respeito à Metafísica segundo suas divisões e seus aspectos, fazendo nele menções à Ciência da Ética e da Política, a partir do que componho uma coletânea separada.

"Este livro, embora pequeno no volume, traz muito conhecimento da Ciência. E quem o examina e o utiliza com afinco consegue quase dominar a maioria das disciplinas pois ele contém adendos que nunca foram vistos em outros livros. O primeiro conjunto que ele traz versa sobre a Lógica. Mas, antes de adentrar à Ciência da Lógica, indicamos resumidamente em que consiste cada uma dessas ciências, e para que este nosso livro seja, para quem for manuseá-lo, como um prolegômeno a um grande número de temas"[5].

Sob tais fundamentos alinha-se, pois, o referido legado. No conjunto da harmonia das ciências, Ibn Sīnā orquestra sua composição iniciando pela Lógica, seguida da Física, da Matemática e, por fim, da Metafísica, consumada com um estudo sobre a moral, último livro da obra. A ordem nada tem de aleatório e indica, entre outras coisas, circularidade e interpenetração das disciplinas. Assim, desenha-se pela mão do mestre uma estrutura e um projeto de ciência próprios. Apesar disso, algumas respostas só são possíveis na trilha da tradição da qual é herdeiro.

O *Kitāb al-Nafs* – Livro VI da Física[6] – insere-se nesse conjunto, respondendo remotamente à questão colocada por Aristóteles em seu *De*

---

5. Na classificação proposta por Anawati, a *Al-Šifā'* encontra-se catalogada entre as obras de filosofia geral sob o n. 14, mencionada a existência de 105 manuscritos. Cf. G. C. Anawati, "Essai...", *op. cit.*, p. 417. Não nos coube aqui apresentar um estudo exaustivo e sistemático do prólogo como fizemos, por exemplo, com a tradução anexa de V, 5, reservando a prerrogativa de apresentá-lo naqueles mesmos moldes num outro estudo. Para verificar as interpretações diversas das passagens mais importantes, cf. Gutas, *Avicenna and the aristotelian tradition*, *op. cit.*, pp. 49-54, em que se apresenta uma tradução – não do mesmo manuscrito – com algumas notas indicativas a respeito de algumas das dificuldades que aí se encontram. Cf. também uma tradução parcial em R. R. Guerrero, *Avicena*, Madrid, Ed. del Orto, 1994, pp. 53-55.
6. Em sua introdução, Ibn Sīnā fornece um quadro geral dos livros que já foram escritos na parte da Física assim como indica os que virão em seguida. A hierarquia dos seres físicos pode ser verificada por meio da forma ascensional com que são divididos e apresentados os livros e seus respectivos temas. Assim como Aristóteles, Ibn Sīnā classifica a psicologia entre as ciências naturais, sendo ela um ramo da Física, tendo por objeto a alma do ser animado, do ζῷον εμψυχον. O estudo da vida, começando no sexto livro, inicia-se pela análise da alma naquilo em que há de comum entre o homem, os animais e as plantas. Por isso, os tratados sobre os vegetais e os animais vêm depois do Livro VI. Assim como o estudo da Física introduz o estudo do mundo material, o *Kitāb al-Nafs* introduz o estudo do mundo biológico. Cf. Attie, *Os Sentidos Internos*, *op. cit.*, pp. 36-44. A seqüência, contida no prefácio do *Livro da Alma*, lembra a ordem contida nos *Metereológicos* de Aristóteles. "Tratamos precedentemente das causas primeiras da natureza, de tudo o que concerne ao movimento natural, da translação ordenada dos astros na região superior, dos elementos corporais, de seu número, suas qualidades, suas transformações recíprocas e, enfim, da geração e da corrupção considerados sob seu aspecto geral. Nesse programa de pesquisas resta examinar a parte que, em todos nossos pre-

anima a respeito das condições de possibilidade de uma ciência da alma e a respectiva adequação do método mais indicado[7]. A pergunta a respeito da alma humana é a pergunta a respeito de sua natureza. Questões da filosofia, questões ancestrais. Basta, pois, recuperá-la e ver emergir uma miríade de teorias. Tarefa insólita de convencimento sempre duvidoso a inundar de respostas hipotéticas inúmeras outras questões daí procedentes. Pergunta intermitente cujas soluções ainda não foram suficientes. Seguidamente revestida de outras formas, de outras vozes, de outras línguas e de outros tempos, dividiu-se por novas disciplinas, multiplicou-se por outras, foi rechaçada por algumas, voltando a seguir por novos caminhos, morrendo e renascendo como a escapar de respostas definitivas. Nessa medida, pois, a ciência da alma de Ibn Sīnā tem tempo e lugar para ser contemplada. As respostas, sendo históricas, assim como os conceitos, obrigam que, nesse caso, sua correta compreensão se efetue no âmbito da universalidade e da harmonia buscada pelo paradigma condutor do espírito da época. Lá, os saberes se entrelaçam. De qualquer disciplina que se retire uma afirmação ouvem-se ecos nas demais, respondendo em uníssono. Por isso, a ciência da alma liga-se e implica ética, política, metafísica, cosmologia e lógica dentre outras. Recuperar a narrativa de Ibn Sīnā sobre a alma é, no horizonte mais amplo, recuperar o próprio tecido da história da filosofia, sulcado nesse período e nesse idioma. No âmbito restrito, não deixamos de indicar como a ciência da alma, em sua concepção, se articula com outras ciências e instaura uma visão singular na história do pensamento filosófico a respeito do Homem. Neste trabalho, seguimos de perto a letra do autor, a penetrar no diálogo com o *Livro da Alma*, a reconstituir a essência de suas concepções, sem deixar de lado interpretações clássicas a seu respeito. Para nosso desiderato, focaliza-

---

decessores, traz o nome de meteorologia. [...] Uma vez estudados esses sujeitos, veremos se podemos utilizar o mesmo método para o caso dos animais e das plantas consideradas em geral e em particular. Quando terminarmos essa exposição poderemos, sem dúvida, colocar um ponto final em todo o programa de pesquisa que fixamos no início". Cf. Aristote, *Météorologiques*, Paris, Les Belles Lettres, 1982, Livro I, pp. 2 ss.

7. Cf. Aristote, *De l'âme*, trad. J. Tricot, Paris, J. Vrin, 1965, I,1 402a-403b15.

mos precisamente o tema do intelecto, ápice da narração, cume teórico e laço das ciências.

Vale lembrar que a questão do intelecto, desenvolvida por Ibn Sīnā no *Kitāb al-Nafs*, não surge do acaso e destituída de história, mas, antes, insere-se numa sólida tradição de pensadores, entre os quais podem ser lembrados Teofrasto, Alexandre de Afrodísias, Temístio, Tomás de Aquino e Ibn Rušd (Averróis)[8], para ficar nos mais conhecidos. No recuo histórico, porém, uma das fontes peripatéticas mais diretamente ligadas a isso foi o próprio *De anima* de Aristóteles[9]. As questões levantadas – e muitas vezes não respondidas – pelo filósofo grego a respeito da alma humana foram inspiração fecunda que gerou, por sua vez, as mais díspares interpretações ao longo da história da filosofia, cujos autores citados acima tão bem ilustram. Contudo, se por um lado as questões colocadas por Aristóteles a respeito da natureza da alma e suas relações com o corpo já eram tema presente na filosofia pré-aristotélica – e mesmo antes que a filosofia ocupasse o cenário da antiga Grécia – por outro lado, as relações entre "alma" e "intelecto" não adquiriram maior luminosidade a não ser a partir dos escritos de Platão, de quem Aristóteles também foi tributário. Nessa medida, se o *De anima* de Aristóteles contemplou um fértil passado dos caminhos que a tradição filosófica percorrera antes dele, também apontou direções de um fértil futuro por caminhos que levaram a filosofia a fazer sua história em outras línguas, em outras terras, por outros povos e em outros tempos.

Assim, pela linha de quase dois mil anos, dos escritos de Aristóteles ao final da Idade Média, a cognata contigüidade dos termos νους, عقل e *intelligentia* reflete uma parte do caminho da história da filosofia através dos séculos, das terras e das três diferentes culturas sob as quais se vincularam tais termos. Gregos, árabes e latinos, ao adotarem os princípios da filosofia, viram-se, ao longo da história, rendidos a criar em suas respectivas línguas nomes que melhor pudessem reproduzir as inovações do

---

8. Cf. Verbeke, "Introd. IV-V", pp. 13-46 e 59-72.
9. Cf. o papel do *De anima* de Aristóteles na formação da falsafa em R. R. Guerrero, *La recepción árabe del De anima de Aristóteles: Al-Kindi e Al-Farabi*, Madrid, Consejo Superior de Investigaciones Científicas, 1992.

pensar filosófico. O caminho percorrido na cunhagem de novos termos seguiu a máxima dos neologismos: procurar no uso corrente da linguagem algum termo capaz de ser adaptado, por aproximação e associação, para reproduzir com certa fidelidade o sentido ora buscado. Assim, uma raiz mais remota do termo νους / *nous*[10] poderia fazê-lo derivar de "faro", no sentido do discernimento, de um certo tipo de percepção do espírito capaz de apreender determinada coisa ou situação. Por sua vez, o termo عقل / *'aql*[11] remeteria a uma raiz que significa "atar", "ligar" e, mais precisamente, "prender", termos oriundos supostamente do substantivo عقال / *'iqāl* – uma espécie de corda com a qual se prendiam as patas dos camelos (!) – e, por extensão, ter-se-ia derivado e aplicado ao pensamento em seu ato de apreender as coisas que lhe são próprias. Quanto ao termo *intelligentia*[12], a etimologia tradicional ensinou que o ato de inteligir seria algo como "ler no íntimo, ler dentro", no sentido do entendimento humano que apreende o íntimo das coisas, suas essências, em contraste com o

---

10. Cf. ocorrência e evolução do termo em E. Weber, *Encyclopédie philosophique universelle*, Paris, PUF, 1990, p. 1773. Cf. Platão, *Crátilo*, para origem de termos gregos, particularmente 411a-416a e 407a-407c. sobre o vocabulário em questão.
11. Para maior aprofundamento do termo *'aql* e de suas relações com termos próximos tais como "razão, sabedoria e conhecimento", cf. a introdução de Guerrero em *Averroes, Sobre Filosofia y Religión*, Navarra, Servicio de Publicaciones de la Universidad de Navarra, 1998, pp. 9-18. Cf. também M. Arkoun, *La pensée arabe*, Paris, PUF, 1996, pp. 63-65. O termo em questão não é nomeado no Alcorão como sendo uma faculdade da alma, mas os 49 empregos do verbo *'aqala* visam a atividade de uma faculdade definida, tal como se encontra na Surata 2/ 44: أفلا تعقلون /*Não compreendeis?*
12. Para a evolução e os diferentes sentidos do termo, cf. E. Weber, *op. cit.*, p. 1330. Na Idade Média, *intellectus* e *intelligentia* designam, geralmente, a parte superior da alma ou do espírito e seu respectivo ato de conhecimento. O termo "inteligível" geralmente designa o objeto da apreensão pelo intelecto em oposição ao que é apreendido pelos sentidos. Uma notável distinção é feita por Boécio: "A razão transcende o conhecimento sensível mas ela é, por sua vez, transcendida pela *intelligentia*, pela intuição intelectiva que conhece e julga do ponto de vista supremo". Cf. Boécio, *Consolo da Filosofia* V, pr. 4, n. 30 e n. 32. "Se a razão é do homem, a *intelligentia* é de Deus" (*idem*, pr. 5, n. 4). No *Kitāb al-Nafs*, Ibn Sīnā parece seguir em linhas gerais o sentido de que a inteligência se realiza no homem como faculdade intelectual – intelecto – manifestando-se por meio racional, discursivo. Mas também considera a possibilidade do conhecimento se dar por intuição, de modo imediato, de um só golpe, sem intermediação do aprendizado convencional. Este é o caso do que intitulou "intelecto sagrado", como teremos oportunidade de detalhar mais adiante.

conhecimento sensível e imaginativo, que permaneceria na exterioridade do que é conhecido. Em largo espectro, portanto, νους, عقل e *intelligentia* guardam um núcleo comum de significado mas que, por sua vez, é difícil de ser contemplado por uma única tradução. Afinal, entre o uso do termo pelos primeiros pensadores gregos e o uso dos últimos latinos ao final da Idade Média, perto de dois mil anos foram passados e, nesse fio de tempo, cada uma das três culturas – grega, árabe e latina – viveu um cenário singular e irrepetível, no qual as nuances de cada um dos três termos se apresentam por certas particularidades que não se esgotariam em poucas linhas. Por essa razão, não pretendemos – e nem é nosso papel – esquadrinhar o uso dos termos ao longo desse trajeto; porém é mister assinalar que, não obstante ser possível encontrá-los traduzidos por "pensamento, entendimento, espírito, mente, etc.", no presente caso é o binômio "inteligência/intelecto" que melhor reflete a tradução e a tradição a que se liga o nome de Ibn Sīnā.

Desse modo, feitas essas observações preliminares, indiquemos, pois, que pretendemos seguir o *Kitāb al-Nafs* por duas direções fundamentais: a primeira quanto à determinação e ao significado do termo "alma" e a segunda quanto à determinação e ao significado do termo "intelecto". A partir disso, passaremos a verificar as relações entre ambos os termos e suas recíprocas implicações. Para este trabalho utilizaremos a edição do texto base em língua árabe fixado por Rahman, cotejada com a edição de Bakós quando julgarmos oportuno. Apesar deste estudo não tratar do "Avicena Latino", incluímos as passagens respectivas da edição de Van Riet[13], sem com isso pretendermos qualquer comparação sistemática entre as duas tradições. Anotações feitas ao longo do texto devem ser toma-

---

13. F. Rahman, *Avicenna's De Anima, Being the Psychological Part of Kitab Al-Shifa*, London, Oxford University Press, 1960; J. Bakós, *Psychologie d'Ibn Sina*, Praga, Académie Tchécoslovaque des Sciences, 1956 (acompanhada de uma tradução francesa); Avicenna, *Liber de Anima seu Sextus de Naturalibus I-II-III*, "Avicenna Latinus", édition critique par S. Van Riet et introduction doctrinale par G. Verbeke, 1972; Avicenna, *Liber de Anima seu Sextus de Naturalibus IV-V*, "Avicenna Latinus", édition critique par S. Van Riet et introduction doctrinale par G. Verbeke, 1968. A tradução do *Livro da Alma* ao mundo latino foi efetuada no século XII d.C., em Toledo. Para tal cf. Attie, *Os Sentidos Internos em Ibn Sina, op. cit.*, pp. 27-31.

das, pois, como meras indicações para estudos futuros. A manutenção do texto árabe e latino justifica-se devido ao grau incipiente no qual se encontram os estudos da *falsafa* em língua portuguesa em geral, e no Brasil em particular, para, assim, contribuir para um início de diálogo entre as duas tradições. A divisão que adotamos em três capítulos justifica-se do seguinte modo: no primeiro capítulo, intitulado "A Classificação do Intelecto na Hierarquia das Faculdades Humanas", iniciaremos pelos fundamentos que justificam e sustentam a ciência da alma no *Kitāb al-Nafs*, interrogando a respeito de seu sujeito próprio e de seu método de pesquisa. Nesse mesmo capítulo, passaremos a estabelecer as principais características e as funções da alma entendida sob sua tripla divisão: vegetal, animal e racional. Estabelecidos tais fundamentos, focalizaremos com mais detalhes a faculdade racional. No segundo capítulo, intitulado "A Divisão da Faculdade Racional", procuraremos não só estabelecer a divisão proposta pelo autor em faculdade prática e teórica, mas também analisar as relações que se estabelecem entre o binômio que as fundamenta. Em seguida, iremos nos deter em questões do processo inteligível tal qual o autor sustenta a partir da relação do intelecto humano com a inteligência agente, ícone maior de sua teoria do conhecimento. Por fim, no terceiro capítulo, intitulado "O Caminho das Formas Inteligíveis", pretendemos mostrar o modo pelo qual o binômio sensível e inteligível se relaciona no âmbito da apreensão das formas inteligíveis. Ao final, verificaremos quais as implicações da afirmação da imaterialidade da faculdade racional com vistas à hipótese da permanência da alma individual, conforme estabelecido no *Kitāb al-Nafs*.

Capítulo I
A Classificação do Intelecto na Hierarquia das Faculdades Humanas

I.1. A definição da alma

A estrutura adotada por Ibn Sīnā para o estudo da alma, no *Kitāb al-Nafs*, denota ser inadequado não a entendermos segundo uma hierarquia crescente em direção ao coroamento do intelecto como a mais alta das faculdades da alma[1]. Não é sem motivo, pois, que o estudo da alma humana encontra-se propriamente no final da obra – Capítulo V – estendendo-se por oito seções, nas quais Ibn Sīnā apresenta suas principais concepções a esse respeito. Contudo, no estabelecimento da divisão das faculdades da alma – Capítulo II, seção 5 – já se encontra uma primeira referência ao tema, auxiliando-nos a localizá-

---

1. O كتاب النفس / *Kitāb al-Nafs* / *De anima* / *O Livro da Alma* é composto de uma Introdução e de Cinco Capítulos, os quais, por sua vez, são divididos em seções. Na introdução, o autor ocupa-se em situar o *Kitāb al-Nafs* como o Livro VI dos estudos da Natureza no conjunto da obra الشفاء / *Al-Šifā'* / *A Cura* e explica, também, em que medida o tema da alma se insere no conjunto das outras ciências. De modo sumário, quanto ao conteúdo de cada capítulo, podemos fornecer as seguintes indicações: o Capítulo I é dedicado principalmente a estabelecer o sujeito dessa ciência, isto é, constatar a existência da alma, definir sua essência, refutar opiniões divergentes atribuídas indistintamente aos "anti-

lo mais precisamente no conjunto do *Kitāb al-Nafs*. Tal qual um mestre artesão que respeita cuidadosamente as etapas de seu projeto, Ibn Sīnā segue um itinerário ritmado de apresentação, localização e posterior desenvolvimento específico de cada um dos itens referentes ao estudo da alma para que, ao final, haja duas perfeições: a de sua exposição e a do entendimento do leitor. Nessa medida, ao iniciarmos nosso estudo – ao mesmo tempo em que nos mantemos fiéis à sua filosofia e ao seu método – a consideração preliminar de algumas teses estabelecidas por ele nos capítulos que precedem o derradeiro tornam-se irremediavelmente necessárias para que, por si só, o justo entendimento da localização do intelecto seja, não uma mera introdução formal, mas, antes de tudo, uma condição inalienável para o estudo de seu funcionamento e de seu estatuto no conjunto das faculdades da alma. Por essa razão, é mister verificarmos algumas afirmações fundamentais de Ibn Sīnā a respeito da alma. Estas, como prestadias auxiliares, ajudam a construir com mais clareza o cenário em que se desenvolve o estudo do intelecto.

A primeira coisa da qual se deve falar é constatar a existência da alma. A propósito, este é o tema que – não sem razão – abre o *Kitāb al-Nafs* com o objetivo preciso de identificar o sujeito dessa ciência, definir seus atributos e estabelecer, assim, a condição necessária de seus fundamentos. A Seção 1 do Capítulo I[2], intitulada

---

gos" e enumerar as diversas faculdades que a alma possui; o Capítulo II focaliza as características da alma vegetal e suas respectivas faculdades e, adentrando o estudo da alma animal, estuda os sentidos externos com exceção da visão; esta ocupa todo o Capítulo III (o mais longo), que se completa com o estudo da luz; no Capítulo IV, Ibn Sīnā dedica-se à análise dos sentidos internos tanto no animal quanto no homem e também ao estudo das faculdades motoras; o Capítulo V ocupa-se da alma racional humana e dos seus respectivos órgãos. Esse último capítulo é dividido em oito seções, cujos temas principais podem ser assim resumidos: as ações e paixões da alma humana; a prova da subsistência da alma racional; a incorruptibilidade da alma humana e suas relações com os sentidos; a respeito da inteligência agente; os graus do intelecto e o intelecto sagrado; e uma exposição sobre os órgãos que pertencem à alma. É a partir dessa divisão hierárquica e ascendente adotada pelo autor que se prenuncia o intelecto como o acabamento e o coroamento de todo o estudo desenvolvido no *Kitāb al-Nafs*.

2. ابن سينا, كتاب النفس. Ibn Sīnā, *Kitāb al-Nafs*. Edição do texto árabe por F. Rahman,

"Da Constatação da Alma e de sua Definição enquanto Alma"[3], / في إثبات النفس وتحديدها من حيث هي نفس cumpre essa necessidade e é desenvolvida por Ibn Sīnā a partir de duas vias que permitem tal constatação. A primeira delas é uma via exterior, realizada pela observação dos corpos existentes na natureza. A segunda, de modo diverso, é uma via interior pela qual o homem apreende a existência de sua própria alma. Quanto à constatação por meio da observação dos corpos existentes na natureza, nos diz Ibn Sīnā:

فنقول إنا قد نشاهد أجساما تحسّ وتتحرك بالإرادة, بل نشاهد أجساما تغتذي وتنمو وتولد المثل وليس ذلك لها لجسميتها فبقي أن تكون في ذواتها مبادئ لذلك غير جسميتها والشيء الذي يصدر عنه هذه الأفعال وبالجملة كل ما يكون مبدأ لصدور أفاعيل ليست على وتيرة واحدة عادمة للإرادة فإنا نسميه نفسا.

Dizemos que, seguramente, observamos corpos que sentem e se movem voluntariamente, ou ainda, observamos corpos que se nutrem, crescem e engendram [corpos] semelhantes.

Avicenna's De Anima, Being the Psychological Part of Kitab Al-Shifa, London, Oxford University Press, 1960, p. 4. As citações do texto árabe seguirão o seguinte formato: Rahman: I,1,4, significando: texto árabe da edição de Rahman, capítulo, seção e página respectivamente. A mesma passagem será indicada também na tradução francesa em كتاب النفس, ابن سينا. Ibn Sīnā, *Psychologie d'Ibn Sina*, edição do texto árabe acompanhado de uma tradução francesa por J. Bakós, Praga, Académie tchécoslovaque des sciences, 1956, no seguinte formato, Bakós: I,1,5, significando: tradução francesa de Bakós, capítulo, seção e página respectivamente. No caso da edição latina Avicenna, *Liber de Anima seu Sextus de Naturalibus I-II-III*, "Avicenna Latinus", édition critique par S. Van Riet et introduction doctrinale par G. Verbeke, 1972, e Avicenna, *Liber de Anima seu Sextus de Naturalibus IV-V*, "Avicenna Latinus", édition critique par S. Van Riet et introduction doctrinale par G. Verbeke, 1968, o formato será o seguinte: Riet: I,1,5 significando respectivamente: texto latino por Van Riet, capítulo, seção e página respectivamente e Verbeke, "Introd. I-III", 5, significando Introdução de Verbeke ao texto latino, capítulo e página respectivamente.

3. Nesse caso, o termo إثبات / *itbāt* traduz-se melhor como "constatação" do que como "prova". A tradução latina optou pelo termo "affirmare" (cf. Riet, I,1,14 e *Léxique arabo-latin*, p. 299). O termo "prova", adotado por Bakós, aplica-se melhor ao termo árabe برهان / *burhān* (cf. J. I. Iskandar, *Avicena – A Origem e o Retorno*, São Paulo, Martins Fontes, 2005, p. 198; e A. M. Goichon, *Lexique de la langue philosophique d'Ibn Sīnā*, Paris, Desclée de Brouwer, 1938, p. 21, n. 47). A exposição de Ibn Sīnā, nessa seção, confirma tratar-se mais de constatação do que de prova.

Tais corpos não são isto pela sua corporeidade. Resta, pois, que existe para isso, em suas essências, princípios que não são a sua corporeidade. A coisa da qual procedem essas ações, geralmente todo princípio da procedência dessas ações, que de um modo único não prescinde da vontade[4], chamamos alma[5].

Nessa afirmação, Ibn Sīnā sublinha o contraste evidenciado por meio da observação dos corpos existentes na natureza. Se, indistintamente, vemos corpos, distintamente os vemos ora dotados de sensibilidade e movimento e ora não. Enquanto o que lhes é comum, isto é, o corpo, não lhes confere o que os distingue, isto é, o movimento e a sensibilidade, é forçoso que essa diferença deva provir de algo distinto daquilo que lhes é comum, ou seja, a corporeidade. Nessa medida, o corpo enquanto tal não poderia ser o princípio desses movimentos, mas, antes, tal fato indicaria que, nas essências dos corpos que possuem essas peculiares e distintivas características, há um princípio diverso da simples corporeidade, pois, do contrário, essa seria suficiente para dotá-los de tais características singulares, o que não é possível, porquanto são observáveis corpos que não possuem tais notas distintivas. Nessa perspectiva, apesar de a alma não ser constatada imediatamente, sua existência é postulada na medida em que se constata a diferença de comportamento dos corpos, inferindo-se disso uma diferença de princípios. Assim, é a esse princípio não-corpóreo, do

---

4. Nesse caso, o termo إرادة / 'irāda, não possui o mesmo significado que o termo "vontade/voluntas", sendo, este, um movimento do desejo sob a reflexão do intelecto. Este último só se aplicaria ou ao homem ou a Deus. No caso de Ibn Sīnā, como bem observa Goichon, o termo إرادة / 'irāda indica um grau de iniciativa que se refere à faculdade motora como causa do movimento (cf. Goichon, *Lexique*, *op. cit.*, p. 145, verbete 282). Nesse sentido, não implica, pois, decisão refletida, sendo aplicado, também, aos animais.
5. Rahman, I,1,4 / Bakós, I,1,5. "Et dicemus quod nos videmus corpora quaedam quae non nutriuntur nec augmentantur nec generant; et videmus alia corpora quae nutriuntur et augmentantur et generant sibi similia, sed non hoc ex sua corporeitate; restat ergo ut sit in essentia eorum principium huius praeter corporeitatem. Et id a quo emanant istae affectiones dicitur anima, et omnino quicquid est principium emanandi a se affectiones quae non sunt unius modi et sunt voluntariae, imponimus ei nomen 'anima'". Cf. Riet: I,1,14s e notas às linhas 76-77. أفعال / atos; أفاعيل / ações.

qual procedem tais ações e que assimila certas paixões, que se dá o nome de "alma"[6].

Adotando uma perspectiva distinta[7], a segunda via de constatação da existência da alma apresentada por Ibn Sīnā – conhecida como a "alegoria do homem suspenso no espaço"[8] – encontra-se ao final da Seção I, reforçando a sentença de abertura:

نقول إن أول ما يجب أن نتكلم فيه إثبات وجود الشيء الذي يسمي نفسا .

Dizemos que a primeira coisa que devemos falar a esse respeito é constatar a existência da coisa que se chama alma[9].

Nesse caso, Ibn Sīnā propõe que um de nós se conceba como tendo sido criado de uma só vez em toda a perfeição. No entanto, embora criado na plenitude de sua compleição física, tal homem, contrariamente à primeira via, teria sua vista velada e estaria totalmente privado de seus sentidos de modo que não pudesse apreender qualquer realidade sensível exterior. Os seus membros estariam separados e não poderiam se tocar e, além disso, esse homem estaria no vácuo, caindo de cima para baixo, não sendo sequer afetado pelo ar ou por qualquer coisa externa a ele. Ora, nessas circunstâncias, pergunta-se Ibn Sīnā: seria possível que tal homem afirmasse sua existência, apesar de não poder afirmar a existência de nenhum de seus membros, nem de suas entranhas, nem de seu cérebro e de seu

---

6. Nessa primeira via a constatação é de modo indireto, isto é, pelas ações são deduzidos os princípios. Cf. nosso adiante item III.4.
7. Essa via refere-se especificamente à alma humana, pois é o homem em sua própria interioridade que constata a existência de sua alma.
8. Também referida como "a alegoria do homem voador" ou "o cogito" de Ibn Sīnā. Esta última denominação deve-se certamente ao fato do homem ser capaz de se perceber existente e pensante sem a intermediação do corpo (cf. Bakós, n. 58). Muito conhecida na Idade Média (cf. E. Gilson, "Les sources gréco-arabes de l'augustinisme avicennisant", *Archives d'histoire doctrinale et littéraire du Moyen Âge*, 1929-1930, vol. 4, pp. 39-53), essa alegoria pode se associar a fontes neoplatônicas (cf. R. R. Guerrero, *op. cit.*, 1994, p. 42).
9. Rahman: I,1,4 / Bakós: I,1,5. "Dicemus igitur quia, quod primum debemus considerare de his, hoc scilicet affirmare esse huius quod vocatur anima [...]". Cf. Riet: I,1,14.

coração, e de nenhuma das realidades exteriores? Sua resposta é positiva. Mesmo destituído da apreensão de sua realidade corporal e das coisas exteriores a ele, ainda assim, tal homem, de modo imediato, seria capaz de afirmar-se como existente devido à existência da alma nele; e se, nesse estado, tal homem pudesse imaginar um membro, ele não o imaginaria como parte de sua essência. Nesse caso, tal evidência de si, alcançada de modo intuitivo e imediato, dispensa nosso filósofo de uma argumentação exaustiva, pois ela é por si só, a seus olhos, suficiente para que todo e qualquer homem possa constatar a existência de sua própria alma. Vejamos como o próprio Ibn Sīnā termina essa alegoria, chamando a atenção para tal evidência:

فإذن الذات التي أثبت وجودها خاصية له على أنها هو بعينه غير جسمه وأعضائه التي لم يثبت , فإذاً المتنبه له سبيل إلى أن يتنبه على وجود النفس شيئًا غير الجسم بل غير جسم وأنه عارف به مستشعر له وإن كان ذاهلًا عنه يحتاج أن يقرع عصاه .

> Sendo assim, a essência cuja existência foi constatada possui uma propriedade na medida em que é nela mesma distinta de seu corpo e de seus membros que não se constatam. Desse modo, aquele que afirma, possui um meio para o afirmar, em virtude da existência da alma, como algo que não é o corpo, melhor, não-corpo. Certamente esse homem conhece isso e o percebe, e se ele disso se esqueceu, seria necessário adverti-lo[10].

Vale frisar que esse duplo modo de estabelecer a existência da alma, que abre o *Kitāb al-Nafs*, antes de ser uma oposição, no caso de Ibn Sīnā, apresenta-se mais como uma complementariedade. Em sua perspectiva, as esferas do externo e do interno se comportam muito mais como realidades que se completam do que como realidades que se subordinam. Ao longo de toda a obra, o tratamento aplicado a binômios da realidade – exterior e interior; sensível e não-sensível; material e

---

10. Rahman: I,1,16 / Bakós: I,1,13. "Et, quoniam essentia quam affirmat esse est propria illi, eo quod illa est ipsemet, et est praeter corpus eius et membra eius quae non affirmat, ideo expergefactus habet viam evigilandi ad sciendum quod esse animae aliud est quam esse corporis; immo non eget corpore ad hoc ut sciat animam et percipiat eam; si autem fuerit stupidus, opus habet converti ad viam". Cf. Riet: I,1,37.

imaterial – se configura numa unidade e numa complementação tais que se distancia do modo como este tema foi tratado por outros autores – notadamente a partir da modernidade[11] – cuja acentuação de uma das duas vias em relação à outra tornou, geralmente, esse privilégio numa conseqüente subordinação da via que se lhe opunha. Nessa perspectiva, Ibn Sīnā apresenta-se como um agregador do homem, procurando fornecer a medida certa de suas duas realidades – corpo e alma – já que ele, o homem enquanto uma unidade, existe em contato com esses dois mundos. Para que fique um único exemplo, não é demais salientar que a imagem da alma como aquela que possui duas faces sintetiza bem esta que consideramos uma das matrizes de seu pensamento:

فكأن للنفس منا وجهين ، وجه إلى البدن (...) ووجه إلى المبادئ العالية.

É como se nossa alma possuísse duas faces: uma face voltada para o corpo [...] e uma face voltada para os princípios superiores[12].

Estando, pois, constatada a existência desse princípio de movimento e sensibilidade denominado "alma", Ibn Sīnā identifica e estabelece o sujeito dessa ciência. Como tal princípio é inerente aos cor-

11. A comparação entre a via adotada por Ibn Sīnā para a constatação da existência da alma e o "cogito cartesiano" é quase inevitável. Porém, há distinções essenciais que permitem não confundi-las. Ibn Sīnā, diferentemente de Descartes, busca constatar uma propriedade essencial em todos os viventes. A dupla via tem como objetivo determinar o sujeito da ciência proposta, na medida em que o sujeito de uma ciência (no caso, a alma) deve ser universal. Desse modo, Ibn Sīnā afasta-se do solipsismo do "eu penso" ao afirmar, de modo diverso, que "os seres humanos têm uma alma".
12. Cf. Rahman: I,5,47 / Bakós: I,5,33). "[...] anima nostra habeat duas facies, faciem scilicet deorsum ad corpus [...] et aliam faciem sursum, versus principia altissima [...]" Cf. Riet: I,1,94. A interpenetração dessas duas realidades encontra também um bom exemplo no Capítulo IV (cf. Rahman: IV,2 / Bakós: IV,2), nas passagens em que Ibn Sīnā explica, por um lado, como a matéria e os astros influenciam os sonhos por meio da faculdade imaginativa e, por outro lado, como a alma pode influenciar a matéria chegando à cura dos enfermos ou, num caso mais extremo em que ela " فيصير غير النار نارا وغير الأرض أرضا / *torna o que não é fogo, fogo; e o que não é terra, terra*. Cf. Rahman: IV,4,201 / Bakós: IV,4,142). "[...] ita ut quod non est ignis fiat ei ignis, et quod non est terra fiat ei terra [...]".

pos que possuem tais características, ou seja, sendo que a alma é necessariamente parte do composto do vivente, cabe estabelecer, então, de que modo ela participa desse composto. Assim, Ibn Sīnā avança, a partir da constatação do sujeito da ciência da alma, em direção à definição de seus atributos. Seguindo as classificações aristotélicas, Ibn Sīnā entende que as partes do composto são de duas categorias: uma pela qual a coisa é o que é em ato e a outra, aquilo que a coisa é o que é em potência. Se a alma fosse potência – و لا شك أن البدن من ذلك القسم / *e não há dúvida de que o corpo é dessa categoria*[13] – não haveria aquilo pelo que o animal e o vegetal tornar-se-iam o que são, nem pelo corpo e nem pela alma, pois, se tanto o corpo quanto a alma fossem potência, seria necessário, então, uma outra perfeição em ato que os atualizasse como animal e como vegetal. Ora, justamente – فذلك هو النفس وهو الذي كلامنا فيه / *isso é a alma e é nisso que consiste o nosso discurso*[14]. Desse modo, estabelecido que a alma existe no composto vivente como incorpórea em relação ao corpóreo e como ato em relação à potência, ela é, em última análise, aquilo pelo que o vegetal e o animal se tornam respectivamente vegetal e animal em ato.

Porém, definir a alma como ato não é suficiente, ainda, para dizer tudo de sua essência, pois os existentes que dizemos ser compostos de corpo e alma, mesmo estando ligados de modo indistinto à matéria, possuem determinações distintas a partir de suas espécies e, por isso, acabam apresentando uma variedade de ações particulares procedentes de suas faculdades diversas. É preciso, então, verificar como a alma, sendo ato, está para tais diversidades para que, com isso, avancemos em direção à sua precisa definição[15]. Em vista disso, para

---

13. Rahman: I,1,5 / Bakós: I,1,6. "[...] sine dubio autem corpus est de genere illius partis [...]". Cf. Riet: I,1,17.
14. Rahman: I,1,5 / Bakós: I,1,6. "Ergo opus erit alio constituente quod sit principium in effectu eius quod dicimus, et ipsum est hoc de quo loquimur". Cf. Riet: I,1,17.
15. À afirmação geral e primeira da alma como ato, em relação ao corpo como potência, Ibn Sīnā passa a dirigir sua atenção e a focalizar com mais precisão as denominações pelas quais se podem fazer referência ao termo "alma".

esclarecer essas relações e as principais aplicações que o termo "alma" pode adquirir, Ibn Sīnā indica três principais sentidos atribuídos a ela por analogia:

فنقول الآن إن النفس يصح أن يقال لها بالقياس إلى ما يصدر عنها من الأفعال قوة وكذلك يجوز أن يقال لها بالقياس إلى ما تقبله من الصور المحسوسة والمعقولة على معنى آخر قوة ، ويصح أن يقال لها أيضا بالقياس إلى المادة التي تحلها فيجتمع منهما جوهر مادي نباتي أو حيواني صورة ، ويصح أن يقال لها أيضا بالقياس إلى استكمال الجنس بها نوعا محصلا في الأنواع العالية أو السافلة كمال (...)

Dizemos agora: é correto dizer que a alma, por analogia ao que dela emana em vista de certos atos, é uma faculdade. Do mesmo modo – por analogia a certas formas sensíveis e inteligíveis que ela recebe – pode-se, num outro sentido, dizer que ela é faculdade. Também é correto dizer que ela é forma por analogia à matéria que ela tomou por receptáculo – resultando a união das duas numa substância material, vegetal ou animal[16]. Também é correto, por analogia, chamá-la perfeição relativamente ao acabamento realizado por ela do gênero em espécie colocado em ato nas espécies superiores e inferiores[17] [...].

Apresentam-se, assim, três sentidos que podem ser atribuídos à atualização realizada pela alma: faculdade[18], forma e perfeição[19]. Na passagem imediatamente anterior a esta, Ibn Sīnā havia afirmado que ذات النفس ليست بجسم بل هي جزء للحيوان والنبات, هي صورة أو كالصورة أو كالكمال / *a essência*

16. Trata-se do συνολον de Aristóteles. Cf. Bakós n. 2.
17. Rahman: I,1,6 / Bakós: I,1,6. "Dicemus igitur nunc quod anima potest dici vis, comparatione affectionum quae emanant ab ea; similiter etiam potest dici vis ex alio intellectu, comparatione scilicet formarum sensibilium et intelligibilium quas recipit. Et potest dici etiam forma, comparatione materiae in qua existit, ex quibus utrisque constituitur substantia vegetabilis aut animalis. Potest etiam dici perfectio, hac comparatione scilicet quod perficitur genus per illam et habet esse species per illam, sive sit de superioribus speciebus, sive de inferioribus". Cf. Riet: I,1,18.
18. Em relação ao termo "faculdade", podemos destacar que a diversidade dos atos provenientes da alma indica faculdades distintas e, por vezes, pode-se referir à alma querendo com isso significar as ações que ela realiza tais como as ações do crescimento, da geração, da nutrição, do movimento ou da sensibilidade. O outro sentido referido por Ibn Sīnā para o termo "faculdade" aplicar-se-ia às operações da alma humana enquanto esta articula conjuntamente as faculdades sensitivas e intelectivas para a apreensão das formas inteligíveis.
19. A alma pode ser chamada também de perfeição relativamente ao acabamento do gênero

da alma não é corpo, mas é uma parte que o animal e o vegetal possuem, ela é uma forma, ou como forma ou como perfeição[20]. O sentido de dizer que a alma é como se fosse uma forma ou como se fosse uma perfeição se justificaria na medida em que Ibn Sīnā pretende ir além da linha de interpretação aristotélica que considera a alma como simplesmente a forma do corpo ou meramente como a perfeição da espécie. Ela é isso também, mas é algo além disso. Na visão de Ibn Sīnā a alma deve ser, antes de tudo, uma substância que se comporta, entre outras coisas, como forma e como perfeição.

Vale salientar que os três sentidos propostos – faculdade, forma e perfeição – são três fundamentos, isto é, três causas no sentido aristotélico: eficiente, formal e final. Visto que é papel da ciência estudar as causas, Ibn Sīnā estabelece, assim, o horizonte da ciência da alma. Entretanto, ele não as coloca numa equânime condição e define o termo "perfeição" como o mais abrangente dentre os três. Num primeiro sentido, a alma pode ser chamada de princípio eficiente e faculdade motora em relação ao movimento; num segundo sentido, pode ser denominada forma em relação à matéria e, ainda, pode ser chamada de perfeição e fim em relação ao todo. Isso se justifica do seguinte modo: quando dizemos que a alma é forma, isso decorre do fato de sua existência estar em relação com a matéria, ao passo

---

em espécie que ela realiza, visto ser a natureza do gênero incompleta e indeterminada enquanto a natureza da diferença não a colocar em ato. A espécie é acabada somente quando a diferença é assim reunida. Ora, se a espécie é ato em relação ao gênero, se a perfeição é o acabamento do gênero pela atualização da espécie por meio dos seres particulares, e se a alma, como forma, é esse acabamento; logo, a alma é perfeição, no sentido de que, enquanto forma em relação à matéria, aperfeiçoa o gênero, atualizando-o na espécie, pelos particulares. Na medida em que a atualização dos particulares é feita pela alma como uma forma que assinala a matéria constituindo as faculdades desse particular, é, pois, pelo termo "perfeição" que o conjunto dessas ações pode ser reunido e melhor designado. Cf. Verbeke, "Introd. I-III", p. 24.

20. Cf. Rahman: I,1,5s. / Bakós: I,1,6. O texto latino foi traduzido segundo o entendimento da partícula "ك", antes do substantivo, como sendo uma aproximação comparativa: "Constat ergo quod essentia animae non est corpus, sed est pars animalis aut vegetabilis, quae est ei forma aut quasi forma aut quasi perfectio". Cf. Riet: I,1,18.

que a perfeição exige uma relação com a coisa completa da qual procedem os atos. Quando dizemos "perfeição", estamos afirmando que a alma é perfeição quanto à sua relação com a espécie, sendo, pois, preferível referir-se à alma por esse nome. Quando se diz "perfeição", aí incluem-se os dois conceitos, ou seja, o de "forma" e o de "faculdade". Assim, pode-se estabelecer a perfeição como o conceito mais próprio para a alma. Ao dizer que a alma é perfeição, Ibn Sīnā quer dizer que a fisionomia característica e as atividades particulares do ser vivo vêm do princípio "alma": este não é somente uma fonte de movimento ou de atividade cognitiva, é simultaneamente os dois e está na raiz que constitui a estrutura própria dos seres vivos[21]. Vejamos, por suas próprias palavras, como nosso filósofo afirma essa posição:

فإن النفس من جهة القوة التي يستكمل بها إدراك الحيوان كمال ، ومن جهة القوة التي تصدر أفاعيل الحيوان كمال ، والنفس المفارقة كمال والنفس التي لا تفارق كمال (...)

Pois a alma, sob o aspecto da faculdade, pela qual se aperfeiçoa a percepção do animal é uma perfeição e, sob o aspecto da faculdade da qual procedem os atos do animal, é uma perfeição; a alma separada é uma perfeição e a alma que não está separada é uma perfeição [...][22].

Mesmo assim, a denominação da alma como "perfeição" deve ser melhor especificada, podendo ser entendida sob duas vertentes, pois a perfeição se apresenta sob dois aspectos: كمال أول وكمال ثان / *perfeição primeira e perfeição segunda*[23]. No primeiro caso, a perfeição

---

21. Cf. Verbeke, "Introd. I-III", p. 24.
22. Rahman: I,1,8 / Bakós: I,1,7. "Cum autem dixerimus quod anima est perfectio, comprehendetur uterque intellectus, quia anima ex potentia qua perfecitur in animali comprehensio rei est perfectio, et ex potentia ex qua emanant affectiones etiam est perfectio; anima etiam separata est perfectio, et anima quae nondum est separata est perfectio". Cf. Riet: I,1,22.
23. Rahman: I,1,11 / Bakós: I,1,9. "Perfectio autem est duobus modis: perfectio prima et perfectio secunda". Cf. Riet: I,1,26.

primeira é singular e deve ser entendida como aquela pela qual a espécie se torna espécie em ato, por exemplo, كالشكل للسيف / *como o formato da espada*[24]. Por outro lado, a perfeição segunda – somente nesse caso podendo ser entendida como a variedade das perfeições que se seguem à primeira e, portanto, também cabendo chamá-las no plural de "perfeições segundas" – vem em seguida ao acabamento da espécie da coisa realizado por meio da perfeição primeira. A perfeição segunda constitui-se no exercício, das paixões e das ações provindas da espécie dessa coisa, por exemplo, كالقطع للسيف / *como o corte da espada*[25]. Ora, se a perfeição segunda é o conjunto das ações e das paixões da espécie – e no caso da alma a perfeição segunda é o conjunto das suas faculdades por ela mesma aperfeiçoadas na matéria cuja forma é também a própria alma – é forçoso que a perfeição primeira, sendo a constituição da unidade do particular, possua preeminência e generalidade em relação à segunda, pois, não obstante as perfeições segundas pertencerem à espécie, em última análise, dependem da primeira. Assim sendo, Ibn Sīnā pode afirmar:

فالنفس كمال أول ، ولأن الكمال كمال لشيء [فالنفس كمال لشيء] وهذا الشيء هو الجسم.

Logo, a alma é uma perfeição primeira porque a perfeição é uma perfeição de alguma coisa [e a alma é uma perfeição de alguma coisa]; e esta coisa é o corpo[26].

Implícito está, desse modo, que a alma é essa perfeição primeira do corpo. Contudo, a alma não é a perfeição de qualquer corpo, pois a atribuição do movimento e da sensibilidade exclui os corpos destituídos de tais características. Estes, apesar de aperfeiçoados por uma certa forma, não têm a alma como sua perfeição. Trata-se, com isso, de afastar a idéia de que a alma pudesse ser perfeição de corpos artificiais, por exemplo, كالسرير والكرسي وغيرهما / *como a cama, a cadeira*

---

24. Rahman: I,1,11 / Bakós: I,1,10. "[...] sicut figura ensi". Cf. Riet: I,1,27.
25. Rahman: I,1,11 / Bakós: I,1,10. "[...] sicut incidere est ensi [...]". Cf. Riet: I,1,28.
26. Rahman: I,1,11 / Bakós: I,1,10. "Ergo anima est perfectio prima. Sed quia perfectio est perfectio alicuius rei quae eget ut aliqua alia ut corpus [...]". Cf. Riet: I,1,28.

e outros[27]. A alma é perfeição primeira de um corpo natural mas deve-se afastar, também, a idéia errônea de que a alma fosse uma perfeição de qualquer corpo natural tais como o fogo, a água ou o ar. Seguindo em busca de precisar ainda mais a essência da alma, Ibn Sīnā, aproximando-se da definição aristotélica, chega até este ponto de sua análise com a seguinte definição:

بل هي في عالمنا كمال جسم طبيعى تصدر عنه كمالاته الثانية بآلات يستعين بها في أفعال الحياة التي أولها التغذى والنمو ، فالنفس التي نحدها هي كمال أول لجسم طبيعى آلي له أن يفعل أفعال الحياة .

Ela [a alma] é antes de tudo, em nosso mundo[28], a perfeição de um corpo natural do qual suas perfeições secundárias emanam por meio de órgãos, os quais se auxiliam mutuamente nos atos da vida, cujos primeiros são a nutrição e o crescimento. A alma que encontramos é, pois, perfeição primeira de um corpo natural, provido de órgãos que pode realizar os atos da vida[29].

Essa definição aproxima-se bastante das afirmações de Aristóteles em seu *De anima*[30], tanto ao dizer que a alma é forma de um corpo natural tendo a vida em potência, como ao dizer que a alma é entelequia primeira de um corpo natural organizado. Nenhuma das duas, porém, é suficiente para decidir se Aristóteles entendia ser a alma uma substância independente do corpo ou não. Ibn Sīnā, como mostraremos a seguir, inclina-se em favor da primeira.

27. Rahman: I,1,12 / Bakós: I,1,10. "[...] non enim est perfectio corporis artificialis sicut scamni aut scabelli et huiusmodi, sed est perfectio corporis naturalis [...]". Cf. Riet: I,1,28.
28. A providencial referência "عالمنا / *nosso mundo*" visa, ao mesmo tempo, restringir a definição ao mundo sublunar (abaixo da esfera da Lua), preservando-a do sentido de "alma" referida ao mundo supralunar (além da esfera da Lua). Neste, as almas celestes movem as esferas. O tema é indicado de passagem por Ibn Sīnā nesta mesma Seção.
29. Rahman: I,1,12 / Bakós: I,1,10. "[...] sed est, in hoc nostro mundo, perfectio corporis naturalis ex quo emanant eius perfectiones secundae, propter instrumenta quibus iuvatur ad opera vitae, quorum primum est nutrimentum et augmentum. Ideo anima quam invenimus in animali et in vegetabili est perfectio prima corporis naturalis instrumentalis opera vitae". Cf. Riet: I,1,29.
30. Cf. *De anima*, II 412 a 20 e 412 b5.

I.2. A substancialidade da alma

Após chegar ao termo "perfeição" como o mais adequado para a definição da alma, Ibn Sīnā procura ultrapassá-lo visando estabelecer que a alma é uma substância. Vejamos como se dá essa passagem:

لكنا إذا قلنا كمال لم يعلم من ذلك بعد أنها جوهر أو ليست بجوهر فإن معنى الكمال هو الشيء الذي بوجوده يصير الحيوان بالفعل حيوانا والنبات بالفعل نباتا وهذا لا يفهم عنه بعد أنه جوهر أو ليس بجوهر .

Contudo, quando dizemos perfeição, ainda não se conhece com isso se ela [a alma] é uma substância ou não é uma substância porque o significado da perfeição é a coisa pela existência da qual o animal torna-se animal em ato e o vegetal, vegetal em ato; e isso não faz conhecer, ainda, que ela seja uma substância ou não seja uma substância[31].

Ao dizermos que a alma é perfeição لم نكن بعد عرفنا النفس وماهيّتها / *ainda não conhecemos a alma e sua qüididade*[32], porque esse nome não se aplica a ela com vistas à sua substancialidade, mas enquanto está ligada ao corpo, regendo-o[33]. Não se trata aqui de considerar a alma como uma substância no sentido do composto matéria e forma; tampouco tomar os conceitos "forma e substância" como sinônimos

---

31. Rahman: I,1,8 / Bakós: I,1,8. "Ex hoc autem nos vocamus eam perfectionem nondum intelligitur adhuc an sit substantia, an non sit substantia. Sensum enim perfectionis, hic est scilicet id propter cuius esse fit animal in actu animal et vegetabile in effectu vegetabile. Ex hoc autem nondum intelligitur an sit substantia an non". Cf. Riet: I,1,22s.
32. Rahman: I,1,10 / Bakós: I,1,9. "[...], non dicemus nos tamen adhuc propter hoc scire animam quod dit, sed sciemus eam secundum hoc quod est anima". Cf. Riet: I,1,26.
33. No desenvolvimento de sua argumentação, Ibn Sīnā acentua o propósito de ampliar seu horizonte de análise como mostra essa passagem: ولذلك صار النظر في النفس من العلم الطبيعي لأن النظر في النفس من حيث هي نفس نظر فيها من حيث لها علاقة بالمادة والحركة , بل يجب أن نفرد لتعرفنا ذات النفس بحثا آخر . *E, desse modo, a especulação sobre a alma procede das Ciências Naturais porque a especulação da alma enquanto alma é a especulação enquanto ela possui uma relação com a matéria e o movimento, mas é preciso, para conhecermos a essência da alma, fazermos (separadamente) uma outra pesquisa.* Cf. Rahman: I,1,11 / Bakós: I,1,9. "Et ideo tractatus de anima fuit de scientia naturali, quia tractare de anima secundum hoc quod est anima, est tractare de ea secundum quod habet comparationem ad materiam et ad motum. Unde oportet ad sciendum essentiam animae facere alium tractatum per se solum". Cf. Riet: I,1,27.

ou equivalentes, mas verificar em que medida a alma, por si mesma, pode subsistir sem a matéria e, se isso for possível, em que condições aplicar-se-ia tal caso. Assim, é preciso investigar de que modo a alma se relaciona com o sujeito, ou seja: estabelecido que a alma é ato e aperfeiçoa a matéria potencial numa determinada espécie com suas particulares faculdades, resta perguntar se a alma é meramente uma forma substancial – entendida como substância somente enquanto tomada em conjunto com o corpo e, se assim for, verificar se ela é conseqüência do corpo – se a formação do corpo do qual a alma é alma já lhe é fornecida com os respectivos órgãos ou não, e em que medida ela interfere na formação desse composto do qual é parte. Uma das metáforas usadas por Ibn Sīnā para ilustrar a diferença entre esses dois níveis de questionamento a respeito da alma é assim expressa:

فلذلك يؤخذ البدن في حدها كما يؤخذ مثلاً البناء في حد الباني وإن كان لا يؤخذ في حده من حيث هو إنسان .

Seria tomar o corpo na sua definição [da alma] como, por exemplo, tomar a construção na definição do construtor mesmo sem tomar sua definição enquanto homem[34].

Para se ocupar da questão fundamental da substancialidade da alma importa verificar de que modo ela pode estar ligada ao composto para além das noções de perfeição, forma, faculdade e ato. Nenhuma delas define a essência da alma. Para ser definida como substância, Ibn Sīnā estabelece: بل يجب أن تكون في نفسها لا في موضوع ألبتة . وقد علمت ما الموضوع / *é necessário que ela [a alma] seja em si mesma, de modo algum em um sujeito – e já soubeste o que é o sujeito – e se toda alma é existente não num sujeito, logo, toda alma é uma substância*[35]. Se assim não fosse, a

---

34. Rahman: I,1,10 / Bakós: I,1,9. "[...] et idcirco recipitur corpus in sui definitione, exempli gratia, sicut opus accipitur in definitione opificis, quamvis non accipiatur in definitione eius secundum hoc quod est homo". Cf. Riet: I,1,27.
35. Rahman: I,1,10 / Bakós: I,1,9. "[...] sed oportet ut in se sit ut non in subiecto ullo modo; iam autem scisti quid est subiectum; ergo si omnis anima habet esse non in subiecto, et omnis anima est substantia". Cf. Riet: I,1,26.

alma seria um acidente do composto e não uma substância em si mesma. Na medida em que é próprio da substância não existir num dado sujeito – papel atribuído, ao contrário, ao que é próprio do acidente, isto é, inerir a uma dada substância –, é forçoso que não possa existir por si mesmo tudo o que estiver ligado necessariamente a um sujeito de inerência, sendo privado da independência necessária característica da substância, existindo, portanto, de um modo acidental. É necessário, pois, distinguir o modo pelo qual a alma faz parte do composto vivente, pois há inúmeras propriedades que fazem parte do equipamento do vivente, mas não pertencem de modo algum à sua estrutura substancial, sendo apenas acidentais[36]. Por essa razão, Ibn Sīnā argumenta para afastar a idéia de que a alma seria uma dessas propriedades acidentais do corpo.

Tendo em mente o estabelecido, anteriormente, por meio da primeira via da constatação da existência da alma, é possível afirmar que o sujeito concernente à alma não é simplesmente um corpo qualquer, mas um organismo[37]. À constatação básica da origem da formação dos corpos a partir da mistura dos diversos elementos da natureza segue-se que, de tais misturas, resultam corpos orgânicos e inorgânicos. Assim, é somente pela presença da alma que um corpo tornar-se-á o corpo de um ser vivo. Organismos, corpos naturais dotados de movimento e sensibilidade é do que trata o discurso e haveria ausência de sentido – pois isto seria uma clara contradição – se nos referíssemos à alma com vista aos corpos inanimados ou artificiais. Como conseqüência da constatação inicial da existência da alma, tal

---

36. É pelo fato do aperfeiçoamento da alma não excluir totalmente a existência de acidentes que fazem parte do composto que Ibn Sīnā, não obstante se dirigir a afirmá-la como uma substância, não negligencia um certo caráter acidental que ela possui ao dizer: فبين أن النفس لا يزيل عرضيتها كونها في المركب كجزء / *ficou evidenciado que a maneira de ser da alma no composto como parte não suprime a acidentalidade da alma.* Cf. Rahman: I,1,10 / Bakós: I,1,9. "Ergo manifestum est quod ab anima non removebitur accidentalis propter hoc quod in composito est sicut pars [...]". Cf. Riet: I,1,25s.
37. Cf. Bakós, n. 127 que tem razão em afirmar: "sem a alma, o sujeito de inerência não seria mais um ser vivo, mas um sólido que não possuiria a vida".

resolução importa no sentido de estabelecer que a alma não é como a perfeição primeira de qualquer corpo, mas precisamente de um corpo natural vivo, provido de órgãos e capaz de realizar, graças a ela, os atos da vida. Ibn Sīnā traduz esse conceito ao afirmar que النفس فإنها مقومة لموضوعها القريب موجودة إياه بالفعل / *a alma constitui o seu sujeito próximo e o faz existir em ato*[38]. Tal concepção envolve graus de atividade e de passividade da alma em relação à matéria, implicando que, na constituição do sujeito de inerência por meio da mistura dos elementos, a alma não seria totalmente passiva mas ativa no princípio dessa geração[39]. Isso se confirma nesta passagem:

فإن النفس هي لا محالة علة لتكون النبات والحيوان على المزاج الذي له إذ كانت النفس هي مبدأ التوليد والتربية كما قلنا ، فيكون الموضوع القريب للنفس مستحيلا أن يكون هو بالفعل إلا بالنفس ، وتكون النفس علة لكونه كذلك.

Pois a alma é, sem dúvida, a causa da geração do vegetal e do animal, segundo a mistura que eles possuem, na medida em que ela é o princípio da geração e do crescimento, como dissemos. O sujeito próximo, em ato, para a alma seria absurdo se não fosse o que é a não ser pela alma. A alma é causa de ele ser como tal[40].

A construção argumentativa de Ibn Sīnā visa operar uma clivagem completa quanto às concepções que entendem a alma como um acidente do corpo. Nessa direção, Ibn Sīnā procura estabelecê-la como uma substância e, por isso, insiste em dizer que ليس وجود النفس في الجسم كوجود العرض في الموضوع فالنفس إذا جوهر لأنها صورة لا في موضوع / *a existência da alma no corpo não é como a existência do acidente no sujeito, pois a alma é uma substância visto ser uma forma que não*

---

38. Rahman: I,3,28 / Bakós: I,3,20. "Sed anima est constituens suum proprium subiectum et dat ei esse in effectu [...]". Cf. Riet: I,3,59.
39. A respeito do início da existência da alma, trataremos com mais detalhes adiante em I.3.
40. Rahman: I,3,28 / Bakós: I,3,20. "[...] anima enim sine dubio est causa qua vegetabile et animale sunt illius complexionis quam habent: anima etenim est principium generationis et vegetationis, sicut diximus. Ergo proprium subiectum animae impossibile est esse id quod est in effectu nisi per animam, et anima est causa ei unde est sic". Cf. Riet: I,3,58.

está num sujeito[41]. Isso significa, entre outras coisas, que a alma não é, de modo algum, uma conseqüência da mistura dos elementos constitutivos do corpo. A alma tem início na existência juntamente com o corpo, mas não é causada por ele. Com isso, afasta-se a possibilidade de haver algo já constituído que recebesse a alma como um acidente, porque a alma é simultânea à constituição desse algo, sendo a razão de sua atualização. Assim, descarta-se a possibilidade de o corpo ser o princípio da alma. A partir disso, segue-se necessariamente que todos os elementos constituintes do equipamento do corpo, em cada uma das espécies, também provém da alma. Não há a possibilidade de o corpo, com seu equipamento, ser simplesmente dado à alma sem que esta intervenha em sua constituição[42]. A alma não organiza algo que lhe fora dado anteriormente. O corpo específico, isto é, o organismo do qual a alma é alma, só é o que é por meio dela. Se o corpo é equipado para servir de instrumento no exercício das atividades da vida, isso é devido à própria alma. É nesse sentido que Ibn Sīnā afirma que a alma é o princípio constituinte do seu próprio sujeito e a perfeição desse sujeito. Se assim não fosse, seria preciso ter havido uma outra perfeição primeira que tivesse atualizado o sujeito. A alma não é, pois, uma propriedade acidental que sobrevém a um sujeito já formado. Ela o forma[43].

A alma é uma artesã da matéria. Ao realizar, na mistura tomada por receptáculo, a confecção de todos os elementos vitais, a alma é artesã da espécie, atualizando o gênero naquela matéria específica, tornando a mistura animada:

فالنفس إذا كمال لموضوع ذلك الموضوع متقوم به , وهو أيضا مكمل النوع وصانعه .

---

41. Rahman: I,3,29 / Bakós: I,3,21. "Ergo animam esse in corpore non est idem quod accidens in subiecto esse; ergo anima substantia est, quia est forma quae non est in subiecto". Cf. Riet: I,3,60. Note-se que a noção de alma como sendo uma forma, para o nosso autor, só adquire sentido se ela o for pela sua substancialidade.
42. Cf. Verbeke, "Introd. I-III", p. 30.
43. *Idem, ibidem*.

Logo, a alma é então a perfeição que um sujeito possui, sujeito este que subsiste por meio dela. Ela é também a aperfeiçoadora da espécie, ela é a sua artesã[44].

O artesanato referido pelo nosso filósofo deve ser entendido, assim, como o resultado de uma alma substancial. Não é apenas o resultado da perfeição que é uma substância – uma forma substancial no composto matéria e forma – mas a alma, em si mesma, é uma substância, manifesta na mistura que lhe é adequada para realizar o seu acabamento, ou melhor, o seu "artesanato". E, por ser assim no entender de nosso filósofo, ele encerra a terceira seção de modo categórico: فالنفس إذن كمال كالجوهر وليس يلزم / *então, a alma é perfeição como substância e não inere*[45].

Assim, todas as denominações designadas anteriormente, isto é, forma, faculdade, ato e perfeição, ainda que nomeiem aspectos da alma, não traduzem a essência da alma. No extremo limite, a alma encontrada por Ibn Sīnā é, portanto, essencialmente uma substância[46] que, ao atualizar o corpo, se comporta tanto como perfeição, como forma ou como faculdade, de acordo com as relações já expostas. Desse modo, o prelúdio que intentava ultrapassar a definição da alma como perfeição no sentido da forma atualizada do corpo talvez justifique por que se fez necessário insistir na alma como perfeição primeira, não como simples parte do composto matéria e forma, mas algo além disso, isto é, a alma como a artesã da matéria, idéia que ganha mais sentido quando se atribui a ela substancialidade. A alma é, pois, algo além da forma do composto matéria e forma. Ela existe

---

44. Rahman: I,3,32 / Bakós: I,3,23. "Anima ergo perfectio est subiecti quod est constitutum ab ea; est etiam constituens speciem et perficiens eam [...]". Cf. Riet: I,4,67.
45. Rahman: I,3,32 / Bakós: I,3,23. Esse é o sentido literal, mas a tradução latina e francesa apresentam o sentido de *a alma é perfeição como substância e não como acidente*, o que não se encontra na edição de Rahman. "Anima enim est perfectio substantiae non ut accidens [...]". Cf. Riet: I,4,67.
46. O conceito de "alma" encontrado por Ibn Sīnā a define não só como forma, perfeição ou faculdade mas também como uma substância que se comporta como ato, como forma e como perfeição, constituindo e utilizando as faculdades. Isso esclarece a referência anterior da alma كالصورة أو كالكمال / *como uma forma ou como uma perfeição*. Cf. Rahman: I,1,5s. / Bakós: I,1,6 / Riet: I,1,18.

no composto, mas está além dele. Ela é forma mas também é alguma coisa além disso.

Ibn Sīnā crê poder demonstrar a substancialidade da alma pelo que se passa com o ser vivo na hora de sua morte. Com o cessar das funções vitais, o corpo não permanece mais da mesma espécie, revestindo-se de uma outra forma. Ora, se a alma não interviesse na organização do corpo, não haveria razão para que a estrutura corporal se esfacelasse depois da morte. Se tal estrutura não tivesse sido produzida pela alma, por que, então, não se manteria quando a alma se separa do corpo?[47] Isso não ocorre justamente porque:

المادة القريبة لوجود هذه الأنفس فيها إنما هي ماهي بمزاج خـاص وهيئـة خاصـة وإنما تبقي بذلك المزاج الخاص بالفعل موجودا ما دام فيها الـنفس , والـنفس هـي التي تجعلها بذلك المزاج .

A matéria próxima, quanto à existência das almas nela, só é o que é por uma mistura própria e por uma disposição própria, sendo que a matéria só resta existente em ato nessa mistura própria enquanto a alma estiver nela, pois é a alma que a coloca nessa mistura[48].

A partir da definição da alma como sendo uma substância, a questão emergente passa a ser quanto ao seu modo de subsistência. Já fora inferido, por meio da observação dos viventes, a existência e a subsistência da alma como princípio dos movimentos do corpo. No entanto, não existindo mais a mistura tomada pela alma como receptáculo, cabe perguntar, então, em que medida poder-se-ia falar de sua substancialidade. Dito de outro modo: corrompendo-se o corpo, corromper-se-ia a alma? Substância e subsistência, nesse caso, não são sinônimos e nem podem ser intercambiáveis quando se retira do composto a sua materialidade, isto é, o corpo. Afirmá-la como uma

---

47. Cf. Verbeke, "Introd. I-III", p. 30.
48. Rahman: I,3,27s. / Bakós: I,3,20. "[...] materia propria in qua existunt istae animae non est id quod est nisi ex complexione propria et affectione propria, et non remanet existens cum illa complexione propria in effectu nisi quamdiu anima fuerit in illa. Anima enim est quae facit eam illius complexionis [...]". Cf. Riet: I,3,58.

substância que forma o corpo não significa afirmar que ela subsiste após a dissolução do corpo. Se indistintamente a alma é perfeição quanto às espécies vegetal, animal e humana, ato em relação à matéria corpórea desses existentes e substância que tem início na existência para cada um em suas espécies, ainda assim não resta claro como e em que condições a alma poderia subsistir após a dissolução do composto do qual ela foi artesã. Além disso, como isso seria passível de constatação? Ibn Sīnā chama a atenção para essa questão e fornece-nos uma indicação do modo pelo qual irá desenvolvê-la na seguinte passagem:

فنقول نحن إنك تعرف مما تقدم لك أن النفس ليست بجسم ، فإن ثبت لك أن نفسا ما يصح لها الانفرد بقوام ذاتها لم يقع لك شك في أنها جوهر .

<blockquote>Dizemos que certamente tu sabes – pelo que precedeu para ti, que a alma não é corpo, e se fosse estabelecido para ti que a uma certa alma convém o estado separado com a subsistência de sua essência, não te ocorreria dúvida sobre o fato de que ela fosse uma substância[49].</blockquote>

Caberia verificar, portanto, em que medida é possível que a alma seja apreendida num estado separado, sem o corpo. Como fora antecipado na Seção I, a "alegoria do homem suspenso no espaço" forneceu indicações de que ao homem é possível constatar a existência de sua alma sem a interferência da matéria corporal. Nesse sentido, o que fora antecipado a respeito da alma humana indica uma clivagem fundamental para que a subsistência da alma encontre na alma racio-

---

49. Rahman: I,3,27 / Bakós: I,3,20. "Dicemus quia iam scis ex praemissis animam non esse corpus. Si autem constiterit quod aliquam animam possibili est per seipsam solam existire, non dubitabis eam esse substantiam". Cf. Riet: I,3,58. Essa frase abre a Seção 3, que se intitula في أن النفس داخلة في مقولة الجوهر / *de que a alma é intrínseca ao predicamento da substância*, e pode-se dizer que esta se apresenta como uma continuação direta das indicações do tema da substancialidade da alma que fora interrompido pela refutação das doutrinas dos antigos apresentada na Seção 2 intitulada: في ذكر ما قاله القدماء في النفس وجوهرها ونقضه / *menção do que disseram os antigos sobre a alma e sua substância; e [a] crítica [a eles]*. Cf. Rahman: II,1,17 / Bakós: II,1,13.

nal humana tal evidência com a exclusão da alma vegetal e animal que, não obstante possuírem comunidade com a alma humana quanto ao ato, forma, faculdade e perfeição e substancialidade, não possuem evidência quanto à apreensão em estado separado. Em referência a isso, sublinhe-se, pois, a seguinte passagem:

وهذا إنما يثبت لك في بعض ما يقال له نفس ، وأما غيره مثل النفس النباتية والنفس الحيوانية فإن ذلك لا يثبت لك فيه.

E isto [a substancialidade da alma] somente se constata a ti para algo do que se chama alma, e quanto a outro [tipo] disso, como, por exemplo, a alma vegetal e a alma animal, isto não é constatado para ti[50].

Com isso, as diferenças de instâncias dos movimentos a partir da tripartição estabelecida – vegetal, animal e racional – mostra que as funções vegetativas e animais da alma humana não são passíveis de evidenciarem separabilidade, mas a ação da faculdade racional, por meio do intelecto, evidencia isto, como foi adiantado pela via interna da constatação da existência da alma. No entanto, a via apresentada sob a forma alegórica do "homem voador" foi apenas um prelúdio ao desenvolvimento de suas teses e, ao avançarmos nas concepções de Ibn Sīnā a respeito do intelecto, isso tornar-se-á mais claro, pois até aqui não se diz de que modo a substância da alma poderia subsistir sem o corpo.

De todo modo, os primeiros traços da doutrina de Ibn Sīnā a respeito da alma já indicam um modo muito peculiar de entendimento no âmbito da tradição peripatética. Em algumas passagens, o termo "substância" é tomado num sentido que engloba as espécies vegetal, animal e humana, significando o aperfeiçoamento de cada uma delas e, em outras passagens, refere-se exclusivamente à alma humana e, nesse caso, os termos substância e subsistência em estado separa-

---

50. Rahman: I,3,27 / Bakós: I,3,20. "Hoc autem non declarabitur tibi nisi in aliquo eius quod dicitur anima; sed in ceteris, sicut anima vegetabili aut in anima animali, hoc non constabit". Cf. Riet: I,3,58. Cf. adiante III.6.

do – isto é, sem matéria – se aproximam, senão para todas as faculdades, ao menos para as que possam subsistir sem o corpo, qual seja, o intelecto. É certo que, ainda assim, resta perguntar se seria somente o intelecto a sobreviver ou se o intelecto evidenciaria a sobrevivência da alma como um todo. Se assim fosse, qual seria o destino da alma humana? Nessa medida, ainda que não se trace um exaustivo paralelo com a doutrina de Aristóteles, o tratamento próprio dado por Ibn Sīnā quanto à substancialidade da alma é desenvolvido a partir de nuances conceituais não só quanto à forma, perfeição e substância mas também quanto à subsistência ou não da alma[51]. Isso o leva, de modo geral e de acordo com algumas interpretações de Aristóteles em seu *De anima*, a afastar-se das teses do Estagirita[52]. Apesar de iniciar por uma definição aristotélica, Ibn Sīnā termina por lhe atribuir um novo sentido, no qual a alma não é só a forma do corpo, mas uma substância em si mesma. Ela não existe no corpo como num sujeito, mas subsiste por si mesma. Talvez por essa razão, acentuando mais a distinção entre corpo e alma, ele se sirva mais da noção de perfeição do que da noção de forma, insistindo sobre o caráter substancial da alma. Ibn Sīnā parece passar gradativamente da unidade do homem aristotélico do *De anima*, como um único composto de corpo e alma, à dualidade do homem platônico, no qual sua verdadeira substância e realidade seria, em última análise, a alma[53].

---

51. Cf. adiante capítulo III.
52. Cf. Rodier, II, 27-30. Cf. Aristote, *De l'ame, op. cit.*, p. 9, n. 1, e para a questão da evolução de Aristóteles neste ponto ver R. A. Gauthier, *Introdução à Moral de Aristóteles*, Lisboa, Europa-América, 1992, pp. 10-21; O. Hamelin, *La Théorie de l'intellect d'aprés Aristote et ses commentateurs*, Paris, J. Vrin, 1953; R. Sorabji, *Aristotle Transformed*, London, Redwood Press, 1990. "A alma é, para Aristóteles, substância somente enquanto é a entelequia de um corpo natural que possui a vida em potência, não sendo separável do corpo, nem sendo imortal, mas em conjunção com o corpo é o princípio formador do organismo". Cf. W. Jaeger, *Aristóteles*, México, Fondo de Cultura Económica, 1995, pp. 58-59.
53. Cf. R. R. Guerrero, *Avicena, op. cit.*, p. 43 e Verbeke, "Introd. I-III", p. 33.

I.3. O início da existência da alma

Se, em oposição ao conceito de que o corpo é a causa da alma, restasse apenas admitir que a alma preexistisse ao corpo e, em seguida, fosse a ele reunida, estaríamos distante da via proposta por Ibn Sīnā. Sua concepção do início da existência da alma opõe-se simultaneamente a essas duas teses: a alma não preexiste ao corpo e também não é causada por ele, mas vem à existência juntamente com a matéria tomada por receptáculo e transformada num organismo[54].

ونقول إن الأنفس الإنسانية لم تكن قائمة مفارقة للأبدان ثم حصلت في الأبدان لأن الأنفس الإنسانية متفقة في النوع والمعنى.

Dizemos que as almas humanas não subsistem separadas dos corpos – e que, em seguida, sobrevêm aos corpos – porque as almas humanas são iguais entre si em espécie e noção[55].

No primeiro caso, isto é, para refutar a idéia da preexistência da alma em relação ao corpo, a argumentação de Ibn Sīnā apóia-se na impossibilidade de afirmar que, antes de sua existência, ela pudesse tanto ser una como múltipla. O paradoxo assim se apresenta: se fosse admitida a preexistência da alma como sendo uma essência individual e particularizada que existia separadamente antes da existência do corpo, deveria ser admitido أن تكون النفس في ذلك الوجود متكثرة / *que a alma fosse, nessa existência, múltipla*[56]. Ora, a multiplicidade, por seu turno, é uma propriedade a ser considerada em suas duas possi-

---

54. O binômio "essência e existência", que não é, aqui, objeto de nossa investigação, deve ser formulado à luz das concepções contidas na *Metafísica* da *Al-Šifā'*.
55. Isto é, são da mesma espécie, passíveis de serem incluídas num mesmo conceito. Rahman: V,3,223 / Bakós: V,3,158. "Dicemus autem quod anima humana non fuit prius existens per se et deinde venerit in corpus: animae enim humanae unum sunt in specie et definitione". Cf. Riet: V,3,105.
56. Rahman: V,3,223 / Bakós: V,3,158. "[...] animae in ipso esse habeant multitudinem". Cf. Riet: V,3,105. Isto é, que as almas existiriam como essências individuais e particulares antes da existência de seus corpos.

bilidades, ou seja, ou quanto à forma da coisa ou quanto à matéria da coisa. Vejamos esta passagem:

وليست متغايرة بالماهية والصورة لأن صورتها واحدة ، فإذن إنما تتغاير من جهة قابل الماهية أو المنسوب إليه الماهية بالاختصاص، وهذا هو البدن.

Elas [as almas] não são diferentes pela qüididade e pela forma, pois sua forma é una. Assim, elas somente diferem em vista do que recebe a qüididade, ou melhor, no que concerne à qüididade pela particularização. E isto é o corpo[57].

Vê-se, assim, que a multiplicidade referida aqui só pode ser tomada a partir de uma matéria com atributos de suporte e receptáculo para a manifestação das almas particularizadas, porquanto se considera que فإن الأشياء التي ذواتها معان فقط وقد تكثرت نوعياتها بأشخاصها / *as coisas cujas essências são somente noções multiplicam-se em suas espécies pelos seus indivíduos*[58]. Desse modo, a multiplicidade das almas somente pode ser dita quando estas se acompanham de seus respectivos corpos, os quais não são afirmados como causa mas como um princípio simultâneo de individualização da alma. Assim, não é possível às almas serem múltiplas antes que lhes corresponda uma determinada matéria transformada num organismo particular. Descarta-se, assim, a hipótese de que antes do corpo a alma pudesse ser múltipla.

فقد بطل أن تكون الأنفس قبل دخولها الأبدان متكثرة الذات بالعدد .

Assim, é falso que a alma, antes de sua entrada no corpo, fosse numericamente múltipla em essência[59].

---

57. Rahman: V,3,224 / Bakós: V,3,158. "Inter animas autem non est alteritas nisi secundum receptibile suae essentiae cui comparatur essentia eius corpore, et hoc est corpus". Cf. Riet: V,3,106.
58. Rahman: V,3,224 / Bakós: V,3,159. "[...] ea enim quorum essentiae sunt intentiones tantum et sunt multa, quorum multiplicatae sunt species in suis singularibus [...]". Cf. Riet: V,3,106.
59. Rahman: V,3,224 / Bakós: V,3,159. "[...] ergo impossibile est inter illas esse alteritatem multitudinem". Cf. Riet: V,3,106.

No entanto, a negação da multiplicidade das almas antes de estarem acompanhadas de seus respectivos corpos significaria que elas seriam, então, uma só antes do corpo? A resposta de Ibn Sīnā também é negativa a essa segunda hipótese.

وأقول ولا يجوز أن تكون واحدة الذات بالعدد لأنه إذا حصل بدنان حصل في البدنين نفسان.

E digo: ela não pode ser numericamente de essência una, porque, quando sobrevêm dois corpos, sobrevêm, nos dois corpos, duas almas[60].

Ora, se para dois corpos individualizados correspondem duas almas individualizadas, ou essas duas almas seriam partes de uma suposta alma única anterior ao corpo ou, então, uma única alma estaria simultaneamente em dois corpos. Ibn Sīnā pouco se detém para refutar ambas as hipóteses. No primeiro caso, considera que /وهذا ظاهر البطلان بالأصول المتقرّرة في الطبيعيات وغيرها *isto é uma evidente falsidade pelos princípios estabelecidos nas ciências naturais e em outras*[61] e, quanto à segunda, entende que, visto sua evidente vanidade, sequer valeria a pena alongar-se em refutações. Ibn Sīnā argumenta que a preparação da mistura dos elementos da natureza precipita o início da existência de uma alma de essência individual, em razão da matéria que se torna, para a alma, um receptáculo de individuação.

فإذن ليست النفس واحدة ، فهي كثيرة بالعدد ، ونوعها واحد ، وهي حادثة كما بيناه .

Portanto, a alma não é una, mas múltipla numericamente; sua espécie é una e ela é incidental como já explicamos[62].

60. Rahman: V,3,224 / Bakós: V,3,159. "Dicemus etiam esse impossibile ut essentia eius sit una numero: cum enim fuerint duo corpora, acquirentur eis duae animae". Cf. Riet: V,3,107.
61. Rahman: V,3,224 / Bakós: V,3,159. "Huius autem destructio manifesta est ex principiis praepositis in naturalibus et in aliis". Cf. Riet: V,3,107.
62. Rahman: V,3,226 / Bakós: V,3,160. "Ergo anima non est una, sed est multae numero, et eius species una est, et est creata sicut postea declarabimus". Cf. Riet: V,3,111. O termo حادثة derivado da raiz حدث é, aqui, no latim traduzido por "creata". O léxico arabo-latino

A observação por meio dos sentidos é, para Ibn Sīnā, fonte da certeza da multiplicidade das almas individualizadas: ونحن نعلم أن النفس ليست واحدة في الأبدان كلها / *sabemos que a alma não é una em todos os corpos*[63]. Se assim não fosse, o conhecido e o desconhecido seriam partilhados por todos os indivíduos da espécie e, nesse caso, ولما خفي على زيد ما في نفس عمرو / *não seria oculto a Zaid o que estivesse na alma de 'Amr*. Dessa maneira, conclui ele que a individuação[64] das almas não pode ocorrer antes de sua manifestação com o corpo. Se antes disso ela não pode ser nem múltipla e nem una, é forçoso que sua individuação se dê, assim, com o corpo. Sendo observável, pelos sentidos, que a alma de cada um dos entes concretos é uma interioridade individual e determinada, e diante da impossibilidade de afirmá-la una ou múltipla antes da existência com o corpo, resta admitir que a mistura adequada dos elementos da natureza se configura em condição necessária para explicar seu início na existência.

فيكون تشخص الأنفس أيضا أمرا حادثا ، فلا تكون قديمة لم تزل ، ويكون حدوثها مع بدن.

(p. 305) traz traduções como "accidere, contingere, provenire, e facere". Todos os sentidos guardam um caráter acidental. A raiz árabe indica mesmo que o termo aponta para sentidos episódicos, circunstanciais, incidentais. Goichon (itens 132-137) optou pela locução "começar a ser", acompanhado por Iskandar. Tal opção, embora seja suficiente para afirmar que a alma tem um começo, parece não contemplar o caráter acidental do início da existência da alma, presente na raiz árabe. Além disso, o termo "ser", implica decidir a favor do uso desse termo no vocabulário metafísico da *falsafa*, em substituição ao termo "existência", decisão que gera problemas suplementares e, a nosso ver, não é indicado. Nossa opção mantém o termo na tradução "incidental / incidir" por entendermos que ele resolve tanto o conceito de que a alma tem um início na existência, como indica que esse começo é circunstancial.

63. Rahman: V, 3, 226 / Bakós: V, 3, 160. "Nos scimus etiam quod anima non est una in omnibus corporibus". Cf. Riet: V,3,107.
64. O tema da individuação é rico em Ibn Sīnā. Sua formulação sobre a constituição do ente concreto, determinado a partir da substância, assim como o modo pelo qual o intelecto aprende essa noção universal, encontrou na definição de "natureza comum" uma solução singular na história do pensamento, constituindo-se numa de suas contribuições à história da filosofia. Do mesmo modo, sua maneira inovadora de solucionar o modo como a individuação se dá a partir da simultaneidade entre o corpo e a alma ecoou na escolástica latina posterior.

Além disso, a individuação das almas é algo incidental pois elas não são eternas [mas] não cessam. Sua incidência [se dá] com um corpo[65].

Portanto, na visão de Ibn Sīnā, o início da existência da alma juntamente com o corpo tem na impossibilidade de demonstração de sua preexistência como sendo una ou múltipla um decisivo argumento. A distinção e individualização das almas humanas só são possíveis pelo princípio material, que é o corpo. Quando, assim, são imersas no tempo e no espaço acompanhadas do corpo, elas se distinguem. Se preexistissem à matéria que as individualiza, as almas não poderiam ser distintas umas das outras. Nesse caso, seria necessário considerá-las como unificadas em uma só alma, a qual se incorporaria em distintos corpos. Ora, isso não é possível, pois observa-se que em dois corpos há duas almas distintas. Além dessa recusa, Ibn Sīnā também não admite a coabitação de almas num mesmo corpo e a transmigração de almas de um corpo para o outro. Assim, por não ser possível que as almas sejam nem unas e nem múltiplas antes do corpo, sua existência só pode se dar com a existência do corpo.

O princípio da simultaneidade é, nesse caso, condição necessária para Ibn Sīnā resolver a incômoda argumentação de que a alma é causada diretamente pela formação de um corpo organizado com seus membros e faculdades. Sustentando a concepção da alma como uma substância por si mesma, é pelo conceito de simultaneidade que seria possível explicar como a matéria é transformada num organismo. Repete-se, pois, a argumentação de que o organismo só é o que é pela intervenção da alma em sua formação. Não é o caso de imaginar que viriam à existência um corpo e uma alma simultaneamente, mas, antes, que uma disposição material adequada se constitui numa conformação apropriada para a alma começar a existir, individualizada naquela mistura; e só aí, então, a mistura poderia ser dita um corpo organizado

---

65. Rahman: V,3,224 / Bakós: V,3,159. "Singularitas ergo animarum est aliquid quod esse incipit, et non est aeternum quod semper fuerit, sed incepit esse cum corpore tantum". Cf. Riet: V,3,107; Cf. Bakós: V,III,158s.

conduzido a se desenvolver segundo os princípios determinados pela alma. A simultaneidade do início da existência da alma com o início da existência do corpo tem como causa remota não a formação do próprio corpo – pois este é atualizado pela interferência e condução da própria alma – mas a mistura dos elementos da natureza. Portanto, é na mistura anterior que antecede o corpo e a alma que se deve buscar a causa do começo da existência da alma. A distinção pode ser retirada, por exemplo, dessa passagem:

فقد صح إذن أن الأنفس تحدث كما تحدث مادة بدنية صالحة لاستعمالها إياها ، فيكون البدن الحادث مملكتها وآلتها .

É certo que as almas incidem assim como incide uma matéria corporal própria a ser empregada por ela, sendo que o corpo incidental é o reino e o instrumento [da alma][66].

A distinção entre matéria corporal e corpo produzido não é sem razão, pois, a primeira, é uma pura disposição para que a segunda se atualize. Entre ambas, opera a alma. Corpo e alma seguem como um binômio de uma mesma circunstância antecedente que é, pois, a mistura dos elementos. Naturalmente, pois, o foco da indagação de como esse processo seria possível se desloca da simultaneidade do começo da alma e do corpo para a própria mistura dos elementos que precipita a existência de ambos e imediatamente os antecede. Como se dá tal disposição? Nesse ponto Ibn Sīnā parece preferir admitir os limites da razão:

وتلك الهيئآت تكون مقتضية لاختصاصها بذلك البدن ومناسبة لصلوح أحدهما للآخر وإن خفي علينا تلك الحالة وتلك المناسبة .

---

66. Rahman: V,3,224 / Bakós: V,3,159. "Ergo iam manifestum est animas incipere esse cum incipit materia corporalis apta ad serviendum eis, et corpus creatum est regnus eius et instrumentum". Cf. Riet: V,3,107s.

E essa disposição é requerida para a sua particularização [da alma] a tal corpo e para uma afinidade a que cada um dos dois se ajuste ao outro mesmo que esteja oculta para nós essa condição e essa adequação[67].

Tal individualização, realizada por essa condição material, porém, não esgota o conjunto de causas situadas na base do processo. O movimento que constitui a mistura dessa ou daquela maneira permanece, em última análise, desconhecido.

فلا شك انها بأمر ما تشخصت ، وأن ذلك الأمر في النفس الإنسانية ليس هو الانطباع في المادة ، فقد علم بطلان القول بذلك ، بل ذلك الأمر لها هيئة من الهيئآت وقوة من القوى وعرض من الأعراض الروحانية أو جملة منها تشخصها باجتماعها وإن جهلناها ، وبعد أن تشخصت مفردة فلا يجوز أن تكون هي والنفس الأخرى بالعدد ذاتا واحدة .

Não há dúvida de que ela [a alma] se individualize por uma certa coisa e que essa coisa, quanto à alma humana, não é a impressão na matéria – já é sabida a falsidade a respeito dessa discussão – mas essa coisa para a alma é uma certa disposição, uma certa potência e um certo acidente espiritual ou um conjunto disso que a individualiza por reunião dessas coisas, ainda que o desconheçamos. E depois que se individualiza [e está] separada, é inadmissível que ela e outra alma tornem-se numericamente uma só essência[68].

Não se pode deixar de observar que essa é uma das raras ocorrências em que se encontra expressa a impossibilidade do conhecimento no *Kitāb al-Nafs*. Ibn Sīnā, por ser autor que procura explicar detalhadamente o funcionamento e as razões das coisas, nesta seção, surpreendentemente, admite que o modo como as almas humanas são

---

67. Rahman: V,3,224 / Bakós: V,3,159. "[...] propter quas affectiones illa anima fit propria illius corporis, quae sunt habitudines quibus unum fit dignum altero, quamvis non facile intelligatur a nobis illa affectio et illa comparatio". Cf. Riet: V,3,109. O sentido de خفي é "escondido, invisível, secreto".
68. Rahman: V,3,226 / Bakós: V,3,160. "Sed sine dubio aliquid est propter quod singularis effecta est; illud autem non est impressio animae in materia (iam enim destruximus hoc); immo illud est aliquia de affectionibus et aliqua de virtutibus et aliquid ex accidentibus spiritualibus, aut compositum ex illus, propter quod singularis fit anima, quamvis illud nesciamus". Cf. Riet: V,3,111.

formadas foge à nossa compreensão. Porém, se, na primeira passagem, ele diz que essa reunião de causas nos é desconhecida e, na passagem acima, afirma que tais coisas nos estão ocultas, nem por isso Ibn Sīnā faz suas concepções submergirem numa via mística. Tal postura indica, antes, limites da razão[69]. A seqüência das causas da mistura dos elementos apontaria para uma nova pesquisa na qual os movimentos das esferas celestes teriam papel preponderante, agindo sobre a matéria e influindo em sua preparação para receber uma certa determinação. Esse desenvolvimento, porém, não se encontra nessa obra de Ibn Sīnā[70].

Ainda nessa seção, Ibn Sīnā refere-se à hipótese da existência da alma após a dissolução do corpo. A questão toma o seguinte rumo: será que elas se corromperiam com a corrupção do corpo, ou subsistiriam separadas da matéria? Caso subsistissem, na medida em que não estariam mais numa matéria que as individualizasse, será que se manteriam múltiplas ou tornar-se-iam uma só? Apesar de a questão ser semelhante ao início da existência da alma, a condição de separabilidade da alma em relação à matéria, antes e depois de estar acompanhada de um corpo, não é a mesma para Ibn Sīnā. Na hipótese da permanência da alma depois do corpo, nosso filósofo entende que

---

69. Tais limites parecem mais nítidos quando notamos os termos contrastantes que são usados, no parágrafo: a opor-se a tal "desconhecimento" e "ocultamento", há a utilização de enfáticos termos tais como "não há dúvida de que" ou "é inadmissível que", como a definir mais nitidamente até onde se pode conhecer.

70. O tema é desenvolvido, por exemplo, na *Metafísica*, no *Danesh Nama* ou no *Livre des directives*. Cf. Avicenne, *Livre des directives et remarques*, trad. avec introd. et notes par A. M. Goichon, Paris, J. Vrin, 1951, sobre a "verificação da substância dos corpos" (pp. 247 a 277), particularmente "sobre as formas que se sucedem na matéria" (pp. 265 ss.), "sobre a anterioridade da forma" (p. 270) e "sobre a origem das formas" (pp. 270 ss.). O princípio da mistura dos elementos como uma predisposição que precipita uma determinada manifestação pode ser um dos paradigmas usados em sua doutrina do conhecimento. Por exemplo, a mistura dos dados da imaginação como disposição natural para que comece a existir no intelecto um determinado conceito que corresponda a essas formas, parece seguir o mesmo princípio de funcionamento. Além disso, o modo como isso se efetua, no limite da argumentação, parece socorrer-se dos limites da razão com a conclusão de que tais coisas, em ambos os casos, ou ignoramos ou nos são escondidas. Cf. adiante II.4, II.5, II.6.

elas se manteriam múltiplas, individualizadas em suas essências particulares. A razão é assim exposta:

فنقول أما بعد مفارقة الأنفس للأبدان فإن الأنفس تكون قد وجدت كل واحدة منها ذاتا منفردة باختلاف موادها التي كانت وباختلاف أزمنة حدوثها واختلاف هيئاتها التي لها بحسب أبدانها المختلفة لا محالة

> Quanto à separação das almas [humanas] dos corpos, dizemos sem dúvida alguma que cada uma delas existe como uma essência separada por causa da diversidade da sua matéria engendrada e pela diversidade dos tempos de suas respectivas incidências e pela diversidade de suas disposições, possuídas em função de seus corpos distintos[71].

Admite-se, desse modo, que a matéria que a alma toma por receptáculo não é somente necessária à individualização e ao início de sua existência para realizar os atos da vida, mas também que a convivência única estabelecida entre um determinado corpo e uma determinada alma é tomada como condição e garantia para que, considerando-se a possibilidade de sua sobrevivência após a morte do corpo, essa permanência se traduza em permanência individual de cada alma determinada, sem fundir-se com outra, sem tornar-se una com outra.

I.4. Ações e faculdades da alma

Em linhas gerais, Ibn Sīnā segue a trilha da clássica divisão aristotélica, estabelecendo a distinção básica das ações da alma segundo a tripartição em alma vegetal, alma animal e alma humana. Na passagem seguinte podemos verificar como esse conceito é expresso:

---

71. Rahman: V,3,225 / Bakós: V,3,5,160. "Dicemus ergo quod postea animae sine dubio sunt separatae a corporibus; prius autem unaquaque habuerat esse et essentiam per se, propter diversitatem materiarum quas habebant et propter diversitatem temporis suae creationis et propter diversitatem afectionum suarum quas habebant secundum diversa corpora sua quae habebant". Cf. Riet: V,3,110.

فنقول الآن إن أول أقسام أفعال النفس ثلاثة ، يشترك فيها الحيوان والنبات كالتغذية والتربية والتوليد ، وأفعال تشترك فيها الحيوانات أو جلها ولاحظ فيها للنبات مثل الإحساس والتخيل والحركة الإرادية ، وأفعال تختص بالناس مثل تصور المعقولات واستنباط الصنائع والروية في الكائنات والتفرقة بين الجميل والقبيح .

Dizemos agora que a primeira das divisões das ações da alma [se dá em número de] três: aquelas nas quais se incluem o animal e o vegetal, tais como a nutrição, o crescimento e a geração; ações nas quais estão incluídos os animais – ou a maior parte dentre eles, ou os grandes – nas quais não há traço pertencente ao vegetal, tais como a sensação, a imaginação e o movimento voluntário; e ações próprias dos homens, como, por exemplo, a concepção dos inteligíveis, a invenção das artes, o discernimento dos seres engendrados e a distinção entre o belo e o feio[72].

Se esta divisão, por um lado, estabelece o movimento e a sensação como ações que separam o animal do vegetal – enquanto a intelecção, as artes e a estética separam o homem do animal – por outro lado, enquanto ações vegetais são comuns tanto ao vegetal como ao animal e ao homem, cabe verificar em que medida o conjunto das ações de tipos diferentes de alma pode combinar-se num mesmo existente. Para seguirmos a argumentação de Ibn Sīnā para resolver essa questão, podemos nos amparar de um duplo modo de entender sua atribuição nominal à alma: uma a toma de modo absoluto para cada existente, enquanto outra a toma por analogia às suas funções.

No primeiro caso, o termo "alma vegetal" refere-se à unidade do existente concreto vegetal que foi atualizado pela alma, da mesma maneira que se entende "alma animal" e "alma humana" em relação ao animal e ao homem separadamente. Desse modo, não é possível que exista no animal ou no homem uma "alma vegetal" – pois esta

---

72. Rahman: I,3,37 / Bakós: I,3,26. "Dicemus ergo nunc quod primae divisiones actionum animae sunt tres: actiones scilicet in quibus conveniunt vegetabilia et animalia, sicut sunt nutrire et generare; et actiones in quibus conveniunt animalia aut plura ex eis, in quibus non communicant vegetabilia, sicut sentire et imaginari et movere voluntate; et actiones quae propriae sunt hominum, sicut est percipere intelligibilia et advenire artes et meditare de creaturis et discernere inter pulchrum et foedum". Cf. Riet: I,4,76.

refere-se apenas ao próprio vegetal – mas, com mais propriedade, entende-se tratar-se das funções vegetativas daquela alma. A perfeição resultante da ação da alma substancial num determinado corpo configura, de modo inequívoco, que a alma é una e que, pela sua atualização, suas faculdades – que lhe pertencem integralmente – estendem-se aos membros. Com isso, descarta-se a hipótese de que haja fenômenos como a coabitação e a transmigração de almas. Como vimos, a alma que realiza o aperfeiçoamento de um determinado corpo, o faz em toda a sua plenitude e torna-se parte indissolúvel do composto, exceto com a corrupção da matéria. Nesse sentido, a tríplice definição de alma segundo sua espécie vegetal, animal ou humana adquire sentido absoluto quando se refere à unidade do particular no qual subsiste uma alma una e única e um outro sentido, dado por analogia ao primeiro, quando nos referimos às faculdades comuns presentes nos existentes das várias espécies. A partir disso, também não é possível que se entenda que a alma humana seja proveniente do animal e nem que a alma animal seja proveniente do vegetal. Essa separação é tributária da mistura diferenciada a partir dos elementos da natureza. Tal mistura, predispondo à manifestação da alma que lhe é própria, proporciona o receptáculo adequado para sua especificidade anímica, como se afirma nesta passagem:

وأما الجسم ذو آلات الحسّ والتمييز والحركة الإرادية فليس مصدره النفس النباتية بما هي نفس نباتية بل بما ينضم إليها فصل آخر تصير به طبيعة أُخرى ، ولا يكون ذلك إلاّ أن تصير نفسا حيوانية.

Quanto ao corpo que possui os órgãos da sensibilidade, da distinção e do movimento voluntário, esse corpo não provém da alma vegetal enquanto ela é alma vegetal, mas enquanto uma outra diferença lhe é reunida, pela qual se torna uma outra natureza, e isso só se produz se essa natureza se torna alma animal[73].

73. Rahman: I,3,30 / Bakós: I,3,21. "[...] sed corpus habens instrumenta sentiendi et cognoscendi et motus voluntarii non provenit ex anima vegetabili secundum quod est anima vegetabilis, sed ex hoc advenit ei alia differentia propter quam fit alia natura, scilicet anima sensibilis". Cf. Riet: I,3,62. O texto latino trocou a palavra final da sentença por "sensível".

Do mesmo modo, descarta-se a coabitação de almas, pois não pode haver, por exemplo, uma alma animal que opere no animal as ações características do movimento e da sensação e, paralelamente a isso, no mesmo existente, uma outra alma vegetal que fosse responsável pelas ações do crescimento, da nutrição e da geração. Antes, essas ações são combinadas e dirigidas por uma só e mesma alma. A alma, pois, no existente concreto é una, e ao se dizer que a alma vegetal está no animal e que a alma animal está no homem, com isso, pode-se ter a idéia errônea de que haveria várias almas num mesmo ente concreto. Esse modo de referência só adquire sentido quando o utilizamos por um modo de analogia, e não num sentido absoluto.

فنقول إن النفس النباتية إما أن تعني بها النفس النوعية التي تخص النبات دون الحيوان ، أو يعني بها المعني العام الذي يعم النفس النباتية والحيوانية من جهة ما تغذي وتولد وتنمي ، فإن هذا قد يسمي نفسا نباتية ، وهذا مجاز من القول ، فإن النفس النباتية لا تكون إلا في النبات .

Dizemos que a alma vegetal significa a alma específica [da espécie] própria do vegetal sem o animal, ou significa a noção comum que inclui a alma vegetal e animal sob o aspecto do que nutre, engendra e cresce. Certamente isso chama-se alma vegetal e isto é um enunciado possível, pois, seguramente, a alma vegetal não existe a não ser no vegetal[74].

Assim, quando conceituamos "alma vegetal" em referência ao animal, estamos, na verdade, nos referindo às ações provenientes das faculdades comuns a ambos, pois, por analogia, nesse caso,

أن تعني بها القوة من قوى النفس الحيوانية التي تصدر عنها أفعال التغذية والتربية والتوليد

/ *entende-se, entre as faculdades da alma animal, a faculdade da qual*

---

[74]. A passagem em questão ilustra a possibilidade de deduzir os dois níveis – absoluto e analógico – por nós nomeado. Rahman: I,3,30 / Bakós: I,3,21. "Debemus autem super hoc apponere expositionem, dicentes quod per animam vegetabilem aut volunt intelligi animam specialem quam proprie designet vegetabilis sine sensibili; aut volunt intelligi intellectum communem quo uniuntur anima vegetabilis et sensibilis secundum hoc quod vegetant et generant et augmentant: haec enim aliquando dicitur anima vegetabilis, sed haec dictio est impropria; anima enim vegetabilis non est nisi in rebus vegetabilibus [...]". Cf. Riet: I,3,62.

provêm os atos da nutrição, do crescimento e da geração[75]. Do mesmo modo, podemos nos referir ao homem utilizando os termos "alma vegetal" ou "alma animal", indicando as faculdades da alma do animal ou da alma do vegetal que nele estão presentes. Isso não significa que haja a coabitação de almas num determinado ente concreto, mas que, nesse caso, a referência será sempre em relação às faculdades que essas almas possuem. Os dois modos de referência têm a vantagem de manter, ao mesmo tempo, a unicidade da alma e suas múltiplas faculdades. A unidade da alma, aliás, é tema que será desenvolvido com mais detalhes nos capítulos seguintes, como o próprio Ibn Sīnā preludia nesta passagem: / ويتضح من بعد أن النفس واحدة وأن هذه قوى تنشعب عنها في الأعضاء *esclarecer-se-á, depois, que a alma é uma só e que estas faculdades, a partir dela, derivam nos membros*[76].

Quanto à definição e estabelecimento das faculdades das quais procede a diversidade das ações e das paixões – tanto do vegetal quanto do animal e do homem – é a via empírica que pode fornecer informações mais seguras. Assim como é possível, a partir da observação dos existentes concretos da natureza, constatar que há corpos animados em contraste com os corpos sólidos sem movimento e sensibilidade, também é possível, pelo mesmo meio, constatar que, entre os corpos que dizemos possuírem alma, seus movimentos são múltiplos e variados. O fato da variedade de ações e paixões não estarem presentes da mesma maneira em todos os existentes concretos indica que o exame dessa variedade aponta sua real proveniência. Não obstante ser nomeada de modo genérico e único como "faculdade", trata-se, na verdade, de um conjunto de múltiplas faculdades que explica os diferentes movimentos do ser vivo[77]. A primeira premissa,

---

75. Rahman: I,3,30 / Bakós: I,3,21. "[...] intelligi unam ex viribus animae sensibilis ex qua proveniunt actiones vegetandi et augmentandi et generandi". Cf. Riet: I,3,62. Cf. Rahman: I,3,30 / Bakós: I,3,21. Bakós (n. 135) tem razão ao esclarecer que "uma só" é entendida no sentido de estar "em um só e mesmo ser vivo".
76. Rahman: I,3,31 / Bakós: I,3,22. "Postea autem declarabitur tibi quod anima una est ex qua defluunt hae vires in membra". Cf. Riet: I,3,64.
77. O próprio título da Seção 4 do Capítulo I é indicativo a esse respeito. Denomina-se في تبيين أن اختلاف أفاعيل النفس لاختلاف قواها / *Explicação de que a distinção das ações da*

portanto, para poder falar das diversas faculdades é verificar que, não obstante a alma seja una, os seus atos diferem entre si. A partir da constatação dos diversos atos observados torna-se possível estabelecer as diversas faculdades. O princípio da classificação é estabelecido pela observação dos atos em direção às suas causas. As faculdades da alma são identificadas, em última análise, pelos modos como as ações se manifestam e, também, por determinar se os princípios de suas ações podem ser reunidos sob uma mesma faculdade ou, então, indicam uma outra faculdade. Vejamos como o próprio Ibn Sīnā introduz esse tema no *Kitāb al-Nafs* segundo o princípio mais geral da divisão das faculdades, ou seja, segundo a observação direta e a constatação que os exemplos da natureza nos mostram.

نقول إن للنفس أفعالا تختلف على وجوه ، فيختلف بالشده والضعف وبعضها بالسرعة والبطوء ، 'فإن الظن اعتقاد ما يخالف اليقين بالتأكيد والشدة والحدس يخالف التلقن بسرعة الفهم .

> Dizemos que a alma possui atos que diferem de maneiras múltiplas. Uns diferem pela intensidade e pela fraqueza, outros pela rapidez e pela lentidão. Com certeza o conhecimento presumido é uma crença que difere do conhecimento certo, em certeza e intensidade, e a intuição intelectual difere do conhecimento certo pela rapidez do entendimento[78].

> alma é [proveniente] da distinção de suas faculdades. Cf. Rahman: I,4,33 / Bakós: I,4,23. "Capitulum de declarando quod diversitas actionum animae est ex diversitate suarum virium". Cf. Riet: I,4,67. Essa seção é uma primeira abordagem condensada sobre as faculdades que a alma possui. O próprio Ibn Sīnā já havia indicado, ao final da Seção 3, que as Seções 4 e 5 do Capítulo I seriam respectivamente um estudo condensado e aprofundado das faculdades da alma e de seus atos: فلندل الآن دلالة ما مختصرة على قوى النفس وأفعالها ثم نتبعها بالاستقصاء . / *Indiquemos, pois, agora de uma maneira condensada [algo] sobre as faculdades da alma e suas ações e depois disso, na sequência, [algo] por um estudo aprofundado.* Cf. Rahman: I,3,33 / Bakós: I,3,23. "Demonstremus igitur summatim vires animae et eius actiones, et deinde exsequemur singula perquirendo". Cf. Riet: I,3,67. Cf. também Verbeke, "Introd. I-III", pp. 34-48.

78. Rahman: I,4,33 / Bakós: I,4,23. "Dicimus igitur quod anima habet actiones differentes multis modis. Quaedam enim differunt in fortitudine et debilitate, quaedam vero in velocitate et tarditate, quoniam opinio aliquis sensus est, sed differt a certitudine in firmitudine et comprehensione, et subtilis differt ab hebete in cito discendo". Cf. Riet: I,4,67s. Como, pela observação das manifestações dos atos da alma, se constata que tais atos são inúmeros e variáveis, não resta dúvida de que existem dificuldades quanto ao

Para solucionar as dúvidas provenientes da possibilidade de atribuir uma mesma ação – e o seu contrário – a uma mesma faculdade ou a duas faculdades diferentes, é preciso ter em mente que o conceito de faculdade, para Ibn Sīnā, implica que ela seja essencialmente faculdade para uma certa coisa, sendo o princípio desta. As faculdades enquanto faculdades são, portanto, princípios de ações determinadas, primárias. Mas ocorre, às vezes, que uma mesma faculdade seja princípio de outras ações, entendidas como ramificações da primeira. Isso permite que se possa derivar de uma mesma faculdade ações diretas e indiretas quando, primária ou secundariamente, se observa que suas ações podem ser reconduzidas aos princípios que determinam sua procedência e, por conseguinte, sua faculdade. A conseqüência imediata dessa premissa é, por um lado, ser possível determinar com precisão cada uma das faculdades, suas ações e princípios bem definidos, de modo algum intercambiáveis. Entretanto, não serem intercambiáveis não implica isolamento de princípios, pois, pertencendo todos a uma mesma alma, os princípios são orientados, em última análise, pela própria alma, una, através da utilização dos seus instrumentos próprios, que são suas faculdades[79]. Por esse motivo, a definição das intenções primeiras, às quais estão voltadas cada uma das faculdades, não exclui o intenso dinamismo pelo qual se

---

estabelecimento preciso do número de faculdades, como funcionam e como se relacionam. O papel dessa seção é justamente esse, pois فهذه شكوك يجب أن يكون حلها مهياً عندنا حتى يمكننا أن ننتقل ونثبت قوى النفس وأن نثبت أن عددها كذا وأن بعضها مخالف للبعض , فإن الحق عندنا هذا . / *é preciso preparar a solução dessas dúvidas para que nos seja possível proceder ao estabelecimento das faculdades da alma e estabelecer que seu número é tal e que umas diferem das outras, pois, na nossa opinião, isso é o correto.* Rahman: I,4,35s. / Bakós: I, 4, 25. "Harum omnium dubitationum solutio oportet ut sit in promptu apud nos, quosque possimus affirmare vires animae et ut affirmemus hunc esse numerum earum et quod aliae earum sunt diversae ab allis, quia ita constat verum esse apud nos". Cf. Riet: I,4,73.

79. A alma é dotada de intencionalidade. Sua disposição natural é conectar-se aos princípios da inteligibilidade presentes na inteligência agente. Numa palavra: conhecer pelo intelecto. Ela se dirige a conhecer o que não é si mesma em si mesma. Tal disposição é manifesta parcialmente por cada uma de suas faculdades no limite e na medida de suas funções próprias. Cf. adiante III.5 e III.6.

associam, fato verificável por meio da observação das ações combinadas entre elas[80].

A diversidade das ações que indica a diversidade das faculdades indica, também, os diversos órgãos pelos quais as faculdades operam e realizam suas funções primárias e secundárias. Obviamente, os órgãos pelos quais opera cada faculdade não se apresentam de modo idêntico em cada espécie[81]. Contudo, a diferença mais importante em relação à alma humana, apontada por Ibn Sīnā ao final da Seção 4, que interessa diretamente para a questão do intelecto no *Kitāb al-Nafs*, assim pode ser lida:

وأما القوة الإنسانية فسنبين من أمرها أنها متبرئة الذات عن الانطباع في المادة ونبين أن جميع الأفعال المنسوبة إلى الحيوان يحتاج فيها إلى آلة .

Quanto à faculdade humana, explicaremos em breve que sua essência é isenta de ser impressa na matéria, e explicaremos que, em todas as ações que se referem ao animal, há a necessidade de um órgão[82].

A distinção entre as faculdades animais e a faculdade humana, fundada sobre a impressão na matéria, é uma afirmação importante, usada pelo nosso autor, na direção de estabelecer uma clivagem entre a corrupção dos órgãos do corpo e a permanência da alma humana.

I.5. As faculdades vegetais[83]

Seguindo a divisão tríplice da alma de acordo com as espécies vegetal, animal e humana – e esta segundo a distinção de seus atos

---

80. Essa diferenciação, que será discutida e apresentada posteriormente, é um dos pilares fundamentais para a articulação das faculdades.
81. Trataremos com mais detalhes desse tema ao apresentarmos as faculdades das almas vegetal, animal e humana. Cf. adiante I.5, I.6 e I.7.
82. Rahman: I,4,39 / Bakós: I,4,27. "Sed constat quia vis humana ex seipsa non potest imprimi in materia; et constat quod omnes actiones attributae animali necesse est ut habeant instrumenta [...]". Cf. Riet: I,4,78.
83. No caso da alma humana, entendem-se "as faculdades vegetativas" que esta possui, pois a alma humana difere dos animais e dos vegetais propriamente pelo intelecto. Na expressão

quanto às funções vegetativa, animal e racional – a primeira e a mais simples dentre elas, mas não menos importante, é definida por Ibn Sīnā como الكمال الأول لجسم طبيعي آلى من جهة ما يتولد وينمى ويغتذى / *a perfeição primeira que um corpo natural munido de órgãos possui pelo aspecto de que cresce, gera e se nutre*[84]. Essas três características apontadas na definição da alma vegetal correspondem exatamente ao estabelecimento de suas três faculdades, pois a todo e qualquer ser vivo

---

النفس النباتية / *alma vegetal* (cf. Rahman: II,1,52), o segundo termo é adjetivo e não o substantivo نبات / *vegetal*. Por isso, convém dar maior ênfase ao sentido de "vegetativo" – que se limita à manutenção das funções vitais e biológicas que asseguram a homeostase interna do corpo controlado pelo sistema nervoso autônomo ou vegetativo sem a intervenção do intelecto (cf. *Grande Dicionário Larousse Cultural da Língua Portuguesa*, São Paulo, 1999, p. 906), mais propriamente do que "vegetal". Na segunda metade de II, 1 Ibn Sīnā procura mostrar essas diferenças. No caso da "alma animal" em relação à alma humana, o mesmo se dá, pois a "animalidade" que esta última possui difere da que é própria aos animais, sendo conveniente entendê-la no sentido das "faculdades *animativas* da alma humana". Vale lembrar que o *Kitāb al-Nafs* é o Livro VI da parte da Física e abre o estudo dos seres animados, analisando a alma no seu conceito mais geral. No entanto, ele é propriamente o estudo da alma humana. A análise de Ibn Sīnā a respeito das faculdades da alma vegetal, assim como as da alma animal, desenvolvem-se em referência à alma humana e, por isso, convém entendê-las como "as faculdades das funções vegetais e as faculdades das funções animais da alma humana". O estudo propriamente dos vegetais e dos animais encontra-se nos dois livros posteriores ao كتاب النفس / في طبائع الحيوان / *De anima* e são eles: في طبائع النبات / *De vegetabilibus* e / *De animalibus*. A razão disso é que o estudo da vida, iniciando-se pelo Livro VI, toca a alma naquilo que há de comum no homem, nos animais e nos vegetais, introduzindo o estudo do mundo biológico. Por isso, os tratados específicos sobre os vegetais e sobre os animais vêm depois do Livro VI. Na Introdução do *Kitāb al-Nafs*, Ibn Sīnā não se refere diretamente a estes dois últimos livros, mas enumera os que lhe são anteriores, incluídos também na parte da Física da الشفاء / *Al-Šifā'* / *A Cura*. São eles: السماع الطبيعيّ / *Physica*, II) السماء والعالم / *De caelo et mundo*, III) الكون والفساد / *De generatione et corruptione*, IV) الأفعال والانفعالات / *De actionibus et passionibus universalibus quae fiunt ex qualitatibus elementorum*, V) *De mineralibus*. Assim como o estudo da Física no Livro I introduz o estudo do mundo material, o Livro VI introduz o estudo do mundo dos seres vivos. Desse modo, Ibn Sīnā, assim como Aristóteles, classifica a psicologia entre as ciências naturais, sendo ela um ramo da Física, tendo por objeto a alma do ser animado, do φοντε σψμβολ.

84. Rahman: I,5,39 / Bakós: I,5,27. "[...] prima perfectio corporis naturalis instrumentalis ex hoc quod generatur et augmentatur et nutritur". Cf. Riet: I,5,80.

são elas que, indistintamente, fazem cumprir o ciclo da vida. Ao afirmar que للنفس النبات قوة ثلاث , الغاذية (...) والقوة المنمية (...) والقوة المولدة *a alma do vegetal possui três faculdades: a nutritiva [...] a faculdade do crescimento [...] e a faculdade da geração*[85], Ibn Sīnā inicia sua classificação a partir dos princípios da sobrevivência e da manutenção dos seres vivos, seja como particulares seja como espécies. Em relação à primeira faculdade – a da nutrição – é possível observá-la na base de todo ser vivo. E não há razão para falar em corpos animados sem que esta, a faculdade nutritiva, não seja a que permite, em última instância, a realização das ações da vida, própria a cada existente particular, seja qual for sua espécie. Desse modo, no estudo das faculdades, Ibn Sīnā inicia partindo das faculdades responsáveis pela manutenção e desenvolvimento da vida em direção à complexificação posterior referente às faculdades animais e humanas. Num dos extremos está a faculdade da nutrição, atuando na materialidade do corpo para a manutenção do ser vivo, e, no outro extremo, a faculdade racional, complexificação última dos seres vivos, atuando na imaterialidade da abstração intelectual. Por essa razão, ao abrir o estudo da classificação das ações da alma segundo suas faculdades, Ibn Sīnā diz que وأول ذلك أفعال القوى النباتية , وأولها حال التغذية *a primeira delas [das ações] são as ações das faculdades vegetativas e [destas] a primeira é a disposição da nutrição*[86]. Caracteristicamente, essa faculdade serve-se da força digestiva que permite que um corpo assimilado seja dissolvido e transforme-se em algo semelhante ao corpo que assimila. Assim, as funções vitais são mantidas em fun-

---

85. Rahman: I,5,40 / Bakós: I,5,28. Literalmente a que nutre, a que faz crescer e a que gera. "Anima autem vegetabilis habet tres vires: unam nutritivam [...] aliam augmentativam [...] tertiam generativam". Cf. Riet: I,5,81s.
86. Rahman: II,1,52 / Bakós: II,1,36. "[...] et primo ex actionibus virtutum vegetabilium, sed primo omnium dispositionem virtutis nutritivae". Cf. Riet: II,1,103 Baseamo-nos nesta seção do Capítulo II intitulada في تحقيق القوى المنسوبة إلى النفس النباتية / *Do justo estabelecimento das faculdades da alma vegetativa*, a qual possui informações adicionais à Seção 5 do Capítulo I. Bakós traduz o título por "vegetal" e logo abaixo por "vegetativa". Entende-se, como explicamos acima, que se trata sempre do termo "vegetativa".

cionamento, proporcionando condições para que as outras duas faculdades – do crescimento e da geração – possam atualizar suas funções. Diferentemente das outras duas faculdades, Ibn Sīnā observa:

القوة الغاذية من قوى النفس النباتية تفعل في جميع مدة بقاء الشخص وما دامت موجودة تفعل أفاعيلها وجد النبات والحيوان باقيين ، فإن بطلت لم يجد النبات والحيوان باقيين وليس كذلك حال سائر القوى النباتية.

> Das faculdades da alma vegetativa, a faculdade nutritiva age durante toda a duração do indivíduo e, enquanto ela permanece existente, realizando suas ações, o vegetal e o animal permanecem existentes, e se ela se reduz a nada, o vegetal e o animal não restam existentes, o que não é o caso das demais faculdades vegetativas[87].

Erroneamente, poder-se-ia pensar que a faculdade nutritiva é a mesma que faz o corpo crescer, pois os corpos dissolvidos por ela são absorvidos para o crescimento do corpo que os dissolveu. No entanto, se assim fosse, esse crescimento seria descontrolado e, como o aumento da carne e dos músculos realiza-se com mais facilidade do que o aumento e o desenvolvimento da partes duras do corpo – como é o caso, por exemplo, dos ossos –, é necessário que haja uma faculdade que controle a distribuição do alimento dissolvido pela faculdade nutritiva e o distribua para cada parte do corpo segundo suas necessidades particulares, fazendo-o crescer de modo ordenado em largura, altura e profundidade. O controle e a distribuição disso pertence, pois, essencialmente à faculdade do crescimento, como se lê nesta passagem:

وأما النامية فتوعز إلى الغاذية تقسم ذلك الغذاء وتنفذه إلى حيث تقتض التربية خلافا لمقتض الغاذية .

---

87. Rahman: II,1,52s / Bakós: II,1,37. "Ergo virtus nutritiva ex viribus animae vegetabilis operatur omni tempore vitae singularis; quae dum permanserit exercens suas actiones, vegetabile et animal erunt viva; cum autem destructa fuerit, vegetabile et animal non erunt viva". Cf. Riet: II,1,105.

E quanto à [faculdade] do crescimento, [essa] ordena à nutritiva dividir esse alimento e transmiti-lo ao lugar onde o crescimento se mostra necessário, diferentemente do que seria exigido [apenas] pela nutritiva[88].

Na medida em que a faculdade do crescimento intenta, a partir do corpo que foi assimilado, proporcionar um crescimento distributivo e proporcional ao corpo que rege – de acordo com as suas características e dimensões tanto em largura quanto em profundidade e altura – essa faculdade se inclina, assim, a buscar sua perfeição. Quando a ação da faculdade do crescimento atinge essa perfeição, a faculdade da geração é excitada para gerar a semente e o esperma. Isso ela realiza, a partir do corpo que rege, tomando uma parte potencialmente semelhante a esse corpo e efetuando, nessa parte, com o auxílio de outros corpos que foram assimilados a ela, a ação de criar e fazer a mistura resultar num outro corpo semelhante, em ato, ao seu. Potencialmente, ela possui duas ações básicas: a primeira é a de criar e manter a semente e, num segundo estágio, fornecer a essa semente as características apropriadas às faculdades, como, por exemplo, suas dimensões, figuras e números. Em suas ações, a faculdade da geração é ajudada pela faculdade nutritiva quanto ao fornecimento da dissolução dos corpos absorvidos e, também, pela faculdade do crescimento quanto ao acabamento das extensões proporcionais dos membros e dos órgãos necessários para que a geração seja efetiva. Sua perfeição é a de ultrapassar o que não dura no indivíduo, devido à corrupção da matéria corporal, atualizando a reprodução de outros indivíduos para a conservação da espécie. Vejamos como o próprio Ibn Sīnā resume as funções vegetativas da alma em total conformidade com os movimentos da natureza:

---

88. Rahman: II,1,54 / Bakós: II,1,38. "Sed augmentativa imperat nutritivae distribuat illud nutrimentum et diffundat illud illuc ubi debet augmentativa, diverso modo ab hoc quo debet nutritiva". Cf. Riet: II,1,107.

وبالجملة فإن القوة الغاذية مقصودة ليحفظ بها جوهر الشخص , والقوة النامية مقصودة ليتم بها جوهر الشخص , والقوة المولدة مقصودة ليستبقي بها النوع إذ كان حب الدوام أمرا فائضا من الإله على كل شيء .

Em resumo, o objetivo da faculdade nutritiva é o de guardar a substância do indivíduo; o objetivo da faculdade do crescimento é o de realizar o acabamento da substância do indivíduo e o objetivo da faculdade geradora é o de conservar a espécie, pois o amor da permanência é uma ordem que emana de Deus sobre cada coisa[89].

I.6. As faculdades animais[90]

Prosseguindo na classificação ascendente das faculdades segundo sua complexificação, para além das que são próprias aos vegetais, Ibn Sīnā entende que o movimento de locomoção e o aparato de órgãos específicos para a apreensão sensível das coisas exteriores – elementos que, nesta mesma configuração, não estariam presentes no vegetal – são diferenciais básicos que abrigam uma nova ordem de faculdades, próprias aos que possuem tais movimentos. Nessa nova ordem, encontram-se todos os animais, excluindo-se os vegetais. Num primeiro sentido, o termo "animal" aplica-se propriamente ao animal enquanto possui um conjunto de faculdades que o caracteriza como animal, tanto pelo movimento como pela apreensão sensível dos particulares. Essas ações estão além das faculdades vegetativas, mas aquém dos movimentos que caracterizam a alma racional[91]. Num outro

---

89. Rahman: II,1,54s / Bakós: II,1,38. "Omnino autem virtus nutritiva appetitur ad hoc ut per eam conservetur substantia cuiuslibet singularis, et augmentativa appetitur ut per eam perficiatur substantia singularis. Sed generativa appetitur ut per eam remaneat species, quia appetere permanere est res quae venit ex Deo in omne quod est [...]". Cf. Riet: II,1,108. O final do trecho abre a questão a respeito da causalidade final sob a qual os existentes estão sujeitos, apontando para uma mudança considerável no que diz respeito à filosofia aristotélica.
90. Entendida, por extensão, e melhor aplicado no nosso caso como "as faculdades animais" da alma humana.
91. Essa possui, por analogia, como veremos adiante, tanto as funções animais como as funções vegetais.

sentido, o termo "animal" aplica-se à alma humana como sendo o conjunto das funções animais no homem. De todo modo e em ambos os casos, a estrutura básica das faculdades é a mesma e apresenta-se da seguinte maneira: والنفس الحيوانية بالقسمة الأولى قوتان محركة ومدركة / *Pela primeira divisão, a alma animal possui duas faculdades: a motora e a da percepção*[92]. Esses dois grupos de faculdades possuem subdivisões justificadas a partir da impossibilidade de reduzir qualquer uma de suas ações a qualquer uma das três funções vegetativas e, também, pela impossibilidade de que sejam ambas – percepção e movimento – reduzidas uma à outra. O movimento de deslocamento pode ser observado tanto nos animais como no próprio homem e permite que se entenda a estrutura da faculdade motora segundo duas instâncias distintas: o primeiro é o nível da pura excitação ao movimento do qual pode ou não decorrer uma ação efetiva e o segundo é o nível desta mesma faculdade enquanto efetivamente age e desloca o corpo conforme a direção que fora desejada. Enquanto, pois, a faculdade motora – entendida num primeiro nível como sendo a excitação ao movimento – impulsiona a duas direções possíveis, isto é, ou de afastamento ou de aproximação à coisa em questão, o movimento que disso decorre se insere num segundo nível em que é possível observar a ação efetiva resultante. Esse é o caso que se dá, por exemplo, quando a forma de algo desejável ou a evitar imprime-se na imaginação e excita a faculdade motora ao movimento, podendo resultar ou não a ação efetiva. Segundo essas duas direções de afastamento ou de aproximação – no âmbito do impulso sem movimento efetivo – Ibn Sīnā estabelece que

ولها شعبتان ، شعبة تسمى قوة شهوانية وهي قوة تبعث على تحريك يقرب به من الأشياء المتخيلة ضرورية أو نافعة طلبا للذة ، وشعبة تسمى قوة غضبية وهي قوة تبعث على تحريك يدفع به الشيء المتخيل ضارا أو مفسدا طلبا للغلبة.

---

92. Rahman: I,5,41 / Bakós: I,5,28. "Anima autem vitalis, secundum modum primum, habet duas vires, motivam silicet et apprehendentem". Cf. Riet: I,5,82.

Ela[93] possui duas ramificações: um ramo que se chama faculdade concupiscível, sendo uma faculdade que excita ao movimento pelo qual ela aproxima as coisas estimadas necessárias ou úteis, buscando o prazer; [o outro] ramo chama-se [faculdade] irascível, sendo uma faculdade que excita ao movimento pelo qual ela repele a coisa que é estimada como prejudicial ou corruptora, procurando a vitória[94].

Nessa medida, a faculdade motora, segundo seus ramos irascível e concupiscível, é a responsável por colocar em movimento a faculdade que age a partir da movimentação do conjunto anatômico apropriado, pois وأما القوة المحركة على أنها فاعلة فهي قوة تنبعث في الأعصاب والعضلات / *quanto à faculdade motora, enquanto age, ela é uma faculdade excitada nos nervos e nos músculos*[95], atualizando o movimento conforme as duas direções básicas a partir da irascível e da concupiscível, isto é, de aproximação ou de afastamento. No caso da aproximação, provinda da excitação da concupiscível, pode haver, por exemplo, contração de músculos, puxamento de tendões e de ligamentos dos membros na direção do princípio ou do objetivo em questão. No caso de afastamento, provindo da irascível, os músculos podem se relaxar e os nervos esticar-se em comprimento, colocando os tendões e os ligamentos em oposição à direção do princípio ou do objetivo visado.

O segundo grupo das faculdades da alma animal refere-se não ao movimento, mas à percepção e subdivide-se, inicialmente, em dois ramos distintos que operam ora em conjunto e ora separadamente na apreensão das coisas externas particulares, fornecendo, entre outras coisas, elementos para que o grupo das faculdades motoras possa agir.

---

93. A faculdade motora no âmbito do desejo sem atualização efetiva do movimento nos músculos.
94. Rahman: I,5,41 / Bakós: I,5,29. Esses dois ramos têm apenas a função de estimar o que se lhe apresenta funcionando por atração e repulsa, excitando ao movimento atualizado por uma ação efetiva. "[...] quae habet duas partes: unam quae dicitur vis concupiscibilis, quae est vis imperans moveri ut appropinquetur ad ea quae putantur necessaria aut utilia, appetitu delectamenti, aliam quae vocatur irascibilis, quae est vis imperans moveri ad repellendum id quod putatur nocivum aut corrumpens, appetitu vincendi". Cf. Riet: I,5,83.
95. Rahman: I,5,41 / Bakós: I,5,29. "Sed vis motiva secundum hoc quod est efficiens, est vis infusa nervis et musculis". Cf. Riet: I,5,83.

Essa subdivisão em dois ramos é apresentada por Ibn Sīnā do seguinte modo: وأما القوة المدركة فتنقسم قسمين منها قوة تدرك من خارج ومنها قوة تدرك من داخل / *quanto à faculdade que percebe, [esta] divide-se em duas partes: uma delas é a faculdade que percebe de fora; a outra, a faculdade que percebe de dentro*[96]. Tomemos, pois, o conjunto de faculdades que percebe de fora como os cinco sentidos externos tradicionalmente conhecidos: visão, audição, olfato, paladar e tato. Não obstante a visão ser considerada o mais especial dos sentidos externos, ao tato cabe um papel singular. Este é, para Ibn Sīnā, a primeira das faculdades da alma animal que opera a distinção sensorial entre o vegetal e o animal, ou, segundo suas palavras, وأول الحواس الذي يصير به الحيوان حيوانا هو اللمس / *o primeiro sentido pelo qual o animal torna-se animal é o tato*[97]. Essa faculdade estende-se por todo o corpo e tem por função perceber

---

96. Rahman: I,5,41 / Bakós: I,5,29. "Sed vis apprehendens duplex est: alia enim est vis quae apprehendit a foris, ali quae apprehendis ab intus". Cf. Riet: I,5,83. O que percebe de dentro são os sentidos internos (cf. Rahman: I,5,43 l.1s / Bakós: I,5,30,l.3ss). Bakós se equivoca ao afirmar que seria a faculdade intelectual desprovida de órgãos sensoriais (cf. Bakós n. 181). A continuidade do trecho é discutível, pois afirma que والمدركة من خارج هي الحواسّ الخمس أو الثمانى / *o que percebe de fora são os cinco ou os oito sentidos*. Mesmo não tendo apresentado todas as faculdades, vale adiantar que há pelo menos dois modos de entender a afirmação de Ibn Sīnā quanto a oito sentidos: o primeiro, que consideramos correto, é admitir o tato, não como um, mas como quatro sentidos, de acordo com a natureza do objeto (cf. Rahman: I,5,42,l.14 / Bakós I,5,29, ll. 36-39). Ibn Sīnā alude ao fato de que para alguns o tato não seria uma faculdade única, mas um gênero que englobaria no mínimo quatro faculdades difundidas em conjunto sobre toda a pele. Uma delas seria responsável por discernir o contraste entre o quente e o frio; a segunda discerniria o contraste entre o úmido e o seco; a terceira discerniria o contraste entre o duro e o mole; e a quarta discerniria o contraste entre o rugoso e o polido. Apenas a sua reunião num único órgão faria pensar numa única faculdade essencialmente a mesma (cf. Verbeke, "Introd. IV-V", p. 48). O segundo modo, que nos parece equivocado, é afirmado por Bakós (cf. Bakós, n. 182), em que os oito sentidos resultariam da soma dos cinco sentidos externos (visão, audição, olfato, paladar e tato) com três internos (sentido comum, imaginativa e estimativa). Os outros dois sentidos internos (memória e imaginação) seriam entendidos apenas como depósitos e não propriamente como sentidos. De todo modo, ainda que a pluralidade do sentido tátil seja admitida, o tratamento ao longo da obra faz menção à sua reunião num único sentido.
97. Rahman: II,3,67 / Bakós: II,3,46. "Primus sensuum propter quos animal est animal est tactus". Cf. Riet: II,3,130. Não é o caso de adentrarmos, por enquanto, um estudo mais

tudo o que o toca, influindo sobre ele pela contrariedade que transforma a compleição ou a disposição da composição. O seu papel, em vista da sensibilidade da alma animal, corresponde ao papel da nutrição dentre as faculdades da alma vegetal, sendo que cada uma dessas faculdades está, respectivamente, na base do animal e do vegetal.

فله حسّ اللمس ويجوز أن يفقد قوة قوة من الأخرى ، ولا ينعكس ، وحال الغاذية عند سائر قوى النفس الأرضية حال اللمس عند سائر قوى الحيوان، وذلك لأن الحيوان تركيبه الأول هو من الكيفيات الملموسة فإن مزاجه منها وفساده باختلافها، والحسّ طليعة للنفس.

Ele [o animal] tem o sentido do tato e pode perder uma por uma suas outras faculdades mas não inversamente. O caso da faculdade nutritiva em relação às demais faculdades da alma terrestre é o [mesmo] caso do tato em relação às demais faculdades do animal, porque a primeira composição do animal vem das qualidades do tato; sua compleição vem delas e sua corrupção, de seus problemas, pois a sensibilidade é um esclarecedor que a alma possui[98].

Se à faculdade do tato cabe seu ato próprio por contato direto com os corpos, necessariamente segue-se a ela o paladar, que ainda utiliza o contato direto com o corpo a ser deglutido, mas com outra função. É por esse motivo que, de modo ascendente, Ibn Sīnā assim o apresenta:

وأما الذوق فإنه تال للّمس ومنفعته أيضا في الفعل الذي به يتقوم البدن وهو تشهية الغذاء واختياره .

aprofundado dos sentidos externos, pois o nosso objetivo é nomear, numerar e localizar o conjunto das faculdades da alma humana para precisar com mais clareza a posição do intelecto nesse conjunto. No entanto, indicamos que Ibn Sīnā dedica três seções do Capítulo II ao estudo mais detalhado dos sentidos do tato, do paladar e do olfato, e da audição respectivamente intitulados: في الذوق والشم / *Do sentido do tato*; في الحاسة اللمسية / *Do paladar e do olfato*; في السمع / *Do sentido da audição*. Além disso, convém indicar o notável destaque dado ao estudo da visão e da luz que ocupa todo o Capítulo III – um quarto da extensão do *Kitāb al-Nafs*.

98. Rahman: II,3,67 / Bakós: II,3,46s. "[...] habet animam sensibilem habet tangendi et possibile est ut non habeat aliquem aliorum, sed non convertitur. Dispositio etenim nutritivae comparatione aliarum virtutum animae sensibilis: hoc est quod prima compositio animalis est ex qualitatibus tactibilis; et ex quibus est complexio eius, destructio eius fit ex earum diversitate. Ergo sentire est natura animae [...]". Cf. Riet: II,3,131.

O paladar segue-se ao tato e sua utilidade consiste também na ação pela qual subsiste o corpo, e é a excitação do desejo para o alimento e sua escolha[99].

Estabelecida no nervo que se estende sobre o corpo da língua, essa faculdade percebe os gostos dissolvidos dos corpos quando estão contíguos à língua, misturados ao humor agradável de ser engolido no qual se encontra uma mistura transformante, isto é, aquilo que é dissolvido de um determinado corpo sápido que, estando em contato com a língua, é misturado com um humor próprio da faculdade do paladar, antes de ser engolido[100].

Em terceiro lugar está a faculdade do olfato, localizada nas duas protuberâncias da parte anterior do cérebro que se assemelham aos dois mamilos da mama[101]. Sua percepção refere-se àquilo que o ar aspirado faz chegar ao cérebro dos odores encontrados na exalação misturada ao ar ou do odor impresso no ar pela alteração de um corpo dotado de odor. Ibn Sīnā assinala que o homem, apesar da complexidade da estrutura do olfato que possui, mesmo assim

فإنه لا يقبل الروائح (...) بل يكاد أن تكون رسوم الروائح في نفسه رسوما ضعيفة.
/ *não recebe [fortemente] os odores [...] ao contrário, nele, as impressões dos odores são impressões fracas*[102].

---

99. Rahman: II,4,75 / Bakós: II,4,52. "Gustus sequitur post tactum; cuius utilitas est in actione per quam perficitu corpus, quae facit desiderare nutrimentum et experiri". Cf. Riet: II,4,143. Note-se que a apresentação dos sentidos externos parte dos mais concretos que tratam da preservação da vida e se dirigem aos mais complexos e abstratos que culminam na visão como o sentido externo mais alto na hierarquia.
100. Cf. Rahman: I,5,42 / Bakós: I,5,29.
101. Esta passagem não é aristotélica; Aristóteles, no *De anima*, nada diz sobre o órgão olfativo. Além disso, a idéia de que o cérebro é o órgão central da sensação também não é aristotélica, pois Aristóteles afirma que é o coração, sendo o cérebro responsável por uma função subalterna (cf. Bakós n. 190-193).
102. Rahman: II,4,77 / Bakós: II,4,53. "[...] tamen cum hoc non recipit odores fortiter [...] unde videtur quod discretiones odorum in anima ipsius sunt debiles [...]". Cf. Riet: II,4,146s. Ibn Sīnā exemplifica isso comparando a maior extensão das qualidades percebidas pelo paladar (como, por exemplo, o doce, o amargo, o ácido etc.) com o olfato que se reduz praticamente à distinção entre odores agradáveis e desagradáveis.

A audição, por sua vez, é uma faculdade estabelecida nos nervos dispersos na superfície do canal auditivo. Esta faculdade percebe uma forma qualquer que possa chegar à rede nervosa a partir da agitação do ar fortemente comprimido entre o que golpeia e o que é golpeado. A resistência gerada entre ambos ao ar, com violência, gera o som. A agitação chega, em seguida, ao ar que está retido, tranqüilo, na concavidade do canal auditivo e o move por um movimento semelhante ao seu. As ondas desse movimento relativo ao nervo se tocam e, então, escuta-se. Ibn Sīnā, ao estudar o som e o eco, não deixa dúvidas sobre como entende a apreensão dos sensíveis externos, afirmando inequivocamente a realidade exterior destes e comentando ser فقد بان أن للصوت وجودا ما من خارج / *evidente que o som tem uma certa existência vinda do exterior*, o que aparece como conclusão do fato de que كما يسمع يسمع له جهة / *quando o som é escutado*, sua direção é escutada[103]. Por último, como o sentido externo mais complexo, encontra-se a visão. A abertura do Capítulo III indica a importância e a abrangência da teoria de Ibn Sīnā a respeito da visão:

وحري بنا أن نتكلم في الإبصار , والكلام فيه يقتضي الكلام في الضوء والمشف واللون وفي كيفية الاتصال الواقع بين الحاس والمحسوس البصري .

Convém-nos agora falar da visão[104] e, falando disso, torna-se necessário falar da luz, do diáfano, da cor e do modo de continuidade que se estabelece entre o que sente e o sensível visual[105].

Essa faculdade está localizada no nervo[106] ótico e atua fundamentalmente para perceber as formas impressas no humor cristalino a

---

103. Rahman: II,5, 85s / Bakós: II,5,59. "Consideremus autem quid sit dicendum post hoc et dicemus quod sonitus, cum auditur, auditur ex parte. [...] Ergo iam manifestum est quod sonus habet aliquid esse per se [...]". Cf. Riet: II,5,160ss.
104. Literalmente: *falarmos das visões* /نتكلم في الإبصار.
105. Rahman: III,1,91 / Bakós: III,1,63. "Debemus loqui de visu. Sed ad loquendum de eo, necesse est prius loqui de lumine et de luminoso et de colore et de qualitate continuitatis quae cadit inter sentiens et sensatum visibile". Cf. Riet: III,1,169.
106. Note-se que todas as localizações nervosas das faculdades não se encontram em Aristóteles, visto que ele não tinha conhecimento algum da existência dos nervos (cf. Bakós n. 183).

partir das imagens dos corpos coloridos que, pelos corpos diáfanos em ato, chegam às superfícies dos corpos polidos[107]. Com o estudo da visão, encerram-se as faculdades que compõem o primeiro ramo da percepção animal, isto é, os sentidos externos.

O segundo ramo das faculdades da percepção é nomeado pelo próprio Ibn Sīnā de الحواسّ الباطنة / *os sentidos internos*. Estes complementam o quadro da percepção animal e são deduzidos a partir da observação de determinadas ações que exigem a presença de uma instância para perceber o que os sentidos externos, isoladamente, não seriam suficientes para fundamentar. De modo geral, as funções dos sentidos internos variam entre a recepção, a conservação e a combinação do que é percebido. Ibn Sīnā, ao mostrar a necessidade de haver a existência desta instância cognitiva, acentua a diferença entre a recepção e a conservação e, por isso, distribui as duas funções por faculdades diferentes. Uma boa ilustração disso encontra-se no exemplo da água que é capaz de receber a impressão e o traçado de uma coisa, mas não tem capacidade de conservar. Um outro exemplo que mostra a necessidade de haver sentidos além dos externos é ilustrado pelo nosso filósofo a partir da gota de chuva ou de algo reto que gira. No primeiro caso, a gota que cai descreve aos nossos sentidos uma linha reta e, no segundo caso, se tomarmos uma linha reta e movermos sua extremidade a partir de um centro fixo, apreendemos uma figura circular. Ora, os sentidos externos, nesse caso, não podem nos fornecer nem o conhecimento de uma linha reta nem de um círculo, pois eles apreendem sempre o que é dado instantaneamente. A continuidade representada pela linha reta da gota de chuva e da figura circular que se forma em nossa

---

107. É notável o desenvolvimento do estudo da visão que Ibn Sīnā realiza ao longo do Capítulo III do *Kitāb al-Nafs* em oito seções, nas quais apresenta, dentre outras, teorias do meio diáfano e da cor, da luz, da claridade e do raio como componentes de base para estabelecer o modo de continuidade entre a realidade externa e a interna na apreensão visível das coisas.

percepção através de algo reto que gira só é possível se, em nós, houver uma instância que receba as várias formas dadas nos seqüentes instantes e, armazenando-as e associando-as, crie a imagem contínua que apreendemos ao final. Portanto, nesses casos, o conhecimento de uma linha reta ou de uma figura circular requer necessariamente a intervenção dos sentidos internos[108].

Ao longo do *Kitāb al-Nafs* as funções atribuídas aos sentidos internos chegam ao número de sete, mas a classificação dada pelo nosso filósofo estabelece-os em número de cinco. Isso justifica-se pela dinâmica dos sentidos internos em combinar suas funções específicas para manter o funcionamento das sete funções básicas[109]. São eles:

1- بنطاسيا [110] أو الحسّ المشترك / *fantasia ou sentido comum*;
2- الخيال أو المصورة / *imaginação ou formativa*;
3- متخيلة ومفكرة / *imaginativa (no animal) e cogitativa (no homem)*;
4- الوهمية / *estimativa e*
5- الحافظة الذاكرة / *a que conserva e se lembra (memória)*

Ibn Sīnā fornece uma classificação geral a respeito dos sentidos internos na Seção 5 do Capítulo II e aprofunda-se no tema no Capítulo IV, que é dedicado exclusivamente a esse assunto. Nosso objetivo, agora, é apenas o de situar os sentidos internos dentro da complexa estrutura das três instâncias de operações da alma – vegetal, animal e humana. Por isso, não nos deteremos, por ora, na articulação e na dinâ-

---

108. Rahman: I,5,44 / Bakós: I,5,31 e Verbeke, "Introd. IV-V", pp. 50-51.
109. Note-se que Ibn Sīnā usa várias denominações para uma mesma faculdade: sentido comum ou fantasia; imaginação ou formativa; imaginativa (no animal) e cogitativa (no homem); estimativa e memória. Algumas delas podem ser encontradas, parcialmente, em autores anteriores a Ibn Sīnā como é o caso de Al-Fārābī ou do próprio Aristóteles, mas não com as mesmas atribuições.
110. O termo mais corrente, que Ibn Sīnā adota em outras obras, é فنطاسيا / "fantasia" (cf. Goichon, *Léxico*, pp. 69-71, n. 150), mas nesta obra a transliteração do termo grego aparece com a substituição da primeira letra por um "b" tanto na edição de Bakós (p. 44, l.14) quanto na edição de F. Rahman (p. 44, l.4) e é empregada apenas nesta passagem. Há a hipótese de um erro na grafia ou na fixação dos textos. Para a definição e localização das passagens que determinam os sentidos internos, cf. Attie, *Os Sentidos Internos*, op. cit., pp. 162-167.

mica dos sentidos internos. No entanto, algumas coisas já podem ser estabelecidas, como, por exemplo, que o funcionamento específico de cada uma das faculdades internas é bastante claro ao afirmar três sentidos e duas memórias. O sentido comum recolhe as formas e a faculdade formativa as conserva. A estimativa recolhe as intenções e a memória as conserva. E, por fim, a imaginativa reúne e separa as formas e, em conjunto com a estimativa, reúne e separa as intenções. Passemos a indicar suas funções básicas e suas respectivas localizações[111], iniciando pelo primeiro deles, denominado por Ibn Sīnā de "sentido comum".

فمن القوى المدركة الباطنة الحيوانية قوة بنطاسيا وهي الحسّ المشترك وهي قوة مرتبة في التجويف الأول من الدماغ تقبل بذاتها جميع الصور المنطبعة في الحواسّ الخمس المتأدية إليه .

E a respeito das faculdades perceptivas internas do animal uma faculdade é a fantasia que é sentido comum – sendo uma faculdade estabelecida no primeiro ventrículo do cérebro que recebe por si mesma todas as formas impressas nos cinco sentidos que chegam a ele [ventrículo][112].

O papel do sentido comum é, pois, o de recolher as impressões trazidas pelos cinco sentidos externos e o que é gerado, em alguns casos, pelo movimento da faculdade imaginativa. Apesar de receber formas externas e internas, o sentido comum não as conserva, sendo que este é um papel de uma outra faculdade – formativa – contígua a ele. As duas são como se fossem uma só, separadas apenas pela função receptora e conservadora. Vejamos como Ibn Sīnā a explica:

111. As passagens a respeito dos sentidos internos foram cotejadas entre a edição de Bakós e a de Rahman.
112. Rahman: I,5,44 / Bakós: I,5,30. Na edição do texto árabe por Bakós (cf. Bakós, texto árabe, I,5,44,l.14) encontramos uma ligeira – mas significante – diferença: فمن القوى المدركة الباطنة الحيوانية قوة بنطاسيا والحسّ المشترك / *E a respeito das faculdades perceptivas internas do animal uma faculdade é a fantasia e o sentido comum*. Lemos segundo a edição de Rahman. "Virium autem apprehendentium occultarum vitalium prima est fantasia quae est sensus communis, quae est vis ordinata in prima concavitate cerebri, recipiens per seipsam omnes formas quae imprimuntur quinque sensibus et redduntur ei". Cf. Riet: I,5,87.

ثم الخيال والمصورة وهي قوة مرتبة أيضا في آخر التجويف المقدم الدماغ تحفظ ما قبله الحسّ المشترك من الحواسّ الجزئية الخمس ويبقي فيه بعد غيبة تلك المحسوسات

> Em seguida [está] a imaginação e a formativa; que é uma faculdade estabelecida também na extremidade do ventrículo anterior do cérebro [e] conserva o que o sentido comum recebeu dos cinco sentidos particulares e que permanece nele [na extremidade do ventrículo] depois do distanciamento desses sensíveis[113].

Com isso, já se estabelece o sentido comum e a fantasia como os intermediários responsáveis pela continuidade das formas apreendidas pelos sentidos externos até o interior da alma. Num primeiro estágio, a recepção do que é sentido exteriormente é efetuada pelo sentido comum ou fantasia. Num segundo estágio, o que foi recebido é armazenado pela faculdade formativa ou imaginação, mas, na medida em que se verifica que essas formas internamente produzem novas formas independentes de uma existência exterior, conclui-se ser preciso que haja uma outra faculdade pela qual isso seja atualizado. Ibn Sīnā assim no-la mostra:

ثم القوة التي تسمي متخيلة بالقياس إلى النفس الحيوانية ومفكرة بالقياس إلى النفس الإنسانية وهي قوة مرتبة في التجويف الأوسط من الدماغ عند الدودة ، من شأنها أن تركب بعض ما في الخيال مع بعض وتفصل بعضه عن بعض بحسب الإرادة .

> Em seguida [está] a faculdade que se chama imaginativa em relação à alma animal e cogitativa em relação à alma humana; sendo uma faculdade estabelecida no ventrículo médio do cérebro junto ao verme[114], ela tem a propriedade de compor certas coisas que estão na imaginação com outras, e de separar outras à vontade[115].

---

113. Rahman: I,5,44 / Bakós: I,5,30. Cf. também Bakós, texto árabe I,5,44. "Post hanc imaginatio vel formans, quae est etiam vis ordinata in extremo anterioris concavitatis cerebri, retinens quod recepit sensus communis a quinque sensibus et remanet in ea post remotionem illorum sensibilium". Cf. Riet: I,5,87s.
114. Em anatomia, o termo "verme do cerebelo" é o nome dado ao lóbulo médio do cerebelo entre ambos os hemisférios (cf. C. Aulete, *Dicionário Contemporâneo da Língua Portuguesa*, Rio de Janeiro, Delta, 1958, p. 5268). Assim é chamado por sua forma ser semelhante à de uma larva. Cf. Labor, *Biologia Humana*, Barcelona, Labor, 1961, vol. 3, p. 789 e cf. ilustração em W. Spalteholz, *Atlas de Anatomia Humana*, 2. ed., Barcelona, Labor, 1959, tomo 3 Cf. Bakós (n. 208) que remete a Galeno.
115. Rahman: I,5,45 / Bakós: I,5,31. Cf. também Bakós, texto árabe I,5,45. "Post hanc est vis

Com a faculdade imaginativa define-se, portanto, um terceiro movimento além da recepção e da conservação de formas: a combinação interna das formas. Isso significa que a passividade que se atribui ao sentido comum e à formativa encontra na imaginativa uma atividade própria de composição e separação que permite distinguir, dentre os sentidos internos, faculdades que percebem e agem em conjunto, e outras que percebem mas não agem. A diferença entre um tipo de percepção com ação e um tipo de percepção sem ação refere-se ao fato de que certas faculdades internas atuam, ora compondo formas e intenções percebidas com outras, ora as separando umas das outras; sendo que outras faculdades apenas apreendem. Assim sendo, é possível que, após ter percebido, elas ajam nisso que perceberam. No caso das percepções sem ação, ocorre apenas a simples impressão das formas sem que se faça sobre elas nenhum tipo de ato em virtude de uma escolha[116]. Sublinhe-se, pois, que para o nosso filósofo há distinção entre a percepção de formas e de intenções. A recepção das primeiras deve-se ao sentido comum, mas a recepção das intenções deve-se a outra faculdade, a estimativa. Vejamos como ele a apresenta:

ثم القوة الحافظة الذاكرة وهي قوة مرتبة في التجويف المؤخر من الدماغ تحفظ ما تدركه القوة الوهمية من المعاني الغير المحسوسة في المحسوسات الجزئية .

---

quae vocatur imaginativa comparatione animae vitalis, et cogitans comparatione animae humanae; quae est vis ordinata in media concavitate cerebri ubi est vermis, et solet componere aliquid de eo quod est in imaginatione cum alio et dividere aliud ab alio secundum quod vult". Cf. Riet: I,5,89. A imaginação, na obra de Ibn Sīnā, é um tema recorrente e abrange seu sistema cosmológico, fazendo-se presente, também, em seus textos alegóricos. Para uma introdução ao tema da imaginação em sua obra remetemos a B. Mahloubi, *La notion d'imagination chez Avicenne*. Tese de doutorado. Paris, Université de Paris I Panthéon-Sorbonne, 1991.

116. Cf. Rahman: I,5,43 / Bakós: I,5,30.

Em seguida [está] a faculdade estimativa que é a faculdade estabelecida na extremidade do ventrículo médio do cérebro; ela percebe as intenções[117] não-sensíveis existentes nas coisas sensíveis particulares[118].

A faculdade estimativa possui um amplo espectro de atuação tanto na recepção como na composição. Contudo, o que a estimativa apreende não são propriamente as formas e as figuras das coisas mas o que não está formalizado na coisa, isto é, a intenção, o significado e o sentido daquela coisa particular. A diferença entre esses dois modos de percepção é que a percepção da forma é realizada em conjunto, isto é, pelo sentido externo e interno, sendo que, necessariamente, uma forma dada passa pelo sentido externo, sendo levada até o sentido interno. A percepção da intenção, diferentemente, é realizada de modo imediato pelo sentido interno. O exemplo usado por Ibn Sīnā fez sucesso na Idade Média e consiste no seguinte: a ovelha percebe a forma do lobo, isto é, sua configuração, seu aspecto e sua cor. Com certeza, o sentido interno da ovelha também percebe essa forma do lobo, mas primeiramente ela é percebida somente pelo sentido externo. Por outro lado, a intenção é algo que a alma percebe do sensível sem que o sentido externo tenha meios para fazê-lo. Por exemplo, a ovelha percebe no lobo o sentido de inimigo ou aquilo que torna necessário o

---

117. Vale notar a relevante distinção operada por Ibn Sīnā a respeito da diferença entre percepção de formas (صـورة) e percepção de intenções (معنى) pois وأما القوى المدركة من باطن فبعضها قوى تدرك صور المحسوسات وبعضها تدرك معاني المحسوسات / *quanto às faculdades que percebem interiormente, algumas são faculdades que percebem as formas das coisas sensíveis, e outras percebem as intenções das coisas sensíveis.* Cf. Rahman: I,5,43 / Bakós: I,5,30. "Sed virium ab intus apprehendentium, quedam apprehendunt formas sensibiles, quaedam vero apprehendunt intentiones sensibilium". Cf. Riet: I,5,85. O termo صورة / *ṣūra* não apresenta divergências quanto à sua tradução por "forma". O mesmo, porém, não ocorre com o termo معنى / *ma'na*. Para argumentação em favor da tradução por "intenção", cf., nosso anexo em tradução de V, 5 nota 9.
118. Rahman: I,5,45 / Bakós: I,5,31. Cf. também Bakós, texto árabe I,5,45, com uma ligeira diferença: (...) ثم القوة الوهمية وهي قوة المرتبة / *Em seguida [está] a faculdade estimativa que é uma faculdade estabelecida* l.14 / trad. I,5,31,l.19. "Deinde est vis aestimationis; quae est vis ordinata in summo mediae concavitatis cerebri, apprehendens intentiones non sensatas quae sunt in singulis sensibilibus". Cf. Riet: I,5,89.

medo que a coloque em fuga para longe dele sem que o sentido externo perceba isso de modo algum. Logo, isso que o sentido externo percebe primeiramente e depois o sentido interno percebe do lobo, chama-se propriamente de forma; e isso que a faculdade interna percebe à exclusão dos sentidos externos chama-se intenção[119]. Note-se que não se trata exclusivamente da intenção da ação do lobo pelas suas faculdades motoras, mas também da afirmação que atribui a cada forma percebida um sentido e uma direção própria.

Medo e afabilidade não são formas apreendidas pelos sentidos externos, mas por uma faculdade específica. Além disso, a estimativa também age compondo essas intenções como se fosse uma imaginativa e, no animal, pelo seu livre trânsito entre os depósitos das formas e intenções para novas composições funciona como uma "inteligência animal". Em seus movimentos, a estimativa necessita de um outro depósito para armazenar o que resulta tanto de sua percepção quanto de suas combinações.

ثم القوة الحافظة الذاكرة وهي قوة مرتبة في التجويف المؤخر من الدماغ تحفظ ما تدركه القوة الوهمية من المعاني الغير المحسوسة في المحسوسات الجزئية .

Em seguida [está] a faculdade que conserva e se lembra sendo uma faculdade estabelecida no ventrículo posterior do cérebro; ela conserva o que a faculdade estimativa percebeu das intenções não-sensíveis, nas coisas sensíveis particulares[120].

Assim como a imaginação é o depósito das formas recebidas pelo sentido comum, a faculdade que conserva e se lembra é o depósito das intenções percebidas pela estimativa. No homem, essa faculdade, além de guardar as intenções, pode recuperá-las por um modo de reminiscência próprio à alma racional, que, operando por silogismos, resgata o que fora esquecido. A relação da faculdade que conserva com a

---

119. Cf. Rahman: I,5,43 / Bakós: I,5,30.
120. Rahman: I,5,45 / Bakós: I,5,31. Cf. também Bakós, texto árabe I,5,45. "Deinde est vis memorialis et reminiscibilis; quae est vis ordinata in posteriori concavitate cerebri, retinens quod apprehendit vis aestimationis de intentionibus non sensatis singulorum sensibilium". Cf. Riet: 1,5,89.

estimativa é como a relação da imaginação com o sentido comum; e a relação da estimativa com as intenções é como a relação da imaginação com as formas sensíveis. No entanto, a estimativa pode funcionar como imaginativa no comando do conjunto dos sentidos internos. Com isso encerra-se a classificação dos sentidos internos e o número de faculdades da alma animal. Agora, resta-nos finalizar a classificação com as faculdades que são próprias da alma humana.

I.7. A faculdade racional[121]

A alma humana é uma substância una. Suas funções podem ser divididas em três instâncias: vegetal, animal e racional. Esta última define-se pela faculdade do intelecto, seu mais alto grau de perfeição. Todavia, a alma humana não é o intelecto, pois ela não é nenhuma de suas faculdades. Assim como não se pode dizer que ela é o ato de nutrir o corpo e de movê-lo, ou que ela é a faculdade da percepção dos sensíveis exteriores pelos sentidos externos e internos, assim também a alma não pode ser a faculdade do intelecto. A alma opera por meio dele mas a ele não se reduz. Antes, a alma é uma substância inteligente que possui tais faculdades. Insistir na unicidade e unidade da alma é o paradigma que deve acompanhar toda a divisão estabelecida na classificação de suas faculdades. Os movimentos estanques de cada função não devem perder de vista que é, sempre, a alma como um todo que realiza essas funções, operando de modo distinto, de acordo com sua direção. Tendo isso em mente, sigamos, pois, em frente, afirmando juntamente com Ibn Sīnā:

وأما النفس الناطقة الإنسانية فتنقسم قواها إلى قوة عاملة وقوة عالمة وكل واحدة من القوتين تسمي عقلا باشتراك الاسم أو تشابهه.

---

121. Entendido como as ações racionais da alma humana. Restringir-nos-emos, aqui, às indicações básicas a esse respeito segundo o que Ibn Sīnā apresenta na Seção 5 do Capítulo I e desenvolveremos com mais detalhes esse tema no Capítulo II de nosso trabalho, a partir da análise mais detida que se encontra no Capítulo V do *Kitāb al-Nafs*.

Quanto à alma racional humana, suas faculdades dividem-se em faculdade que age e faculdade que conhece, sendo que cada uma das duas faculdades chama-se intelecto por homonímia ou equivocidade[122].

Em seus movimentos próprios, a função racional da alma possui uma relação em duas direções justificando o porquê de sua divisão em duas faculdades. Cada lado, por meio de uma das duas faculdades, organiza a conexão entre a alma e esse lado. Talvez não haja melhor imagem da alma humana do que esta, apresentada por Ibn Sīnā quanto às suas duas inclinações:

فكأن للنفس منا وجهين ، وجه إلى البدن ويجب أن يكون هذا الوجه غير قابل ألبتة أثرا من جنس مقتضى طبيعة البدن ، ووجه إلى المبادى العالية ويجب أن يكون هذا الوجه دائم القبول عما هناك والتأثر منه ، فمن الجهة السفلية تتولد الأخلاق ومن الجهة الفوقانية تتولد العلوم.

É como se nossa alma possuísse duas faces: uma em direção ao corpo – mas é preciso que esta face não receba de modo algum uma impressão de um gênero exigido pela natureza do corpo – e uma face em direção aos princípios supremos – mas é preciso que esta face receba constantemente daquilo que lá está e sofra o seu efeito. Assim, do lado inferior nascem os hábitos morais e do lado superior nascem as ciências[123].

122. Rahman: I,5,45 / Bakós: I,5,31. "Sed animae rationalis humanae vires dividuntur in virtutem sciendi et virtutem agendi, et unaquaeque istarum virium vocatur intellectus aequivoce aut propter similitudinem". Cf. Riet: I,5,90. Também podem ser chamadas de faculdade prática e faculdade especulativa, ou ainda, intelecto prático e intelecto especulativo. Essa breve apresentação fornece algumas características de ambas, sendo que a melhor imagem da alma humana que Ibn Sīnā nos dá é a de que ela tem duas faces. Em Aristóteles, são o intelecto teórico e o intelecto prático. O fim do intelecto prático é a ação, dirigida ao bem prático e o contingente; enquanto o fim do intelecto teórico é o necessário, isto é, o verdadeiro e o falso (cf. Bakós n. 210). Note-se, ainda, que sendo faculdades da alma humana, não há uma localização física. Essa passagem também confirma que Ibn Sīnā pode usar racional e intelectual no mesmo sentido. No desenrolar do tratado, como veremos no nosso Capítulo II, uma distinção entre intelecto e razão pode ser caracterizada pelo modo súbito do primeiro na apreensão das formas inteligíveis e sua operação ordenada e no tempo para o segundo. Cf. adiante II.6.
123. Rahman: I,5,47 / Bakós: I,5,33. "[...] tamquam anima nostra habeat duas facies, faciem silicet deorsum ad corpus, quam oportet nullatenus recipere aliquam affectionem generis

É no âmbito, pois, das ações racionais da alma humana que o homem encontra sua melhor imagem de existir entre dois mundos: o da matéria e o da não-matéria; do sensível e o do supra-sensível; em última análise, do mundo sublunar e do mundo supralunar. Nessa circunstância, o papel de sua alma, por meio de suas duas faces em constante relação, é guiar o homem para que a perfeição seja efetuada nas duas direções: a direção do corpo e de suas atribuições e a direção contemplativa das formas inteligíveis supremas. Assim, a faculdade prática é a faculdade que a alma possui em razão da conexão com o lado que é mais baixo que ela, ou seja, o corpo e o governo deste. No caso da faculdade especulativa, ela é uma faculdade que a alma possui em razão da conexão com o lado que está acima dela, sendo preciso que esta face receba e adquira constantemente o efeito disso que está acima. Apesar dessa dupla condução estar sempre presente, a função da faculdade prática, no conjunto das faculdades, é ser, em última análise, a condutora por excelência do corpo e das ações humanas. No entanto, a faculdade prática, sendo autônoma, não é soberana, pois

هذه القوة يجب أن تتسلط على سائر قوى البدن على حسب ما توجبه أحكام القوة الأخرى

/ *essa faculdade deve dominar as outras faculdades do corpo, mas isso segundo as normas de uma outra faculdade*[124], isto é, a faculdade especulativa. A sua correta constituição exige que ela não sofra de modo algum a direção das outras faculdades que estão abaixo dela, mas que as conduza na criação de hábitos morais excelentes. Do contrário, criar-se-iam hábitos morais vis, fruto de uma inversão das influências na hierarquia das faculdades.

Ligada aos atos particulares, tanto no âmbito do próprio corpo como no âmbito da ação moral – e, conseqüentemente, política – assim como na criação das artes (entre elas a arte médica) e de todas

---

debiti naturae corporis, et alliam faciem sursum, versus principia altissima, quam oportet semper recipere aliquid ab eo quod est illic et affici ab illo. Ex eo autem quod est infra eam, generantur mores, sed ex eo quod est supra eam, generantur sapientiae; [...]". Cf. Riet: I,5,94.

124. Rahman: I,5,46 / Bakós: I,5,32. "Oportet autem ut haec virtus imperet ceteris virtutibus corporis, sicut oportet pro iudicio alterius virtutis [...]". Cf. Riet: I,5,92.

as ações humanas realizadas em sociedade, é a partir da estrutura da faculdade prática que são possíveis as atividades humanas concretas, pois a faculdade especulativa é contemplativa, buscando a aquisição das formas inteligíveis universais. No entanto, é sob os influxos e os princípios da faculdade especulativa que a faculdade prática deve se guiar. A faculdade prática não é totalmente independente da teórica. Em outras palavras, a ação humana deve se guiar pela verdade, com vistas ao bem.

Se a faculdade especulativa contempla os princípios supremos e transfere suas direções para a faculdade prática, esta, por sua vez, faz a mediação de tais influxos na condução do corpo, transferindo-os para as funções animais e vegetais próprias a cada uma das faculdades específicas das instâncias inferiores. Por isso, a faculdade prática relaciona-se com as faculdades concupiscível e irascível, com os sentidos internos – especialmente a faculdade imaginativa e estimativa – além de possuir uma relação reflexiva sobre si mesma, com o auxílio da faculdade contemplativa. Em alguns casos, ela deve deliberar sobre as paixões, as emoções e os sentimentos, conduzindo o corpo para que este efetue a ação ou não. Sem sua mediação, as faculdades motoras agiriam incessantemente nos músculos. Em outros casos, a faculdade prática deve deliberar sobre a conveniência ou não da concretização de uma determinada ação a partir das formas criadas pela imaginativa e estimativa em relação às artes humanas. Organizar e dar direção à conduta do homem é, pois, sua função maior e, por isso, é necessário que a faculdade prática esteja em relação com as outras faculdades animais numa condição hierarquicamente superior. Sua relação consigo mesma está relacionada às opiniões que dependem das ações. Algumas tornam-se comuns e bem conhecidas, como, por exemplo, que a mentira e a injustiça são detestáveis. A isso é que podemos chamar de sabedoria prática, alcançada não pelo estabelecimento de uma prova ou pela demonstração mas por meio da repetição de determinadas ações, gerando um outro tipo de conhecimento.

Quanto à faculdade especulativa, a primeira definição que encontramos no *Kitāb al-Nafs* é que وأما القوة النظرية فهي قوة من شأنها أن تنطبع بالصور الكلية المجردة عن المادة / *quanto à faculdade [racional] ela é uma faculdade com a função de receber a impressão das formas universais abstraídas da matéria*[125]. Contudo, a passagem da potência ao ato que configura a recepção de tais formas pode se dar segundo níveis hierárquicos distintos. A potência, nesse caso, é entendida conforme três graus até a atualização absoluta dessas formas abstratas. O primeiro nível diz-se da potência absoluta, na qual não há nenhum traço em ato, o segundo, quando já estão em ato alguns princípios da forma que será atualizada ao final, e o terceiro, quando a potência já chegou à sua perfeição e pode ser atualizada ou não segundo a intenção da alma em sua unicidade. Diz Ibn Sīnā: والقوة الأولى تسمي مطلقة وهيولانية , والقوة الثانية تسمي قوة ممكنة , والقوة الثالثة تسمي كمال القوة / *a primeira potência chama-se absoluta e material; a segunda potência chama-se potência possível; e a terceira chama-se perfeição da potência*[126]. No nosso Capítulo II aprofundaremos esse assunto, mas podemos adiantar que Ibn Sīnā ilustra essa distinção com o seguinte exemplo: no primeiro caso, seria como a potência da faculdade de escrever de uma criança de tenra idade; no segundo, seria esta mesma potência já mais desenvolvida, como encontrada num jovem que já conhece a pena e o tinteiro e é iniciado nas letras; e a terceira seria esta mesma potência quando já está completa, como é o caso da faculdade do escriba perfeito na arte, podendo ou não escrever, dependendo apenas de sua deliberação própria. Isso mostra que a atualização e o entendimento de algumas formas não se fazem de modo imediato, mas chegam aos poucos ao intelecto humano[127].

---

125. Rahman: I,5,48 / Bakós: I,5,33. "Sed virtus contemplativa est virtus quae solet informari a forma universali nuda a materia". Cf. Riet: I,5,94.
126. Rahman: I,5,48 / Bakós: I,5,33 "Potentia autem prima vocatur absoluta materialis, secunda autem vocatur potentia possibilis, potentia vero tertio est perfectio". Cf. Riet: I,5,96.
127. No que se refere às divisões do intelecto, deve-se ter em mente as fontes de Ibn Sīnā, notadamente Al-Fārābī que no *De intellectu* já havia estabelecido a base da divisão aqui

As relações da faculdade especulativa com as formas inteligíveis baseiam-se nesses três sentidos de compreender a potência, resultando em três graus do intelecto. O primeiro grau chama-se عقل هيولاني / *intelecto material* e "encontra-se frente aos inteligíveis em um estado de potencialidade absoluta"[128]. Isso se dá quando a faculdade especulativa não recebeu nada ainda da perfeição que existe em relação a ela. Ele assim é chamado devido à sua semelhança com a matéria-prima que não possui por si mesma uma certa forma, sendo sujeito para toda forma. Essa faculdade pertence a cada indivíduo da espécie. No segundo grau, já estão presentes no intelecto os inteligíveis primeiros, isto é, os primeiros princípios, como, por exemplo, que o todo é maior que a parte, que duas coisas iguais a uma terceira são iguais entre si, princípios dos quais e pelos quais se chega aos inteligíveis segundos. Esse grau denomina-se, então, عقل بالملك / *intelecto em hábito* e pode-se dizer em ato em relação ao primeiro. Quando o intelecto pode agir a partir dos inteligíveis primeiros em direção aos inteligíveis segundos, então ele se encontra no nível da perfeição de sua potência e denomina-se عقل بالفعل / *intelecto em ato*, porque nesse grau o intelecto já conhece tais inteligíveis sem se dar ao trabalho de uma nova aquisição[129].

No entanto, apesar do intelecto em potência ser atualizado em sua plenitude, as aquisições não se dão de forma autônoma, mas segundo a conexão do intelecto humano com a inteligência ativa, simultaneamente depositária e doadora das formas inteligíveis. Essa conexão, por si, é chamada por Ibn Sīnā de العقل المستفاد / *intelecto adquirido*. Nesse sentido, aquilo que fora chamado de intelecto em ato é, ainda, potência em vista dessa conexão. O prelúdio de tal estrutura e o modo pelo qual se dá a aquisição das formas inteligíveis podem ser vislumbrados na passagem com a qual se encerra a classificação das faculdades da alma racional:

    adotada. Cf. E. Gilson, "Les sources gréco-arabes de l'augustinisme avicennisant", *op. cit.*, pp. 126-141.
128. R. R. Guerrero, *Avicena*, *op. cit.*, p. 46.
129. Cf. Rahman: I,5,49s / Bakós: I,5,33s.

وتارة تكون النسبة نسبة ما بالفعل المطلق وهو أن تكون الصور المعقولة حاضرة فيه وهو يطالعها بالفعل ، فيعقلها ويعقل أنه يعقلها بالفعل ، فيكن ما حصل له حينئذ عقلا مستفادا ، وإنما سمي عقل مستفادا لأنه سيتضح لنا أن العقل بالقوة إنما يخرج إلى الفعل بسبب عقل هو دائما بالفعل وأنه إذا اتصل العقل بالقوة بذلك العقل الذي بالفعل نوعا من الاتصال انطبع فيه نوع من الصور تكون مستفادة من خارج ، فهذه أيطا مراتب القوى التي تسمي عقولا نظرية ، وعند العقل المستفاد يتم الجنس الحيواني والنوع الإنساني منه ، وهناك تكون القوة الإنسانية قد تشبهت بالمبادى الأولية للوجود كله.

Às vezes a relação é uma relação do que está em ato absoluto. Isso consiste em que a forma inteligível está presente no intelecto enquanto esse a considera em ato; então ele inteligir em ato e inteligir que inteligir em ato. O que veio então ao ato nele chama-se intelecto adquirido; e ele só se chama intelecto adquirido porque nos será claro [em breve] que o intelecto em potência só passa ao ato por causa de uma inteligência que está sempre em ato, e quando o intelecto em potência se une por um certo modo de junção a esta inteligência que está em ato, uma espécie de formas adquiridas do exterior imprime-se nele [intelecto]. Estes são ainda os graus das faculdades que se chamam intelectos especulativos e, no intelecto adquirido, está completado o gênero animal e a espécie humana que pertence a ele; e aí a faculdade humana já está assimilada aos princípios primeiros de toda existência[130].

Com o encerramento da classificação das faculdades da alma racional, podemos ter uma visão do conjunto sobre as operações das três classes de alma tomados em sentido absoluto segundo as espécies vegetal, animal e humana; assim como a classificação das

---

130. Rahman: I,5,50 / Bakós: I,5,34. "Aliquando autem comparatio eius est sicut comparatio eius quod est in effectu absoluto: hoc est cum forma intellecta nunc in praesenti est in eo, et ipse considerat eam in effectu et intelligit in effectu et intelligit se intelligere in effectu. Et quod tunc habet esse in eo est intellectus accommodatus ab alio; qui vocatur intellectus accommodatus per hoc quod declarabitur nobis quia intellectus in potentia non exit ad effectum nisi per intellectum qui semper est in actu et quia, cum coniunctus fuerit intellectus qui est in potentia cum illo intellectu qui est in actu aliquo modo coniunctionis, imprimetur in eo, secundum aliquem modum formandi, ille qui est accommodatus ab extrinsecus. Hi sunt autem ordines virtutum quae vocantur intellectus contemplativi; et in intellectu accommodato finitur genus sensibile et humana species eius, et illic virtus humana conformatus primis principiis omnis eius quod es". Cf. Riet: I,5,98s.

funções da alma humana em seus três níveis tomados em sentido analógico – vegetativa, animal e racional. A dinâmica dessas faculdades dá-se a partir de uma hierarquia que, como dissemos no início deste Capítulo I, tem o intelecto como o coroamento final de toda a gama das faculdades. Nas palavras do próprio Ibn Sīnā, a afirmação no trecho final da Seção 5 do Capítulo I apresenta o modo كيف يرؤس بعضها بعضا وكيف يخدم بعضها بعضا / *como umas comandam as outras e como umas servem as outras*[131].

O intelecto inicia a hierarquia pela sua conexão com a inteligência ativa. A conexão tem, no topo, o grau do intelecto adquirido. O todo opera em função dessa conexão e o intelecto adquirido é o extremo limite das faculdades humanas na conexão com a inteligência agente. Em seguida estão os outros três níveis: o intelecto em ato, servido pelo intelecto em hábito e este, por sua vez, servido pelo intelecto material. Logo abaixo, na conexão com o corpo está o intelecto prático que serve todos os que estão acima dele, pois a conexão corporal em razão da ação de aperfeiçoar o intelecto especulativo tem o intelecto prático como responsável nessa conexão. Inicia-se, em seguida, o grupo das faculdades responsáveis pelas funções animais das quais o intelecto prático se serve. No topo desse novo grupo está a faculdade estimativa, servida por dois outros grupos: no primeiro está a memória e, no outro, os outros sentidos internos. Neste último grupo, a imaginativa é servida por duas faculdades de diversas maneiras: a apetitiva a serve pela consulta porque a imaginação a excita ao movimento e a imaginação[132] a serve pela apresentação das formas armazenadas nela. A imaginação e a apetitiva são chefes de dois gru-

---

131. Rahman: I,5,51 / Bakós: I,5,34. "[...] qualiter aliae imperant aliis et qualiter aliae famulantur aliis". Cf. Riet: I,5,99.
132. Essas passagens caracterizam-se por um texto confuso por causa dos nomes das faculdades. A tradução latina foi prejudicada por isso quanto à atribuição das ações da imaginação e imaginativa. Chega mesmo a confundir "virtus imaginativa" por "aestimativa". Cf. Riet: I,5,100, nota às linhas 95-96. A tradução de Bakós também apresenta dificuldades, principalmente por usar o termo "imaginativa" tanto para a imaginação, que conserva as formas, quanto para a imaginativa propriamente dita que age por reunião e separação das formas.

pos: a imaginação é servida pelo sentido comum e este pelos cinco sentidos externos; a apetitiva é servida pela concupiscência e pela irascível e estas duas últimas são servidas pela faculdade motriz nos músculos. Na base de toda a hierarquia estão as faculdades das funções vegetativas que as servem todas. No topo desse grupo encontra-se a faculdade da geração; em seguida, a faculdade do crescimento serve a da geração e a nutritiva serve-as todas. Abaixo das funções vegetativas está o grupo das quatro forças naturais que as servem, ou seja, dentre elas, a digestiva é servida, de um lado, pela assimilativa e, de outro, pela atrativa; e a repulsiva as serve todas. Depois, as quatro qualidades servem o conjunto todo: o calor é servido pelo frio – pois o frio ou prepara uma matéria para o calor ou conserva o que o calor preparou – e elas todas são servidas pela secura e pela umidade[133]. Desse modo, termina a hierarquia das faculdades da alma e das forças naturais e, com isso estabelecido, pudemos verificar com mais exatidão a localização do intelecto na estrutura proposta por Ibn Sīnā. A partir de agora, portanto, podemos focalizar mais detidamente a divisão própria da faculdade do intelecto e suas principais características.

---

133. Rahman: I,5,50s / Bakós: I,5,34s. Cf. Riet: I,5,99-102.

Capítulo II
A Divisão da Faculdade Racional

II.1. A faculdade prática

Ao abrir o Capítulo V do *Kitāb al-Nafs*[1] anunciando: قد فرغنا من القول في القوى الحيوانية أيضا فحرى بنا أن نتكلم الآن في القوى الإنسانية / *já dispomos do discurso sobre as faculdades animais; convém-nos que falemos agora,*

---

1. O Capítulo V é dividido em oito seções, nas quais Ibn Sīnā não trata exclusivamente da divisão das faculdades humanas, mas retoma outros assuntos a respeito da alma que já indicara ao longo do Capítulo I do *Kitāb al-Nafs*. A divisão de temas propostos por Ibn Sīnā ao longo das oito seções é a seguinte: a primeira seção, não obstante denominar-se في حواس الأفعال والانفعالات التي للإنسان وبيان قوى النظر والعمل للنفس الإنسانية / *Das características das ações e das paixões que o homem possui e uma explicação das faculdades da especulação e da ação da alma humana* (Rahman: V,1,202 / Bakós: V,1,143), contempla mais uma análise aprofundada da faculdade da ação propriamente dita do que da faculdade da especulação. Em sua maior parte, porém, a seção se ocupa em assinalar as diferenças entre o homem e o animal sob o ponto de vista de suas particulares organizações coletivas e apontar as características principais para justificar uma clivagem que permita a proposição de um novo patamar de faculdades na alma humana a ser analisado. Em seguida, aponta-se a divisão básica do intelecto em intelecto prático e intelecto teórico, mas a análise detém-se no primeiro e esta seção é a que mais fornece elementos para tal estudo. Na seção seguinte, porém, Ibn Sīnā não segue analisando a faculdade teórica, mas desvia a atenção para o tema da subsistência da alma racional

95

então, das faculdades humanas[2], Ibn Sīnā fixa a direção que pretende seguir ao longo deste que é o selo com o qual o filósofo encerra suas reflexões a respeito da alma humana. O Capítulo IV, dedicado ao estudos dos sentidos internos e da motricidade, encerrara a análise das faculdades que os animais possuem e das funções animais da alma humana. Ao final de sua análise, Ibn Sīnā não deixara nenhuma dúvida quanto à continuidade dessas faculdades após o desaparecimento do corpo, afirmando que nenhuma delas possui sobrevivência após a morte, pois agem somente enquanto lhes correspondem órgãos determinados e responsáveis pelas suas operações.

فالقوى الحيوانية إذاً إنما تكون بحيث تفعل وهي بدنية، فوجودها أن تكون بدنية، فلا بقاء لها بعد البدن.

As faculdades animais somente são enquanto agem corporalmente. Sua existência é corporal, não permanecendo depois do corpo[3].

---

e sua não-impressão em uma matéria corpórea. A terceira seção continua no mesmo tema, apresentando o começo do ser da alma e como a alma humana opera com os sentidos. O prolongamento das características da alma humana ainda se encontra – e se finda – na quarta seção. O núcleo de análise da divisão do intelecto teórico encontra-se nas duas seções seguintes – quinta e sexta. Na primeira delas, detém-se na análise da inteligência agente e, na outra, estuda os graus do intelecto humano. Na sétima seção, Ibn Sīnā passa a limpo as teorias herdadas dos antigos e reforça sua própria concepção a respeito da natureza da alma humana. A oitava seção apresenta os órgãos pelos quais a alma opera no corpo e como se dá esse funcionamento. Segundo esse roteiro de desvios e retomadas seguido pelo autor, a divisão dos principais assuntos e temas correlatos poderia ser assim identificada: Seção 1: justificativa da existência da faculdade racional, divisão do intelecto e análise do intelecto prático / Seções 5 e 6: análise do intelecto teórico e suas divisões / Seções 2, 3, 4 e 7: natureza e características da alma humana / Seção 8: os órgãos da alma e seu funcionamento na condução do corpo.

2. Rahman: V,1,202 / Bakós: V,1,143. "Quoniam iam explevimus tractatum de virtutibus sensibilibus, debemus nunc loqui de virtutibus humanis". Cf. Riet: V,1,69.
3. Rahman: IV,4,201 / Bakós: IV,4,142. "após [a morte d]o corpo" (Bakós). "Dicemus autem quod, postquam ostendimus omnes virtutes sensibiles non habere actionem nisi propter corpus, et esse virtutum est eas sic esse ut operentur, tunc virtutes sensibiles non sunt sic ut operentur nisi dum sunt corporales; ergo esse earum est esse corporales, igitur non remanent post corpus". Cf. Riet: IV,4,67.

Ora, na medida em que Ibn Sīnā propõe uma nova divisão que separa radicalmente as faculdades animais das faculdades humanas, torna-se imperioso que, antes de falar propriamente das características das últimas, proponham-se justificativas que constatem a existência destas sobre as quais se pretende discorrer. É, pois, seguindo tal necessidade que, ao iniciar o Capítulo V, a primeira direção tomada por Ibn Sīnā visa estabelecer diferenças entre o homem e o animal para justificar o desenvolvimento do estudo das faculdades da alma humana em um novo patamar intrinsecamente distinto das funções vegetativas e das funções animais.

Como que repetindo a estrutura de argumentação utilizada na constatação da existência da alma – na qual Ibn Sīnā utilizou uma via exterior de inferência por meio da observação dos movimentos dos corpos da natureza e, de modo inverso, uma via interior pela evidência que o homem tem em si mesmo da existência de sua alma – agora, nosso autor estabelece uma nova consideração de via dupla. No primeiro caso, uma via externa, por meio da observação de algumas ações do homem que indicam serem procedentes de uma instância superior em relação às faculdades animais e, no segundo caso, uma via interior, por meio da análise das características próprias do funcionamento dessa nova instância. No primeiro caso, observa-se o efeito das ações do intelecto prático e, no segundo caso, a peculiaridade de apreensão pelo intelecto teórico[4]. A proposta e a inten-

---

4. Acompanharemos a tradição, traduzindo os dois termos por "intelecto prático" e "intelecto teórico", mas não sem propor algumas reflexões. O termo "intelecto prático" العقل العملي / *'aql 'amalyi*, tem seu adjetivo derivado do verbo عَمَل / *agir, operar, funcionar*. Nesse sentido, deve ser entendido como o aspecto da inteligência humana enquanto opera o corpo e no corpo, mantendo o indivíduo vivo em sua unicidade. Vale a pena considerar que talvez seja melhor traduzido por "operativo" em lugar de "prático" por, ao menos, duas razões: a primeira é que o adjetivo العملي / *'amalyi* assim é melhor traduzido, a segunda é que o sentido de "operar" parece indicar melhor o que a alma faz no corpo e com o corpo. No caso de Ibn Sīnā, a alma é verdadeiramente uma substância inteligente que molda a matéria que toma por receptáculo. O aspecto operativo da inteligência humana incumbe-se de fazer com que a matéria corpórea seja um organismo, funcione e não pereça. Constituído o indivíduo, ela incumbe-se também de adaptá-lo ao meio que lhe está disponível, tanto natural como social, com o objetivo da preservação. A preservação é, pois, o paradigma pessoal e social. Ético, nesse caso, será o que gera e mantém a vida com vistas ao bem. Do mesmo modo, o termo "intelecto teórico" العقل النظري tem seu adjetivo derivado do verbo نَظَر / *considerar, analisar, ver,*

ção desta suma diáfise e o apontamento em direção ao papel da primeira via de inferência pelos efeitos da faculdade prática já se encontra no início da primeira seção:

فنقول إن الإنسان له خواص أفعال تصدر عن نفسه ليست موجودة لسائر الحيوان ،وأول ذلك أنه لما كان الإنسان في وجوده المقصود فيه يجب أن يكون غير مستغن في بقائه عن المشاركة ولم يكن كسائر الحيوانات التي يقتصر كل واحد منها في نظام معيشته على نفسه وعلى الموجودات في الطبيعة له.

Dizemos, pois, que o homem possui as propriedades das ações que procedem de sua alma inexistentes em outros animais, a primeira das quais é que o homem, quando se encontra na existência que lhe é proposta como objetivo, não deve prescindir da sociedade[5] na duração de sua existência e ser como os outros animais em

>   *observar*. Nesse caso, é melhor entendido como o aspecto da inteligência humana enquanto analisa os dados recebidos e constrói silogismos. Talvez fosse melhor traduzido por "intelecto analítico". Assim, este aspecto analítico da inteligência humana raciocina efetivamente e o aspecto operativo da inteligência, a partir do que foi estimado, faz a ligação com o corpo e o estimula à ação. A inteligência humana é una mas um é o seu aspecto analítico e o outro, o seu aspecto operativo. O primeiro está em contato com os inteligíveis e o segundo faz a ligação com a matéria corpórea. Os dados são recebidos a partir das duas direções: "de cima", dos princípios inteligíveis da inteligência agente, e "de baixo", dos dados provenientes dos sentidos. No primeiro, recebe-os diretamente pelo aspecto analítico, isto é, o intelecto teórico sem o consórcio do corpo; no segundo, recebe-os pelo aspecto operativo, isto é, o intelecto prático com a colaboração do corpo. O intelecto prático também recebendo informações pode montar silogismos e enquanto analisa os dados o faz, obviamente, pelo aspecto analítico da inteligência humana.
> 5. O sentido é que a primeira coisa que se observa nos seres humanos, que os diferencia dos animais, é o fato de passarem pela existência vivendo em sociedade. Ibn Sīnā afirma que isso é natural no homem, parecendo ecoar o início da Política de Aristóteles, "Pois se cada um não basta a si mesmo, assim estão as demais partes em relação com o todo. Aquele que não pode viver em comunidade ou de nada necessita, por sua própria condição auto-suficiente, não seria membro da cidade, mas seria ou um animal ou um deus". Cf. Aristóteles, *Política*, I,1253a - 14. Os modos de associação descritos por Ibn Sīnā estão, porém, mais próximos do que propõe Platão no Livro II da *República*: "– Ora, uma cidade tem sua origem no fato de cada um de nós não ser auto-suficiente, mas sim necessitado de muita coisa. Ou pensas que uma cidade se funda por qualquer outra razão? – Por nenhuma outra, respondeu Adimanto. [...] – Por certo, que a primeira e a maior de todas as necessidades é a obtenção de alimentos, em ordem a existirmos e a vivermos. – Inteiramente. – A segunda é a habitação; a terceira, o vestuário e coisas no gênero". Cf. de 369a até 383c a descrição das diversas razões e os modos pelos quais os homens se reúnem em sociedade.

que cada um, na economia de seus meios de viver, basta a si mesmo segundo sua natureza[6].

A relação entre homem, natureza e sociedade é, assim, de necessidade. Se não houvesse estrutura de cooperação, o homem pereceria ou, ao menos, seus meios de sobreviver seriam os piores. A distinção apontada por Ibn Sīnā é dupla: diferentemente dos outros animais, ao mesmo tempo em que o homem não basta a si mesmo para manter sua estrutura de sobrevivência, ele também أمور أزيد مما في الطبيعة مثل الغذاء الإنسان محتاج إلى المعمول واللباس المعمول / *necessita de coisas mais abundantes do que aquelas [em estado] natural, tais como o alimento feito e a roupa feita*[7]. O que pareceria um paradoxo termina por solucionar a questão, pois é da natureza humana criar artifícios para sua sobrevivência. Assim entendido, o homem, imerso na igual necessidade de sobrevivência como o restante dos animais, mas, simultaneamente, necessitado de mais coisas do que a natureza lhe oferece, organiza-se e associa-se por outros meios além daqueles provenientes dos instintos animais.

فلذلك يحتاج الإنسان أول شيء إلى الفلاحة وكذلك إلى صناعات أخرى لا يتمكن الإنسان الواحد من تحصيل كل ما يحتاج إليه من ذلك بنفسه بل بالمشاركة ، حتى يكون هذا يخبز لذاك وذاك ينسج لهذا وهذا ينقل شيئا من بلاد غريبة إلى ذلك وذلك يعطه بإزاء ذلك شيئا من قريب .

Por isso, o homem necessita, como primeira coisa, da agricultura assim como de outras artes. Sem se amparar, o homem, sozinho, não tem o poder de realizar por si tudo aquilo que ele necessita mas, antes, pela sociedade, de tal modo que um cozinha

---

6. Rahman: V,1,202 / Bakós: V,1,143. "Dicemus ergo quod homo habet proprietates actionum procedentium ab anima eius quae non inveniuntur in aliis animalibus. Quarum prima est quod esse hominis in quo creatus est non posset permanere in sua vita sine societate; non enim est sicut cetera animalia quorum unumquodque sufficit sibi in ordine vitae suae et ea quae sunt in natura eius [...]". Cf. Riet: V,1,69s. Esse tema é retomado em *Metafísica* X, 2 e no *Livre des directives e remarques, op. cit.*, pp. 487 ss. Cf. também Al-Fārābī, *Idées des habitants de la cité vertueuse*, cap. XXVI. Cf. n. às linhas 9.27 Riet, p. 69.
7. Rahman: V,1,202 / Bakós: V,1,144. "Homini autem necessarium est quadem addere naturae, sicut nutrimentum paratum et vestes paratas". Cf. Riet: V,1,70.

o pão para aquele, e aquele tece para este, e este, por sua vez, transporta coisas de um país estrangeiro para aquele, e aquele lhe traz de um [país] vizinho algo em troca disso[8].

Diversamente do que se poderia supor, Ibn Sīnā não parte de uma análise interna da estrutura das faculdades da alma para operar a clivagem entre as faculdades animais e as humanas. Antes, é pela observação direta da realidade exterior que ele o faz. Nessa altura da argumentação, é possível distinguir o estudo das faculdades próprias à alma humana do estudo das faculdades animais, na medida em que nos é igualmente possível constatar que o modo de arranjo da sociedade humana frente à dos animais difere radicalmente. Enquanto estes se bastam e vivem instintivamente na imediatidade da natureza, aqueles cooperam pela divisão das tarefas como modo de garantir a sobrevivência do grupo. Ora, pela observável conseqüência, chega-se à indubitável causa. Melhor, é forçoso que possuam uma faculdade ou um conjunto de faculdades responsáveis por isso, e causa do que é observável. Na medida em que tais são realizadas de modo peculiar pelos homens a fim de encontrar soluções para suas necessidades, é forçoso que esses mesmos homens possuam meios para instruírem-se mutuamente em tais ações que não lhes pertencem por instinto. Além disso, é necessário também que as ações do indivíduo, no grupo, contribuam para tal objetivo. No primeiro caso, é preciso que haja aprendizado e, no segundo, que haja ação. Tanto para um como para a outra, o homem vale-se, pois, da faculdade mais própria de sua alma: o intelecto.

Aquilo que poderia parecer uma imperfeição da natureza humana constitui-se, aos olhos de Ibn Sīnā, numa perfeição de sua condição: وذلك لفضيلته ونقيصة سائر الحيوان على ما ستعلمه في مواضع أخرى / *isso ocorre [em razão] de sua qualidade eminente e [em razão] da imperfeição do resto dos animais, segundo o que conhecerás em outros lugares*[9].

---

8. Rahman: V,1,202s / Bakós: V,1,144. "Unde primum eget homo agricultura sicut et reliquis artibus; unus autem solus homo non potest per se acquirere quicquid est sibi necessarium de his, sed ex consortio, ita ut hic panem praeparet illi et ille texat isti et iste afferat illi aliquid mercimonii de peregrinis regionibus et iste illo det sibi aliquid in proximo". Cf. Riet: V,1,70.

9. Rahman: V,1,202 / Bakós: V,1,144. "hoc autem est propter nobilitatem eius et ignobilitatem

A seqüência da passagem poderia ser assim conduzida: o animal diferencia-se do vegetal pela faculdade do movimento e pela faculdade da sensibilidade; o homem diferencia-se do animal pela faculdade racional. Mas como isso pode ser constatado? Ibn Sīnā indica no início do Capítulo V a estrutura de organização social do homem como evidência dessa diferença. Isso afirmado, aponta-se para o fato de o homem, além de ser capaz de criar artifícios que sobrepujam o estado em que originalmente se encontra, ainda é capaz de transmiti-los aos seus semelhantes, ultrapassando, assim, o estado instintivo. Essa operação de transmissão codificada também só pode ser realizada e explicada por uma faculdade apropriada ao homem – o intelecto[10]. Como diz Ibn Sīnā, o homem possui isso, por natureza:

فلهذه الأسباب ولأسباب أخرى أخفي وآكد من هذه ما احتاج الإنسان أن تكون له في طبعه قدرة على أن يعلم الآخر الذى هو شريكه ما في نفسه بعلامة وضعية.

Assim, por tais causas e por outras mais escondidas e mais firmes do que essas, é que o homem necessita ter em sua natureza um poder de ensinar ao outro que é seu companheiro, aquilo que está nele mesmo, por um código convencional[11].

Desse modo, o dom natural de aprender e de ensinar arranca o homem da imediatidade da natureza e do universo animal. A capacidade de inventar e de transmitir tais invenções não é verificada nos outros animais. No caso do processo de transmissão, a linguagem é a convenção primeira apontada por Ibn Sīnā:

---

aliorum animalium, sicut postea scies alias". Cf. Riet: V,1,70. A qualidade eminente que diferencia o homem do restante dos animais é a responsável pela criação da associação humana e pela transmissão de seus conhecimentos. Numa palavra atual, cultura. Tais realizações só podem ser feitas por uma faculdade superior àquelas dos animais, melhor, a faculdade racional, como se esclareceu.

10. Na linguagem atual, poder-se-ia dizer que o homem é o único ser que cria cultura e linguagem por meio de sinais codificados. Isso justificaria a proveniência de características de faculdades humanas distintas daquelas dos animais e basearia tal estudo diferenciado.

11. Rahman: V,1,203 / Bakós: V,1,144. "Ex his ergo causis et aliis minus evidentibus sed pluribus numero, necessarium fuit homini habere naturaliter potentiam docendi alium sibi socium quod est in anima eius signo aut opere". Cf. Riet: V,1,71.

وكان أخلق ما يصلح لذلك هو الصوت (...) وبعد الصوت الإشارة (...) فجعلت الطبيعة للنفس أن تؤلف من الأصوات ما يتوصل به إلى إعلام الغير .

> E a [convenção] mais capaz disso é o som [...] e depois do som vem o signo [...] pois a natureza atribuiu à alma compor através de sons aquilo pelo qual se chega a ensinar o outro[12].

A diferença entre a articulação sonora que se verifica nos animais, particularmente nos pássaros, e a construção da linguagem elaborada pelo homem marca a distância entre os dois modos de linguagem: والذي للانسان فهو بالوضع / *aquilo que o homem possui se dá por meio de uma elaboração*[13]. Assim como a arte que verificamos nos animais é instintiva e não é fruto de uma elaboração racional, também sua estrutura de sons repousa sobre seus instintos. A linguagem dos homens é o meio que garante a transmissão dos conhecimentos adquiridos pelo homem por meio de uma convenção para manter em funcionamento a estrutura que permite a todos os homens auxiliarem-se para satisfazerem seus desejos materiais tais como comer, vestir etc. A natureza nada faz sem finalidade. A condução da argumentação parte das conseqüências em direção às causas. O homem precisa de roupas feitas e alimento cozido para sobreviver. Logo, precisa inventar artes, tais como a agricultura e a tecelagem, que permitam isso. Ora, para tal, a natureza precisa lhe garantir meios para efetuar tais tarefas. Mais ainda, o homem precisa de meios para transmitir esses dados pela linguagem e por convenções. Logo, é por isso que possui a fala. A necessidade, nesse caso, é a mãe da criação, e a sociedade humana, assim, nasceria da falta daquilo que não está em ato na natureza. Por isso, essa circunstância é uma dignidade do homem, sua condição natural de associação por uma insuficiência não é um defeito, mas uma qualidade e uma perfeição.

---

12. Rahman: V,1,203 / Bakós: V,1,144. "Ad hoc autem commodior fuit vox quae dividitur in elementa [...] ergo natura fecit ut anima ex sonis componeret aliquid per quod posset docere alium". Cf. Riet: V,1,71s.
13. Rahman: V,1,204 / Bakós: V,1,144. Bakós leu pela imposição [de um nome]. "[...] quod autem habet homo de hoc est ad placitum". Cf. Riet: V,1,72. O sentido é o de estabelecer algo por meio de uma elaboração deliberada.

O homem, pela particularidade de seu dom natural de aprender e de ensinar e de associar-se, além de اتخاذ المجامع واستنباط الصنائع / *realizar as assembléias e inventar as artes*[14], possui outras diferenças visíveis frente aos animais. Mesmo procedendo das faculdades animais – mais propriamente da faculdade do desejo – adquirem, pela proximidade da faculdade racional, uma particularidade só nele verificável.

ومن خواص الإنسان أنه يتبع إدراكاته للاشياء النادرة انفعال يسمي التعجب ويتبعه الضحك ، ويتبع إدراكه للاشياء المؤذية انفعال يسمي الضجر ويتبعه البكاء.

E dentre as propriedades do homem, seguem-se à sua percepção das coisas divertidas uma paixão que se chama espanto e, depois disso, o riso. E à sua percepção das coisas prejudiciais segue-se uma paixão que se chama tristeza e, depois dela, o choro[15].

Outras manifestações da alma humana que apontam a existência de uma faculdade que lhe é própria, segundo ele, são a educação como meio de transmissão dos valores morais – isto é, as regras de manutenção da associação incorporadas na infância e que se constituem para ele como se fossem naturais – e a capacidade de vislumbrar o tempo futuro, resultando em planejamento antecipado e ações próprias feitas no tempo presente com vistas ao que virá. Nenhuma delas se observa nos animais. Por essa razão, وللانسان بإزاء الخوف الرجاء / *o homem possui, em oposição ao medo, a esperança*[16], ao passo que os outros animais, por estarem vinculados apenas ao instante presente, não a possuem e, mesmo quando fazem seus ninhos ou acumulam alimentos, o fazem por instinto e não por

---

14. Rahman: V,1,204 / Bakós: V,1,145. "facere conventus et adinvenire artes". Cf. Riet: V,1,73.
15. Rahman: V,1,204 / Bakós: V,1, 145. "De proprietatibus autem hominis est ut, cum apprehenderit aliquid quod rarissimum est, sequitur passio quae vocatur admiratio, quam sequitur risus, sed cum apprehenderit aliquid quod est noxium, sequitur passio quae vocatur anxietas, quam sequitur luctus". Cf. Riet: V,I,173s. Tanto a tradução latina como a francesa optaram pelo adjetivo "raro" em lugar de "divertido", o que não parece corresponder à idéia contrastante da passagem a opor as duas emoções, isto é, alegria e tristeza.
16. Rahman: V,1,205. / Bakós: V,1,146. "Homo autem habet in oppositum timori spem". Cf. Riet: V,1,75.

ação refletida. Em suma, os pontos básicos apontados que diferem o homem do animal, além da associação, são: a linguagem, as emoções, a educação e a previsão do futuro. Todas procedem do intelecto em sua unicidade, mas sempre a partir das duas direções da alma humana. Às duas frentes sublinhadas – estrutura corporal e social, por um lado, e a capacidade de ensinar e aprender, por outro – correspondem as duas faces da alma assinaladas anteriormente: a face voltada para cima é responsável pelas formas inteligíveis universais, é teórica e contemplativa; a face voltada para baixo governa o corpo e as ações do homem. Pensamento e ação; idéias e sociedade; particular e universal, verdade e bem são binômios que estão associados a esses dois aspectos da realidade apontados por Ibn Sīnā[17].

Ao sublinhar as duas direções do intelecto, Ibn Sīnā, em uníssono com a metáfora das duas faces da alma, estabelece a dupla ligação necessária do homem com a natureza: uma ligação com o particular e uma com o universal. Na primeira, o homem acompanha-se dos animais. Na segunda, está sozinho. Vejamos como o próprio filósofo indica essa matriz:

فيكون للانسان إذن قوة تختص بالآراء الكلية وقوة أخرى تختص بالروية في الأمور الجزئية فيما ينبغي أن يفعل ويترك مما ينفع ويضر ومما هو جميل وقبيح وخير وشر.

Assim, o homem possui uma faculdade que pertence propriamente às opiniões universais e uma outra faculdade que pertence propriamente à reflexão das coisas particulares, sobre aquilo que é preciso fazer ou omitir em relação ao que é útil ou prejudicial, e sobre o que é belo, feio, bom e mau[18].

Ao intelecto prático cabe, portanto, a esfera da conduta sob dois aspectos principais: o primeiro é a manutenção do corpo, pois todas as faculdades do corpo são por ele dirigidas – apesar de que o intelecto teórico

---

17. Movimentos da alma racional associados aos movimentos das faculdades animais explicam nuances da manifestação de outras características tais como a vontade, o desejo, a espontaneidade etc.
18. Rahman: V,1,207 / Bakós: V,1,147. "Homo ergo habet virtutem quae propria est conceptionum universalium et aliam quae propria est ad cogitandum de rebus singularibus, de eo quod debet fieri et dimitti et quod prodest et obest et quod est honestum et inhonestum et quod est bonum et malum". Cf. Riet: V,1,77. O significado de belo e feio, nesse caso, é ético, no sentido do que é aprovável ou reprovável.

interfere nessa condução – e o segundo é a condução do indivíduo na sociedade, a partir do que julgar mais apropriado em cada caso. Assim, é função do intelecto prático manter o corpo em funcionamento e guiar as ações do homem na sociedade também com um duplo fim: manter o homem vivo e a sociedade em funcionamento, ampliando possibilidades de aperfeiçoamento de sua alma, isto é, conhecer. O intelecto prático não é o aspecto da faculdade racional enquanto analisa e contempla o mundo inteligível, mas é, antes, o responsável pela conexão entre dois mundos: o universal e o particular, a alma e o corpo, o de cima e o de baixo, o material e o imaterial, e uma série de outros pares associados. O papel do intelecto prático é adaptar o homem aos limites de seu corpo e do meio social em que vive, visando a sobrevivência. A aceitação dos valores morais vigentes ou suas transformações só fazem sentido se o paradigma for gerar e manter a vida em vista do bem. Assim, o intelecto prático visa manter em funcionamento duas coisas: o corpo, individual; e a sociedade, coletiva[19].

Todavia, antes dessa dupla condução outra função antecedeu o intelecto prático. É preciso lembrar que a alma forma um organismo a partir da matéria corpórea na qual se apresentam as condições para que ela aí se manifeste. Enquanto substância inteligente, a alma necessita de meios para moldar a matéria do melhor modo possível, nos limites que a mistura dos elementos permitir. Isso só se pode realizar por um aspecto inteligente da alma que faça a conexão entre o imaterial, que lhe é próprio, e o material, que é próprio ao corpo. Essa conexão é feita pelo intelecto prático, que, nessa medida, significa a dimensão inteligente da alma humana enquanto estabelece a ligação com a matéria corporal, formando órgãos e faculdades. Numa palavra, transformando a matéria corpórea num organismo. Se assim não fosse, como seria possível que uma substância separada da matéria operasse na formação e na direção do corpo, se ela mes-

---

19. As regras do corpo são dadas pela arte médica, na qual o equilíbrio orgânico é o paradigma para manter o corpo em funcionamento. Não se encontram muitos escritos sobre o aspecto político e social em Ibn Sīnā. No final de sua *Metafísica*, há algumas páginas a esse respeito. Cf. Avicenne, *La Métaphysique du Shifa'*, Livres VI a X, Paris, Vrin, 1985, cap. X, pp. 169-189.

ma não tivesse meios para tal? Na anterioridade temporal do indivíduo, o primeiro papel do intelecto prático é, pois, formar o organismo e, a partir disso, dirigi-lo com o objetivo de preservá-lo. Não é necessário frisar que as regras da manutenção do corpo, para Ibn Sīnā, são as regras próprias da arte médica na busca do equilíbrio dos elementos sob os quais o organismo vivo se liga. Mantida a sobrevivência do corpo – na medida em que a alma reconhece que esse ente do qual ela é forma e perfeição vive em associação – o mesmo objetivo de preservação é perseguido por essa direção e intenção do intelecto.

Em resumo, é possível considerar que o intelecto prático empurra o corpo à ação com o objetivo de promover os meios de subsistência – físicos e sociais – para que a alma adquira as formas inteligíveis presentes na inteligência ativa. A finalidade do homem "aviceniano" não é realizar-se apenas neste mundo, mas inclinar-se a conhecer as razões últimas de sua existência. Na hierarquia das faculdades, o intelecto teórico está no ápice, em conexão com a inteligência ativa. Todas as outras faculdades trabalham em função desta que é a mais eminente qualidade humana, isto é, buscar o entendimento, melhor, filosofar. Em uma palavra, o homem "aviceniano" é um filósofo. É na direção de retornar aos princípios inteligíveis da inteligência ativa que está o seu mais alto ideal. A procedência das almas é da esfera da inteligência ativa. Portanto, o movimento do homem caracteriza-se por ser um retorno, um voltar-se para encontrar com o que há de mais íntimo nele mesmo.

II.2. A faculdade teórica

Os meios pelos quais o intelecto prático opera não o tornam independente do intelecto teórico. Apesar de o intelecto prático receber, por meio dos sentidos externos e internos, os dados oriundos do meio no qual o homem está inserido, sua ação deliberada deve estar em consonância com o intelecto teórico. A hierarquia das faculdades se mantém e, em conjunto, o intelecto teórico analisa e o intelecto prático empurra à ação.

فإذن حكمت هذه القوة تبع حكمها حركة القوة الإجماعية إلى تحريك البدن كما كانت تتبع أحكام قوى أخرى في الحيوانات وتكون هذه القوة استمدادها من القوة التي على الكليات، فمن هناك تأخذ المقدمات الكبرى فيما تروى وتنتبج في الجزئيات.

Se esta faculdade [teórica] julgou, ao seu julgamento segue-se o movimento da faculdade deliberativa para mover o corpo, do mesmo modo que ocorre nos animais seguindo-se ao julgamento das outras faculdades. Mas esta faculdade [teórica] tem sua continuidade a partir da faculdade referente aos universais. Assim, ela retira de lá as premissas maiores em relação àquilo que ela reflete e dá uma conclusão quanto às coisas particulares[20].

Se, por um lado, os animais são marcados e dirigidos de maneira determinada pelo instinto, na luta pela vida, e limitados às ações e percepções particulares, por outro lado o homem, como vimos, realiza ações diferenciadas por meio do intelecto prático que rege a conexão da alma com o corpo e guia o homem no meio em que vive. Mas o intelecto prático liga-se a uma instância superior, que é o intelecto teórico, por, ao menos, duas razões: a primeira é que o intelecto prático opera em função do aperfeiçoamento do entendimento que só é possível pelo aspecto analítico da inteligência humana e a segunda é que os dados recebidos por meio dos sentidos externos e internos são passíveis do julgamento pelo intelecto teórico enquanto analisa os dados e fornece a conclusão para a aplicação pelo intelecto prático nas coisas particulares. É, pois, ao aspecto analítico do intelecto teórico que pertence a disposição que permite ao homem ir além da imediatidade da natureza por meio do contato com as formas inteligíveis universais. Assim Ibn Sīnā sublinha esse traço da alma humana:

وأخص الخواص بالإنسان تصور المعاني الكلية العقلية المجردة عن المادة كل التجريد على ما حكيناه وبيناه، والتوصل إلى معرفة المجهولات تصديقا وتصورا من المعلومات العقلية.

20. Rahman: V,1,207 / Bakós: V,1,147. "Et cum haec virtus iudicaverit, sequetur eius iudicium motus virtutum desiderativarum ad movendum corpus, sicut sequeretur illud iudicia aliarum virtutum in animalibus, et haec virtus transsumit ex virtus iudicante de universalibus: inde enim transsumit maximas propositiones ad id quod cogitat et concludit de particularibus". Cf. Riet: V,1,78.

Das propriedades, a mais própria ao homem é a concepção das intenções universais inteligíveis abstraídas da matéria com toda abstração[21] – conforme relatamos e demonstramos – e, [partindo] das coisas conhecidas verdadeiramente, atingir o conhecimento das coisas não-conhecidas, por assentimento e concepção, a partir dos conhecimentos intelectivos[22].

O intelecto prático, em todas as suas ações e paixões – exceto a direção da faculdade teórica – tem necessidade do corpo e das faculdades que operam por meio de órgãos, ou seja, todas as faculdades vegetativas e animais da alma humana. O mesmo não ocorre com a faculdade teórica, pois o aspecto imaterial das concepções universais, apreendido pelo aspecto imaterial do intelecto, não precisa do corpo em todos os casos. Vale lembrar que o intelecto prático faz a conexão com o corpóreo, mas, não obstante operar no corpo, não é impresso em nenhuma matéria. No caso do aspecto teórico do intelecto, não há dependência da matéria em todos os casos para alcançar os princípios de inteligibilidade das formas universais presentes na inteligência ativa. Por essa razão, Ibn Sīnā afirma que العقل النظري فإن له حاجة ما إلى البدن وإلى قواه لكن لا دائما ومن كل وجه بل قد يستغني بذاته / *o intelecto especulativo tem uma certa necessidade do corpo e de suas faculdades – nem sempre e nem sob todos os pontos de vista – mas ele basta a si mesmo*[23].

21. Isto é, "completamente", como ficou claro na tradução latina.
22. Rahman: V,1,206 / Bakós: V,1,146. "Quae autem est magis propria ex proprietatibus hominis, haec est scilicet formare intentiones universales intelligibiles omnino abstractas a materia, sicut iam declaravimus, et procedere ad sciendum incognita ex cognitis intelligibilibus credendo et formando". Cf. Riet: V,1,76. Desse ponto até o final da seção, não obstante anunciar o intelecto teórico, Ibn Sīnā só irá desenvolver o tema com mais detalhes nas Seções 5 e 6. Por ora, limita-se ele a estabelecer semelhanças e diferenças entre intelecto prático e intelecto teórico.
23. Rahman: V,1,208 / Bakós: V,1,147. "Intellectus vero activus eget corpore et virtutibus corporalibus ad omnes actiones suas; contemplativus autem intellectus eget corpore et virtutibus eius sed nec semper nec omni modo; sufficit enim ipse sibi per seipsum". Cf. Riet: V,1,80. Os graus de abstração partem dos sentidos e dos dados materiais para atingir a abstração absoluta pela iluminação da inteligência ativa, mas há o caso, por exemplo, da apreensão pelo grau denominado "intelecto sagrado", em que a conexão é feita diretamente entre o intelecto teórico e a inteligência ativa sem seguir o processo comum de abstração. Por essa razão, é possível dizer que "nem sempre" o intelecto teórico tem necessidade do corpo. Cf. adiante II.6.

Nessa última afirmação, implícito está que nem todas as ações da alma humana são realizadas por órgãos. As funções vegetativas e animais o são em sua totalidade. Essas funções esvaem-se com o desaparecimento do corpo. O estudo propriamente do patamar racional prescinde dos órgãos corporais com exceção da condução do corpo, pois, se assim não fosse, não poderia haver o contato entre o corpo e a alma. Enquanto o intelecto prático efetua essa conexão, utiliza-se das outras faculdades por meio de seus respectivos órgãos. Essas faculdades informam-no, pois ele recebe, por um lado, daquilo que está abaixo dele. Se essas faculdades animais e vegetativas não se reportassem nem convergissem a um núcleo de operação e conexão com a imaterialidade da alma, o intelecto teórico – que só opera na esfera inteligível – não seria capaz de influir na condução das coisas do corpo, o que seria contraditório na medida em que fora a própria alma que o formara. Opiniões presumidas, experiências ou opiniões recebidas só podem se dar a partir da recepção por meio dos sentidos externos e dos movimentos dos sentidos internos. Por essa razão, o intelecto prático recebe a partir do corpo e necessita dos órgãos para receber tais informações, mas isso não significa que ele opere por órgãos. Enquanto recebe dados a partir do que está abaixo de si – e o que está abaixo dele opera necessariamente por órgãos – o intelecto prático constitui os dados sensíveis externos e internos como se fossem a matéria sobre a qual emite os juízos; porém, não por si mesmo, mas sempre à luz do aspecto analítico do intelecto teórico.

 Os dois aspectos do intelecto – prático e teórico –, pois, só podem ser entendidos à luz da relação que se estabelece entre corpo e alma, entre matéria e imatéria, entre particular e universal, entre sensível e inteligível. Não é o caso, propriamente, de entender que houvesse dois intelectos: um teórico e outro prático. O intelecto é uma instância una, mas que opera em duas direções. Do mesmo modo que, por analogia, dizemos que a alma é una, mas possui diversas faculdades, assim também podemos dizer, por analogia, algo semelhante a respeito do intelecto. Por isso, atesta Ibn Sīnā: وليس ولا واحد منهما هو النفس الإنسانية بل النفس هو الشيئ الذى له هذه القوى وهو كما تبين جوهر منفرد وله استعداد نحو أفعال بعضها لا يتم إلاَّ بالآلات / *mas nenhuma das duas [faculdades prática e teórica] é a alma humana. Antes, a alma é a coisa que possui estas faculdades e ela é, como foi explicado, uma substância individualizada, que possui uma aptidão às ações, algumas das quais são realizadas por órgãos*[24]. A divisão lógica dos movimentos e do alcance do intelecto em suas duas dimensões não implica divisão real na alma. Esta é substância una e inteligente que, em contato com o corpo, realiza as possibilidades da matéria por meio de suas faculdades, das quais a mais própria é o intelecto. O desenho das duas faces parece continuar a ser paradigmático numa geometria da alma em Ibn Sīnā. Nesta passagem, não obstante referir-se a duas faculdades, essas não deixam de estar em constante interpenetração e constituem um único patamar na alma humana, o que justifica que seja estudado à parte:

فالقوة الأولى للنفس الإنسانية قوة تنسب إلى النظر فيقال عقل نظري، وهذه الثانية قوة تنسب إلى العمل فيقال عقل عملي، وتلك للصدق والكذب وهذه للخير والشر في الجزئيات، وتلك للواجب والممكن والممتنع، وهذه للقبيح والجميل والمباح، ومبادئ تلك من المقدمات الأولية ومبادئ هذه من المشهورات والمقبولات والمظنونات والتجريبيات الواهية التي تكون من المظنونات غير التجريبيات الوثيقة.

Assim, a primeira faculdade que a alma humana possui é uma faculdade que se refere à análise e chama-se intelecto especulativo[25]. E uma segunda faculdade que se refere à prática e chama-se intelecto prático. Aquela é para a verdade e para a falsidade, enquanto esta é para o bem e para o mal nas coisas particulares. E aquela é para o necessário, o possível e o impossível, enquanto esta é para o feio, o belo e o permitido. Os princípios da primeira faculdade vêm das primeiras premissas, enquanto os

---

24. Rahman: V,1,208 / Bakós: V,1,148. "Nihil autem horum est anima humana, sed anima est id quod habet has virtutes et est, sicut postea declarabimus, substantia solitaria, idest per se, quae habet aptitudinem ad actiones, quarum quaedam sunt quae non perficiuntur nisi per instrumenta [...]". Cf. Riet: V,1,80. Acompanhamos a tradução latina quanto ao termo "solitaria" no sentido de "individualizada" em lugar de "separado", termo usado por Bakós.
25. O termo "especulativo" designa esse aspecto do intelecto em contraste com o seu aspecto "prático". O termo em árabe seria melhor compreendido como "analítico". Ambos remetem ao movimento do intelecto quando emprega a faculdade cogitativa, ordenando os conceitos um após os outros. O termo "analítico" contrasta com o termo "sintético", que é uma propriedade das inteligências separadas que não ordenam os inteligíveis para adquirir novos inteligíveis. Elas os possuem, todos, em ato "de um só golpe", isto é, simultaneamente.

princípios da segunda vêm das coisas conhecidas, das opiniões recebidas e das coisas presumidas; e as experiências que vêm das coisas presumidas é diferente das experiências confiáveis[26].

Por essa razão, a direção especulativa basta a si mesma e não precisa de órgãos. Todas as outras faculdades, para realizar sua perfeição, ao contrário, necessitam de órgãos. Nessa medida, reforça-se a peculiaridade do intelecto teórico como a única faculdade da alma humana capaz de conhecer sem órgãos e, por isso, opera sem corpo:

فجوهر النفس الإنسانية مستعد لأن يستكمل نوعا من الاستكمال بذاته، ومما هو فوقه لا يحتاج فيه إلى ما دونه. وهذا الاستعداد له هو بالشئ الذي يسمى العقل النظري.

Assim, a substância da alma humana por si mesma está apta a perfazer um modo de perfeição mas, para isso que está acima da substância, não necessita disso a não ser o que está abaixo dela. E esta aptidão que pertence à substância da alma deve-se à coisa que se chama intelecto especulativo[27].

Ora, a recepção do que está acima o está para a verdade. Assim, há prevalência do que se recebe do lado superior em vistas daquilo que se recebe do lado inferior. O conhecimento, pelo intelecto teórico, das verdades supremas presentes nos princípios inteligíveis na inteligência ativa garante que o homem, ao conhecer, se guie segundo esse conhecimento. Desse modo, o intelecto teórico, enquanto é o meio pelo qual se chega a tais conhecimentos, também interfere nas ações do homem, levando-o a agir por meio do intelecto prático. Se, por um lado, o intelecto prático recebe os dados sensíveis e reconhece as normas e os hábitos morais da

---

26. Rahman: V,1,207 / Bakós: V,1,147. "Ergo prima virtus humanae animae est virtus quae comparatur contemplationi et vocatur intellectus contemplativus, qui est iudex veri et falsi de universalibus; haec autem virtus activa est de bono et malo in particularibus; ille est iudex de necessario et possibili et impossibili; haec autem activa de honesto et inhonesto et licito. Principia autem contemplativi sunt ex propositionibus per se notis; principia vero activi sunt ex probabilibus et ex auctoritatibus et ex famosis". Cf. Riet: V,1,77s.
27. Rahman: V,1,208 / Bakós: V,1,148. "Sed substantia humanae animae ex seipsa apta est perfici aliquo modo perfectiones, ita ut non sit ei aliquid necessarium extra ipsam: hanc autem aptitudinem habet ab illo qui vocatur intellectus contemplativus". Cf. Riet: V,1,80.

sociedade na qual está imerso o homem, é por meio do conhecimento das verdades supremas recebidas por meio da inteligência ativa que é possível o julgamento último com vistas às ações desse mesmo homem. Liberdade de ação, nesse caso, seria, pois, aderir ao conhecimento supremo pelo intelecto teórico, livre da própria constituição de valores estabelecidos apenas pelos hábitos humanos. Se estes variam e se mostram diversos, aqueles, ao contrário, são firmes e garantidores da verdade. Por essa razão, o intelecto especulativo مستعد لأن يتحرز عن آفات تعرض له من المشاركة كما سنشرحه في موضعه, وأن يتصرف في المشاركة تصرفا الوجه الذي يليق به / *está apto a tomar precauções contra os prejuízos que lhe advêm da sociedade, como explicaremos em seu lugar, e a ter, agindo conforme seu grau, livre ação sobre a sociedade, segundo o modo que lhe convém*[28].

Mais uma vez, a interpenetração das duas dimensões nas quais o intelecto se realiza é premissa para que se faça a passagem da alma ao corpo. Por um lado, o intelecto teórico é a perfeição última para o qual cooperam todas as outras faculdades. Das funções vegetativas até o intelecto prático que coordena toda a dimensão corporal, natural e social do homem, tudo concorre para o entendimento e o conhecimento pelo intelecto teórico. Atingido esse termo, o movimento, a partir de então, inverte-se e, à medida que os princípios da inteligibilidade presentes na inteligência agente atualizam o intelecto teórico nesse entendimento, a conexão para reger as ações do homem vale-se novamente do intelecto prático para tal. Isso assim é feito porque وهذا الاستعداد له بقوة تسمى العقل العملي وهي رئيسة القوى التي له إلى جهة البدن. / *essa aptidão [se perfaz] pela faculdade que se chama intelecto prático, que é a faculdade diretora que [a alma] possui pela parte do corpo*[29].

---

28. Rahman: V,1,208 / Bakós: V,1,148. "Et iterum est apta ad conservandum se ab impedimentis sibi accidentibus ex consortio, sicut postea suo loco declarabimus, et ut in consortio sic se agat prout melius poterit [...]". Cf. Riet: V,1,80. A passagem em questão abre a possibilidade de estabelecer relação com o conceito de "sindérese", usado por inúmeros autores medievais latinos para significar uma conservação, na consciência, da lei moral. Como se fosse uma centelha na alma, um sussurro, que afastaria o homem do mal moral.
29. Rahman: V,1,209 / Bakós: V,1,148. "hanc autem aptitudinem habet ex intellectu qui vocatur activus, qui est principalis inter alias virtutes quas habet circa corpus". Cf. Riet: V,1,80s.

Os dados recebidos pelas duas direções do intelecto se encerram no juízo por cada uma delas, pois في الإنسان حاكم حسي وحاكم من باب التخيل وهمي وحاكم نظري وحاكم عملي / *no homem há um juiz sensível, um juiz estimativo do domínio da imaginativa, um juiz especulativo e um juiz prático*[30]. Ora, para que essas faculdades possam operar e atingir o termo do juízo, é necessário que passem da potência ao ato. No caso do intelecto, Ibn Sīnā, ao final da primeira seção do Capítulo V, fornece alguns dados a esse respeito. A divisão do intelecto que fora indicada na quinta seção do Capítulo I pareceu contemplar a divisão apenas em referência ao intelecto teórico, mas, nessa passagem, a divisão amplia-se e inclui, de modo inequívoco, as mesmas categorias para o intelecto prático. Vejamos a passagem em questão:

ولكل واحدة من القوتين استعداد وكمال ، فالاستعداد الصرف من كل واحدة منهما يسمى عقلا هيولانيا سواء أخذ نظريا أو عمليا ، ثم بعد ذلك إنما يعرض لكل واحد منهما أن تحصل له المبادي التي بها تكمل أفعاله ، أما للعقل النظري فالمقدمات الأولية وما يجري معها ، وأما للعملي فالمقدمات المشهورة وهيئآت أخرى ، فحينئذ يكون كل واحد منهما عقلا بالملكة ، ثم يحصل لكل واحد منهما الكمال المكتسب، وقد كنا شرحنا هذا من قبل .

Cada uma das duas faculdades possui uma aptidão e uma perfeição[31]. Assim, a pura aptidão de cada uma das duas se chama intelecto material, seja tomado como especulativo ou prático. Em seguida, para uma e outra das duas, vêm ao ato os princípios pelos quais se perfazem suas ações; o que pertence ao intelecto especulativo são as primeiras premissas e o que é da mesma ordem; e quanto ao que pertence ao

---

30. Rahman: V,1,208 / Bakós: V,1,147. "Ergo est in homine iudicans sensibilis et iudicans imaginativa et iudicans aestimativa et iudicans contemplativa et iudicans activa". Cf. Riet: V,1,79. Apesar da frase em árabe grafar o substantivo "juiz", trata-se de uma operação da alma, isto é, um "julgar sensível, um julgar estimativo" etc.
31. ولكل واحدة من القوتين إستعداد وكمال altera a primeira referência do capítulo primeiro, como indicamos acima. "A pura aptidão de cada uma das duas chama-se intelecto material, que pode ser tomada como especulativo ou prático" está mais de acordo com todo o desenvolvimento que propuséramos quanto à natureza única da faculdade racional. Depois, a estrutura de atualização do intelecto (em hábito, ato e adquirido) agora é ampliada nas duas direções do intelecto, e não somente como esquema de atualização do intelecto teórico.

[intelecto] prático são as premissas conhecidas e outras disposições. Então, cada uma das duas se chama intelecto em hábito. Em seguida, para cada uma das duas vem ao ato a perfeição adquirida. Mas isso já explicamos anteriormente[32].

Novamente aqui se caracteriza que o intelecto é uno, mas opera em duas direções. Sua operação faz-se a partir do mesmo mecanismo. Intelecto material, em hábito e adquirido a partir dos dados recebidos por cada uma das duas direções. O caráter das recepções e dos dados é que se distingue, na medida em que o intelecto especulativo recebe "de cima" e o intelecto prático, "de baixo". Mas o que seriam exatamente as coisas de cima e de baixo? De baixo seriam todos os dados trazidos pelos sentidos externos e internos e tudo o que se refere às afecções do corpo. Nessa categoria também se inclui tudo o que nos chega por meio do contato com a natureza e com a sociedade, tais como as coisas que recebemos na infância, os valores sociais e as regras morais. De cima são os princípios de entendimento das formas inteligíveis. Nesse último caso, como veremos mais à frente, esse entendimento pode-se realizar a partir dos dados apreendidos pelos sentidos externos, fixados nos sentidos internos e liberados da materialidade pela iluminação da inteligência agente. Também pode-se realizar pela conexão direta entre a inteligência ativa e o intelecto sem a intermediação do corpo. Talvez, pela possibilidade do intelecto poder operar sem corpo, Ibn Sīnā, ao terminar a primeira seção, faz o primeiro desvio da apresentação dos graus do intelecto para reforçar o caráter imaterial da alma, pois sem essa constatação não seria possível construir toda sua concepção do homem como um ser de dois mundos. Assim, ele se expressa:

فيجب أول كل شيء أن نبين أن هذه النفس المستعدة لقبول المعقولات بالعقل الهيولاني ليس بجسم ولا قائم صورة في جسم / *devemos explicar, em*

---

32. Rahman: V,1,209 / Bakós: V,1,148. "Unaquaeque autem harum duarum virtutum habet aptitudinem et perfectionem, sed aptitudo pura uniuscuiusque illarum vocatur intellectus materialis sive sit activi sive contemplative; deinde ex hoc [quod] accidit unicuique illorum habere principia quibus perficiuntur eorum actiones, sed intellectui contemplativo per se nota et cetera huiusmodi, et activo propositiones probabiles et aliae affectiones; tunc unusquisque eorum fit intellectus in habitu; deinde acquiritur unicuique istorum perfectio adepta". Cf. Riet: V,1,81.

primeiro lugar, que essa alma apta a receber os inteligíveis por meio da inteligência material não é um corpo e não subsiste como forma num corpo[33].

II.3. Os graus do intelecto[34]

ويكون التعلم طلب الاستعداد التام للاتصال

O aprendizado é um reclamo da aptidão, em sua plenitude, para a conexão[35].

Com essa afirmação, Ibn Sīnā refere-se ao modo pelo qual os homens comuns adquirem conhecimento, ou melhor, o modo usual pelo qual o intelecto se conecta com as formas inteligíveis presentes na inteligência ativa (العقل الفعال). Comum a todos os homens, a aptidão natural move a alma na direção da atualização desta ou daquela forma inteligível por meio do aprendizado. Nesse caso, estão incluídos os dados trazidos pelos sentidos externos e internos. Esse modo de apreensão não se dá repentinamente e de um só golpe, mas, ao contrário, sua atualização pode ser paulatina no intelecto. Não obstante ser a regra pela qual segue o comum dos homens, esse modo não abarca, porém, todas as possibilidades de aquisição do inteligível por meio do intelecto teórico. No outro extremo, dispensando todo e qualquer meio que a esse se assemelhe, Ibn Sīnā afirma ser possível para alguns homens uma conexão da alma com a inteligência ativa sem a intermediação do aprendizado. Nesse caso, a aquisição poderia prescindir

---

33. Rahman: V,1,209 / Bakós: V,1,148. "oportet autem ante omnia declarare quod haec anima quae est apta recipere intelligibilia ex intellectu materiali, non est corpus nec forma existens in corpore". Cf. Riet: V,1,81.
34. Para essa primeira abordagem dos graus do intelecto seguimos mais de perto o Capítulo V, Seção 6 do كتاب النفس / *Kitāb Al-Nafs*, intitulado في مراتب أفعال وفي أعلى مراتبها وهو العقل القدسي *A respeito dos graus das ações do intelecto e do seu mais alto grau que é o intelecto sagrado*, em que se discorre a respeito do intelecto material, em hábito, em ato, adquirido e sagrado. O título da seção é claro em atribuir a noção de "graus" às operações do intelecto. Mantivemos o termo em questão, ao invés de "estado, modo, nível etc."
35. Rahman: V,6,247 / Bakós: V,6,175. "[...] et ut discere non sit nisi inquirere perfectam aptitudinem coniungendi se intelligentiae agenti [...]". Cf. Riet: V,6,148. No texto árabe não está explícito o termo "inteligência ativa", embora a referência pronominal valide a opção da tradução latina.

dos dados coletados pelos sentidos externos e internos. Por causa de sua peculiar aptidão, tal homem não necessitaria do aprendizado, pois, como os homens comuns, ele conhece, mas é بل كأنه يعرف كل شيء من نفسه / *como se conhecesse toda coisa a partir de si mesmo*[36]. Entre esses dois extremos de aquisição das formas inteligíveis, isto é, o primeiro mediado pelo aprendizado e o segundo realizado por uma conexão imediata com a inteligência ativa, podemos encontrar, ao longo do *Kitāb al-Nafs*, uma hierarquia de graus de operação do intelecto que sustentam e justificam ambos os modos. Focalizando as primeiras definições a respeito do intelecto, pelo seu aspecto teórico, lembremos que Ibn Sīnā assim o define:

وأما القوة النظرية فهي قوة من شأنها أن تنطبع بالصور الكلية المجردة عن المادة .

Quanto à faculdade especulativa, ela é uma faculdade que tem a função de receber a impressão das formas universais abstraídas da matéria[37].

A relação dessa faculdade com as formas inteligíveis universais não é unívoca, na medida em que passa da potência ao ato. A faculdade especulativa possui, pois, mais de uma relação com essas formas. A base para a divisão dos graus de operação do intelecto baseia-se, como vimos, no fato de que القوة تقال على ثلاثة معان بالتقديم والتأخير / *a potência se diz em três sentidos, quanto ao anterior e ao posterior*[38]. Retomemos essa distinção: no primeiro sentido, a potência é uma aptidão absoluta da qual nada resulta em ato, bem como não se realiza aquilo pelo que algo resulta, como a capacidade de escrever em uma criança de tenra idade; no segundo sentido, pode-se chamar potência essa aptidão, já mais desenvolvida, isto é, quando não se realiza senão aquilo pelo que é possível chegar a adquirir a ação sem intermediário, por exemplo, quando a faculdade de

---

36. Rahman: V,6,248 / Bakós: V,6,176. "immo, quia quicquid est, per se scit". Cf. Riet: V,6,151.
37. Rahman: I,5,48 / Bakós: I,5,33. "Sed virtus contemplativa est virtus quae solet informari a forma universali nuda a materia". Cf. Riet: I,5,94.
38. Rahman: I,5,48 / Bakós: I,5,33. "Potentia autem dicitur tribus modis secundum prius et posterius". Cf. Riet: I,5,95.

escrever se encontra num jovem que já conhece a pena e o tinteiro e é iniciado nas letras; no terceiro sentido, chama-se potência essa mesma aptidão quando ela já está completa, quando já começou a ser a perfeição da aptidão, de tal modo que possa agir quando quiser sem ter necessidade de uma nova aquisição, bastando que se decida a agir. Por exemplo, a faculdade do escriba perfeito na arte, quando não escreve. Estes três sentidos do termo "potência" assim são nomeados por Ibn Sīnā:

والقوة الأولى تسمى مطلقة وهيولانية ، والقوة الثانية تسمى قوة ممكنة ، والقوة الثالثة تسمى كمال القوة .

A primeira potência chama-se absoluta e material; a segunda potência chama-se potência possível e a terceira potência chama-se perfeição da potência[39].

Tais sentidos, assim assinalados, são a base para que se apresente, em seguida, a divisão tríplice do intelecto. O movimento de aquisição dá-se por duas vertentes: por uma, o intelecto prático recebe os dados dos sensíveis particulares e, por outro, o intelecto teórico recebe os princípios das formas inteligíveis universais. A divisão tríplice dá-se nas duas direções, mas, em ambos os casos, a prevalência é do aspecto analítico do intelecto, que, em última instância, é o grau de juízo mais elevado e sob o qual se englobam todas as apreensões particulares. Melhor, tanto pela recepção dos particulares pelo intelecto prático como pela recepção dos princípios das formas inteligíveis universais pelo intelecto teórico, a atualização mais própria à alma humana é pelo intelecto teórico cuja aplicação é feita nas duas direções – universal e particular. Na primeira resultando no aspecto de aquisição e contemplação da própria forma inteligível e, na segunda, na ação deliberada causada pelo intelecto prático. Focalizemos, pois, o movimento proposto por Ibn Sīnā a partir da distinção dos três graus do intelecto.

No primeiro caso, a relação do intelecto humano com as formas presentes na inteligência ativa é estabelecida nos parâmetros do que está em

---

39. Rahman: I,5,48 / Bakós: I,5,33. "Potentia autem prima vocatur absoluta materialis, secunda autem vocatur potentia possibilis, potentia vero tertia est perfectio". Cf. Riet: I,5,96.

potência absoluta: "este primeiro intelecto encontra-se frente aos inteligíveis em um estado de potencialidade absoluta"[40]. Isso se dá quando o intelecto teórico não recebeu nada ainda da perfeição que existe em relação a ele, chamando-se então intelecto material (العقل الهيولاني)[41]. Esse nome provém de sua semelhança com a matéria-prima, que não possui por si mesma uma certa forma, mas, ao contrário, é sujeito para toda forma. Esse grau pertence a todo indivíduo da espécie humana. Às vezes, a relação dá-se aos moldes do segundo grau, isto é, da potência possível. Nesse caso, ocorre que, no intelecto material, já estão em ato os primeiros inteligíveis, isto é, os primeiros princípios, como, por exemplo, que o todo é maior que a parte, que duas coisas iguais a uma terceira são iguais entre si, dos quais e pelos quais se chega aos inteligíveis segundos. Esse grau do intelecto denomina-se intelecto em hábito (العقل بالملكة) e pode-se dizer em ato em relação ao primeiro, mas em potência em relação ao terceiro. No terceiro grau, a relação dá-se conforme o que se chamou de perfeição da potência e consiste em que nele já estão colocados em ato os inteligíveis segundos, sem que o intelecto em hábito os considere e se volte para eles em ato, mas antes como se estivessem armazenados e, quando quiser, considera essas formas em ato. Esse grau denomina-se intelecto em ato (العقل بالفعل)[42] porque conhece quando quer, sem se dar ao trabalho de uma nova aquisição, embora necessite sempre da conexão com a inteligência ativa. Ao homem comum, portanto, o aprendizado é um meio pelo qual a potência absoluta do intelecto material passa gradativamente ao ato.

وما دامت النفس البشرية العامية في البدن فإنه ممتنع عليها أن تقبل العقل الفعال دفعة، بل يكون حالها ما قلنا.

Na medida em que a alma humana, comum, permanece no corpo, lhe é impossível receber de um só golpe a inteligência ativa, mas a sua disposição é conforme o que dissemos[43].

---

40. Cf. R. R. Guerrero, *Avicena*, op. cit., p. 46.
41. Rahman: I,5,49.
42. Rahman: I,5,50.
43. Rahman: V,6,247 / Bakós: V,6,175. "Dum anima humana generaliter est in corpore, non potest recipere intelligentiam agentem subito, sed eius dispositio est sicut diximus". Cf. Riet: V,6,149.

Assim definidos, os três graus do intelecto talvez bastassem para explicar a aquisição das formas inteligíveis. Malgrado isso, Ibn Sīnā ainda apresenta mais dois graus do intelecto: o intelecto adquirido (العقل المستفاد) e o intelecto sagrado (العقل القدسي)[44]. Tratemos, pois, do primeiro, isto é, do intelecto adquirido, iniciando pelas seguintes questões: ora, já tendo estabelecido que a aquisição dos inteligíveis é um processo que se inicia no intelecto material até a sua atualização no intelecto em ato, qual seria a razão de estabelecer um novo grau para o intelecto? A própria atualização dos inteligíveis, no intelecto em ato, já não bastaria para explicar o final do processo de aquisição? Não seria esta atualização, para o homem, o limite de seu intelecto em vista das formas inteligíveis presentes na inteligência ativa? Vejamos o que nos diz Ibn Sīnā quanto a um primeiro sentido no qual se pode entender o intelecto adquirido:

وإذا قيل إن فلانا عالم بالمعقولات (...)
ومعنى هذا أنه كلما شاء كان له أن يتصل بالعقل الفعال اتصالا يتصور فيه منه ذلك المعقول ليس أن ذلك المعقول حاضر في ذهنه ومتصور في عقله بالفعل دائما، ولا كما كان قبل التعلم .

Quando se diz que alguém conhece os inteligíveis [...] o sentido disso é que, toda vez que ele quiser, ele pode se conectar à inteligência ativa por um modo de conexão na qual é concebido nele esse inteligível, sem que esse inteligível esteja presente em seu espírito e seja sempre concebido em ato em seu intelecto, nem como esse inteligível era antes da instrução[45].

Ou seja, quando uma determinada forma inteligível chega ao ato no intelecto, a alma passa a ter essa forma como um inteligível adquirido. Isso significa que a alma não precisa adquiri-lo novamente, isto é, não

---

44. Rahman: V,6,248.
45. Rahman: V,6,247 / Bakós: V,6,175s. "Cum enim dicitur *Plato* esse sciens intelligibilia, hic sensus est ut, cum voluerit, revocet formas ad mentem suam, cuius etiam sensus est ut, cum voluerit, possit coniungi intelligentiae agenti ita ut ab ea in ipsum formetur ipsum intellectum, non quod intellectum sit praesens suae menti et formatum in suo intellectu in effectu semper, nec sicut erat priusquam discreret". Cf. Riet: V,6,149s. Note-se que a tradução latina incluiu o nome "Plato" no exemplo citado, o qual não aparece no texto árabe.

precisa passar por todos os estágios que a levaram a adquirir tal forma inteligível por meio do aprendizado e dos dados dos sentidos externos. A alma pode dispor dessa forma inteligível pela constante conexão com a inteligência ativa. Por essa razão, descarta-se na alma humana uma memória intelectual que guardaria as formas inteligíveis adquiridas. A memória intelectual é substituída pelo hábito da conexão. Assim sendo, o que fora atualizado e denominado, a princípio, de intelecto em ato, só o é em relação ao primeiro aprendizado, mas não o é quanto ao hábito da conexão em relação a esse mesmo inteligível. Sendo assim, o que chamáramos de intelecto em ato tornar-se-ia intelecto em potência em vista do hábito da conexão com a inteligência ativa. É por isso que nos diz Ibn Sīnā:

وتحصيل هذا الضرب من العقل بالفعل ، وهو القوة تحصل للنفس أن تعقل بها ما تشاء فإذا شاءت اتصلت وفاض فيها الصورة المعقولة، وتلك الصورة هي العقل المستفاد، وهذه القوة هي العقل بالفعل فينا من حيث لنا أن نعقل، وأما العقل المستفاد فهو العقل بالفعل من حيث هو كمال.

Esse modo do intelecto está em ato por uma atualização, mas ele é a potência que vem ao ato na alma para que a alma intelija por si o que quer conhecer, pois quando a alma quer, ela é conectada [à inteligência ativa] e nela desborda a forma inteligível; e esta forma é, na verdade, o intelecto adquirido, enquanto que esta potência é o intelecto em ato em nós enquanto temos a inteligir. E quanto ao intelecto adquirido, ele é o intelecto em ato enquanto é uma perfeição[46].

Goichon considera que, não obstante "o intelecto adquirido corresponder à uma idéia muito complexa", ele é adquirido no sentido de que o conhecimento consistiria na atualização provocada por uma forma vinda do exterior e dele deve se entender o próprio inteligível, atuado e infundido pela inteligência agente[47]. Nas próximas seções apresentaremos nossas

---

46. Rahman: V,6,247s / Bakós: V,6,176. "Hic enim modus intelligendi in potentia est virtus quae acquirit animae intelligere cum voluerit; quia, cum voluerit, coniungetur intelligentiae a qua emanat in eam forma intellecta. Quae forma est intellectus adeptus verissime et haec virtus est intellectus in effectu [...] secundum quod est perfectio". Cf. Riet: V,6,150.
47. Cf. L. Gardet, *La pensée religieuse d'Avicenne*, Paris, J. Vrin, 1951, p. 115: "Para Ibn Sīnā, ao contrário de Al-Fārābī, o intelecto adquirido não é o intelecto humano enquanto potência

razões para discordar de que o conceito de infusão das formas inteligíveis, como algo vindo somente do exterior, seja, por si só, suficiente para explicar a doutrina de Ibn Sīnā a esse respeito. De todo modo, a diferença que se estabelece entre o intelecto em ato em nós e o intelecto adquirido é que esse último representa a conexão entre o intelecto em ato e a inteligência ativa. Nesse caso, "enquanto o intelecto em ato é uma faculdade, o intelecto adquirido é uma perfeição"[48]. Essa perfeição significa que a atualização dos inteligíveis no homem é sempre potência em vista de algo. Se a atualização fosse um processo isolado do intelecto humano, não haveria necessidade da conexão com a inteligência ativa. Para Ibn Sīnā, o homem não tem condições de realizar isoladamente o processo de aquisição dos inteligíveis, a não ser por meio da conexão com a inteligência ativa. Não é demais frisar que o aspecto exterior da inteligência ativa localiza-se na esfera lunar. Talvez para confirmar essa dependência da esfera sublunar à esfera lunar é que Ibn Sīnā diferencia esse grau do intelecto, isto é, o intelecto adquirido, significando com isso a própria conexão da alma com a inteligência ativa.

De certo modo, a atualização dos inteligíveis na alma do homem já estaria garantida com os três graus estabelecidos inicialmente – material, em hábito e em ato –, mas o intelecto adquirido sublinha a intervenção inexorável da iluminação da inteligência ativa nesse processo. Por isso, a cada vez que o inteligível, já adquirido, surge na alma, é por força da conexão do intelecto humano com a inteligência ativa que isso se dá. Assim entendido, não é possível dizer, então, que o intelecto adquirido é um outro grau do intelecto no mesmo sentido da determinação da classificação tríplice – material, em hábito, em ato –, mas seu nome designa a conexão efetuada entre o intelecto em ato e a inteligência ativa. Sendo o próprio fenômeno ocorrido pelo contato entre os dois, não é sinônimo da atualização do intelecto, pois tal atualização poderia ser compreendida

---

atualizada, mas é recebido por este último". Para nossa posição quanto a esse ponto, cf. adiante II.4, II.5 e II.6.
48. Cf. A. M. Goichon, *Introduction a Avicenne – son épître des définitions*, Paris, Desclée de Brouwer, 1933, p. 46.

como uma operação isolada do homem, hipótese que o sistema de Ibn Sīnā não permite. Como bem disse Gardet, o intelecto adquirido "é o intelecto humano que, totalmente iluminado pela inteligência agente separada, torna-se espelho perfeito das formas inteligíveis"[49]. Com certeza, não se trata de uma volta ao conhecido no sentido da reminiscência, como no sistema platônico, mas, com mais propriedade, trata-se do hábito da conexão. Em última análise, o grau do intelecto adquirido ocorre em todos os homens.

وعند العقل المستفاد يتم الجنس الحيواني والنوع الإنساني منه، وهناك تكون القوة الإنسانية قد تشبهت بالمبادي الأولية للوجود كله.

No intelecto adquirido está completado o gênero animal e a espécie humana que pertence a ele; e aí a faculdade humana já está assimilada aos princípios primeiros de toda existência[50].

Contudo, afirmar que o intelecto adquirido é um grau comum a todos os homens não significa que a intensidade da aquisição das formas inteligíveis seja a mesma em todos os homens. Por exemplo: sem perder de vista que, nos homens comuns, o aprendizado é um dos meios para a atualização do intelecto, Ibn Sīnā observa que, no exercício do aprendizado, há variação entre os alunos quanto à intensidade da aptidão de aprender as coisas. Uns são mais rápidos na aquisição do conhecimento, enquanto outros são mais lentos. Essa aptidão é chamada por Ibn Sīnā de intuição intelectual (حدس / ḥads). Não sendo observada de modo equânime em todos os homens, essa aptidão é passível, portanto, de ser classificada segundo sua variação, podendo ser mais ou menos intensa[51]. Ora, admitin-

---

49. Cf. Gardet, *op. cit.*, p. 115.
50. Rahman I,5,50 / Bakós: I,5,34. "[...] et in intellectu accommodato finitur genus sensibile et humana especies eius, et illic virtus humana conformatur primis principiis omnis eius quod est". Cf. Riet: I,5,99. O intelecto adquirido garante a união do intelecto humano com a inteligência agente e não é uma unificação da primeira com a segunda com conseqüente perda da substância da alma individual.
51. Cf. A. M. Goichon, *Lexique de la langue philosophique d'Ibn Sīnā, op. cit.*, pp. 65-66: o termo حدس / ḥads é definido como intuição intelectual em oposição à intuição sensível. Deve ser entendido como um tipo de lampejo de compreensão que se produz na alma, descobrindo-se

do-se que a variação da aptidão tem sua causa na variação da intensidade da intuição intelectual, Ibn Sīnā não encontra nenhum obstáculo em afirmar que tal aptidão, levada ao extremo, torna o homem que a possui um homem com qualidades bastante distintas das do homem comum. O homem que possui intuição intelectual em grau elevado é capaz de adquirir formas inteligíveis de modo mais rápido. Assim, abre-se a possibilidade de haver uma conexão entre o intelecto humano e a inteligência ativa sem que o aprendizado – um dos meios utilizados pelo homem comum para adquirir inteligíveis – seja o meio utilizado. Resume Ibn Sīnā:

وهذا الاستعداد قد يشتد في بعض الناس حتى لا يحتاج في أن يتصل بالعقل الفعال إلى كثير شيء وإلى تخريج وتعليم، بل يكون شديد الاستعداد لذلك كأن الاستعداد الثاني حاصل له، بل كأنه يعرف كل شيء من نفسه، وهذا الدرجة أعلى درجات هذا الاستعداد، ويجب أن تسمى هذا الحالة من العقل الهيولاني عقل قدسيا، وهي شيء من جنس العقل بالملكة إلا أنه رفيع جدا ليس مما يشترك فيه الناس كلهم.

Essa aptidão aumenta, às vezes, em certas pessoas de modo que, para se conectar à inteligência ativa, elas não têm necessidade de muitas coisas, nem de educação, nem de ensinamento; mas são fortes na aptidão. Por isso, dá-se como se a segunda aptidão [fosse] resultante delas, melhor, como se elas [pessoas] conhecessem toda coisa por si mesmo. E este é o mais alto dos graus desta aptidão. E esta disposição do intelecto material deve ser chamada intelecto sagrado, mas tal disposição é do gênero do intelecto em hábito, salvo que o intelecto sagrado é muito elevado. Não se trata de algo que seja comum para todos os homens[52].

---

subitamente algo até então não percebido. Este caráter repentino da *ḥads* não exclui um certo tipo de movimento para atingir o termo médio quando o problema é colocado ou para atingir o termo maior quando o termo médio é obtido. No entanto, não se trata do movimento progressivo mais próprio da cogitação que cabe melhor ao termo فكرة / *fikra* (idéia-reflexão), que é um movimento deliberado de busca. Pode haver certa aproximação com a noção de αγχινοια – sagacidade, vivacidade.

52. Rahman: V,6,248 / Bakós: V,6,176. "[...] quae aptitudo aliquando in aliquibus hominibus ita praevalet quod ad coniungendum se intelligentiae non indiget multis, nec exercitio, nec disciplina, quia est in eo aptitudo secunda; immo, quia quicquid est, per se scit: qui gradus est altior omnibus gradibus aptitudinis. Haec autem dispositio intellectus materialis debet vocari intellectus sanctus qui est illius generis cuius est intellectus in habitu, sed hic est supremus in quo non omnes homines conveniunt". Cf. Riet: V,6,151.

Do mesmo modo que entendemos não ser possível dizer que o intelecto adquirido é um grau – no mesmo sentido do âmbito da divisão do intelecto material, em hábito e em ato –, também o intelecto sagrado não pode ser classificado como um outro grau somente no âmbito do intelecto, mas grau da conexão do intelecto com a inteligência ativa. Aliás, o grau mais intenso possível no processo de aquisição das formas inteligíveis presentes na inteligência ativa. Nesse sentido, também o intelecto sagrado dá-se segundo as mesmas condições do intelecto adquirido, sendo, porém, de maior alcance[53]. Ao analisar a hierarquia das faculdades apresentadas por Ibn Sīnā, Goichon chega a identificar como sinônimos o intelecto adquirido e o intelecto sagrado[54].

No intelecto sagrado, o mais alto grau de conexão do intelecto humano com a inteligência ativa, deve-se ter em conta que seu modo difere do meio convencional de aquisição das formas inteligíveis por meio do aprendizado e pelo ensinamento. No grau do intelecto sagrado, as formas inteligíveis são adquiridas de modo imediato. Por outro lado, porém, a aquisição continua sendo mediada pela intuição intelectual. A referência a esse tipo de aquisição imediata deve ser entendida, pois, apenas no sentido de que ela se dá sem a mediação da instrução convencional de transmissão dos termos da proposição por meio de um mestre ou de um aprendizado comum, com os dados trazidos pelos sentidos externos. O processo de aquisição das formas inteligíveis, no grau do intelecto sagrado, permanece mediado enquanto se realiza, necessariamente, segundo os elementos do silogismo por meio da intuição intelectual. Nesse processo, a inteligência ativa pode infundir tanto o termo médio que movimenta o silogismo permitindo a conclusão, ou, então, infundir a própria conclusão. No que tange ao *Kitāb Al-Nafs*, parece bastante clara a distância de

---

53. Cf. A. M. Goichon, *Introduction à Avicenne...*, op. cit., p. 42.
54. *Idem*, p. 45. "A hierarquia das forças compreende 26 graus, desde a mais alta forma da inteligência até as qualidades dos corpos simples. O intelecto adquirido ou intelecto sagrado é servido por todas as outras; abaixo dela vem o intelecto em ato, servido pelo intelecto em hábito, servido, ele mesmo, pelo intelecto em potência [...] em homens raros, enfim, cuja preparação chega à perfeição, o intelecto adquirido merece ser chamado sagrado".

um sistema de iluminação mística em Ibn Sīnā, a não ser que o entendamos como uma espécie de iluminação racional que opera por silogismos. Assim sendo, toda aquisição das formas inteligíveis, inclusive no grau do intelecto sagrado, é realizada pela intuição intelectual, segundo a estrutura do silogismo. Ibn Sīnā chega a fazer uma distinção entre dois modos de aquisição das formas inteligíveis, ao dizer que o termo médio pode vir de dois modos à alma: tanto pela intuição intelectual – em que a alma descobre por si mesma o meio-termo – ou pelo ensinamento. Ora, não são também os princípios do ensinamento intuições intelectuais descobertas pelos mestres dessas intuições intelectuais?[55] Portanto, toda aquisição das formas inteligíveis só pode se dar por meio da intuição intelectual, seja ela mais lenta ou mais rápida, seja ela já conhecida por alguns ou não. Em suma, podemos entender o intelecto sagrado como sendo um estado intenso do intelecto adquirido. É justamente para frisar essa diferença que Ibn Sīnā o nomeia intelecto sagrado. Não se trata de haver modificação da qualidade entre os dois, mas de intensidade.

Não sendo comum a todos os homens, o intelecto sagrado é uma propriedade apenas para os que possuem raras qualidades na alma, refletidas, por sua vez, em suas condutas. Os atos desses homens são guiados por esta régia conexão, e sua faculdade prática, recebendo os influxos da contemplação das formas inteligíveis, é dirigida por tais princípios. Não o guiam as faculdades hierarquicamente mais baixas da alma, como, por exemplo, os sentidos externos, os sentidos internos, as faculdades motoras, os desejos ou as faculdades vegetativas. O contato desses homens de alma nobre com a inteligência ativa é mais intenso e mais constante, sem que, com isso, transgridam o processo natural de aquisição das formas inteligíveis. Na medida em que toda aquisição somente é possível pela cadeia do silogismo, Ibn Sīnā salvaguarda tais princípios e não pede que os abandonemos, ainda que fiquemos admirados pelas ações surpreendentes realizadas por tais pessoas.

---

55. O Prólogo da *Al-Šifā'* faz menção a isso ao afirmar nas primeiras linhas: "[...] nos fundamentos revelados pelas intuições em mútua cooperação [...]". Cf. nossa Introdução.

فيمكن إذا أن يكون شخص من الناس مؤيد النفس بشدة الصفاء وشدة الاتصال بالمبادي العقلية إلى أن يشتعل حدسا، أعني قبولا لها من العقل الفعال في كل شيء وترتسم فيه الصور التي في العقل الفعال إما دفعة وإما قريبا من دفعة ارتساما لا تقليديا بل بترتيب يشتمل على الحدود الوسطي (...) وهذا ضرب من النبوة بل أعلى قوى النبوة، والأولى أن تسمى هذه القوة قوة قدسية، وهي أعلى مراتب القوى الإنسانية.

É possível que haja dentre os homens um indivíduo com a alma fortificada por uma grande pureza e pela estreita junção com os princípios intelectuais, até que se inflame de uma intuição intelectual, quero dizer, recebendo os princípios intelectuais da inteligência ativa para todas as coisas, e que nele se imprime a forma que está na inteligência ativa, seja instantaneamente, seja quase instantaneamente, não de uma maneira imitativa, antes seguindo uma ordem que inclui os termos médios [...] e isto é um modo de profecia, ou melhor, a mais alta das faculdades da profecia e esta faculdade é a mais digna de ser chamada faculdade sagrada, e ela é o mais alto grau das faculdades humanas[56].

II.4. O intelecto agente

Sobre esse tema, que é um dos mais ricos a respeito da questão do intelecto, é preciso, inicialmente, levantar algumas hipóteses de leitura que serão avaliadas nas próximas seções. Para tal, fixamo-nos na quinta

---

56. Rahman: V,6,250 / Bakós: V,6,177. "Possibile est ergo ut alicuius hominis anima eo quod est clara et cohaerens principiis intellectibilibus, ita sit inspirata ut accedatur ingenio ad recipiendum omnes quaestiones ab intelligentia agente, aut subito, aut paene subito, firmiter impressas, non probabiliter, sed cum ordine qui comprehendit medios terminos [...] et hic est unus modus prophetiae qui omnibus virtutibus prophetiae altior est. Unde congrue vocatur virtus sancta, quia est altior gradus inter omnes humanas". Cf. Riet: V,6,153. A referência final de que isto é "um modo" de profecia nos leva a perguntar quais seriam, então, os outros. A título de indicação, remeta-se aos capítulos precedentes do *Kitāb al-Nafs*, em que se encontram mais dois modos de profecia ligados a duas outras faculdades da alma: a faculdade imaginativa e a faculdade motora. O modo de profecia associado à faculdade motora permite, por exemplo, que o homem fortificado nessa faculdade interfira na matéria e na ordem da natureza. Quanto à profecia ligada à faculdade imaginativa, destacamos que, sem ela, os profetas não poderiam, por exemplo, criar alegorias que mostram de uma maneira simbólica as formas inteligíveis que lhes chegam pelo intelecto sagrado. Os três modos de profecia não são excludentes e podem atuar em conjunto num mesmo homem, inserindo-se em três níveis: o sensível, o imaginativo e o intelectual.

seção do capítulo V, que é a mais adequada para o nosso desiderato, intitulada في العقل الفعال في أنفسنا والعقل المُنْفَعِل عن أنفسنا / *A respeito da inteligência ativa em nossas almas e da inteligência passiva [que procede] de nossas almas*, e que se encontra traduzida na íntegra, em anexo, ao final deste trabalho, contendo, em suas notas, discussões sobre o vocabulário e a tradução em si. Iniciemos, pois, lembrando que no mais alto grau de sua essência, melhor, no que lhe há de mais próprio, a alma humana é conhecimento pelo intelecto. Em seu inerente movimento, a alma humana é entendimento e consciência de si, e conhecimento do que não é ela em si. Tal é a passagem do intelecto em potência ao intelecto em ato. No entanto, em seu movimento, a alma humana não prescinde da conexão com os princípios das formas inteligíveis presentes na inteligência da qual procede o mundo sublunar. Identificada com a décima inteligência, a da esfera da Lua, esta é, pois, a causa que faz passar o intelecto humano da potência ao ato por meio da comunicação das formas inteligíveis em ato que lhe são presentes. O intelecto agente é, pois, uma inteligência ativa, comum a todas as almas humanas[57].

Dentre as inúmeras implicações que o estudo do intelecto agente provoca, procuremos primeiramente nos deter sobre alguns pontos que sua relação com o intelecto humano levanta. Uma passagem de Gardet é opor-

---

57. Uma síntese da necessidade de uma instância intelectual separada da matéria encontra-se bem esclarecida no Capítulo XVI da *Al-Najāt*: "Dizemos que a faculdade teórica no homem também vai da potência ao ato por meio da iluminação de uma substância cuja natureza é produzir luz. Isso porque uma coisa não vai da potência ao ato por si mesma, mas por meio de algo que lhe dá atualidade. A atualidade que essa substância dá ao intelecto potencial humano são as formas inteligíveis. Ocorre, então, que algo que provém de sua própria substância confere e imprime na alma as formas inteligíveis. Essa entidade tem, pois, em sua essência as formas inteligíveis e é, portanto, essencialmente um intelecto. Se fosse um intelecto potencial, isto envolveria um regresso infinito, o que é absurdo. Assim, a série deve ser interrompida em algo que em sua essência é um intelecto e causa todos os intelectos potenciais para se tornarem atuais. Esse algo é em si mesmo uma causa suficiente para trazer os outros intelectos da potência ao ato; ele é chamado, com relação aos intelectos passivos que passam à atualidade, intelecto ativo; assim como o intelecto material é chamado com relação a ele de intelecto passivo; ou a imaginação é chamada na mesma relação de um segundo intelecto. O intelecto que está entre esses dois é chamado intelecto adquirido". Cf. F. Rahman, "Avicenna's Psychology", *op. cit.*, p. 69.

tuna para exemplificá-las. Ao comentar os graus do intelecto em Ibn Sīnā, ele afirma: "quanto ao intelecto adquirido, puramente em ato, deve se entender do próprio inteligível, atualizado e infundido pela inteligência agente. Para Ibn Sīnā, ao contrário de Al-Fārābī o intelecto adquirido não é o intelecto humano enquanto potência atualizada, mas é recebido por ele"[58].

Tal afirmação pode ser exemplar para resumir um dos modos como a doutrina do conhecimento em "Avicena" esteve presente na filosofia medieval latina, a partir da tradução de suas obras no século XII d.C., particularmente quanto ao papel da inteligência ativa na aquisição das formas inteligíveis. A tese positiva, na qual o inteligível é infundido no intelecto humano, tornou-se interpretação corrente, tendo a vantagem de resolver a questão da aquisição do inteligível, deslocando-o, com razão, para a esfera da décima inteligência. Nesse processo, a forma inteligível, já em ato numa inteligência separada, seria, assim, comunicada diretamente ao intelecto humano[59]. A discussão a respeito da atividade e da passividade do

---

58. L. Gardet, *La pensée religieuse d'Avicenne*, op. cit., p. 115.
59. Também em *Livre des directives et remarques*, op. cit., pp. 328-333, sustenta-se fortemente a recepção das formas inteligíveis vindas de uma instância inteligente que as detém em ato. Na citada passagem, afirma Ibn Sīnā que o modo pelo qual os sentidos apreendem requer a impressão num órgão corporal e também uma memória sensitiva, seja das formas ou das intenções (faculdade formativa e faculdade que conserva e se lembra) mas que, no caso da apreensão dos inteligíveis, o processo é diverso: primeiro porque as formas inteligíveis não são recebidas por um órgão e, segundo, porque não há memória intelectual mas sim o hábito de se conectar à inteligência ativa quando, então, o inteligível é re-unido à alma. Essa forma inteligível procede de uma instância que a detém em ato e o intelecto humano habitua-se, pois, a estabelecer a conexão com ela. O termo واهب الصور / *wāhib aṣṣuwar* / *dator formarum* / *o doador das formas* não aparece na passagem. Nessa obra, Ibn Sīnā inclina-se mais a afirmar que inteligir não é, em toda sua extensão, como sentir. As apreensões das formas sensíveis e inteligíveis seguem o princípio das duas faces da alma. Por um lado, uma recepção pelos sentidos que se detém nas duas memórias sensoriais (formativa e faculdade que conserva e se lembra) e, por outro, uma recepção que se faz "por cima", isto é, das formas inteligíveis recebidas de uma inteligência que as detém em ato. Esse segundo modo de apreensão não é do mesmo modo da primeira porque, além de não haver memória intelectual – mas sim hábito da conexão – também não o é porque os sentidos externos não possuem busca deliberada aos moldes do intelecto humano. Este, para tal, usa a cogitativa, que é uma faculdade animal. Portanto, no primeiro caso haveria pura passividade e, no segundo, uma combinação da atividade do intelecto pela busca do termo médio e a passividade da recepção final da forma

intelecto humano contaria, desse modo, com ênfase no segundo termo. No entanto, tal solução não se faz sem problemas e tem a desvantagem, previsível, de levantar inúmeras outras questões sobre a natureza dessa operação. Uma delas – talvez a primeira – seria saber qual a natureza disso que se diz presente na inteligência ativa. O que significa afirmar que seriam todas as formas em ato? E isso definido, perguntar-se-ia de que modo, afinal, tais formas seriam infundidas no intelecto humano? Seria possível afirmar algum traço de atividade no intelecto humano na elaboração das formas inteligíveis? O que pode ser dito da alegoria do Sol como exemplo de comparação com a inteligência ativa e do que se trata a iluminação inteligível proposta por Ibn Sīnā? Seria possível haver nisso uma aproximação da inteligência ativa com os princípios do mundo das idéias dos platônicos e em que medida seria correto dizer que essa inteligência é externa ao homem?

No *Kitāb al-Nafs*, na seção quinta do capítulo V – في العقل الفعال في أنفسنا والعقل المنفعل عن أنفسنا / *a respeito da inteligência ativa em nossas almas e da inteligência passiva [que procede] de nossas almas* – Ibn Sīnā analisa o papel da inteligência ativa e seu modo de operação. Sob essa seção, analisamos algumas das questões apontadas acima e, não obstante o tratamento do tema estar presente em outras obras, a leitura de V, 5 colocou alguns obstáculos iniciais para uma admissão irrestrita do processo de infusão. Vejamos algumas de suas principais afirmações, iniciando por sua abertura:

نقول إن النفس الإنسانية قد تكون عاقلة بالقوة، ثم تصير عاقلة بالفعل، وكل ما خرج من القوة إلى الفعل فإنما يخرج بسبب بالفعل يخرجه، فهو هنا سبب هو الذي يخرج نفوسنا في المعقولات من القوة إلى الفعل، وإذ هو السبب في إعطاء الصور العقلية فليس إلا عقلا بالفعل عنده مبادي الصور العقلية مجردة.

Dizemos que a alma humana às vezes é inteligente em potência, depois torna-se inteligente em ato. Ora, tudo o que sai da potência ao ato sai, somente, por uma causa em

inteligível. É inegável que este é um dos pontos polêmicos do sistema e tem lugar justamente nessa passagem das formas particulares imaginativas para as formas inteligíveis.

ato que o tira de lá. Eis aí, pois, uma causa é o que faz nossas almas saírem, quanto aos inteligíveis, da potência ao ato. E sendo a causa em dar as formas inteligíveis, [esta] não é senão uma inteligência em ato na qual estão os princípios das formas inteligíveis abstratas[60].

Dentre as interpretações que tal passagem suscita e tendo em mente que o modo pelo qual as formas estão na inteligência agente determina o modo pelo qual elas são "dadas" ao intelecto humano, destaquem-se, em princípio, duas direções principais: a primeira de que as formas são infundidas no intelecto humano[61] já plenamente acabadas e a segunda – dificultando uma aceitação integral da primeira – tem como conseqüência que parte da atualização das formas seria atribuída a um processo do próprio intelecto. No primeiro caso, admitir-se-ia que o intelecto humano, embora se preparasse para receber o inteligível, seria, no final das contas, como uma pura passividade. Nesse caso, o intelecto receberia as formas inteligíveis em circunstâncias análogas às dos sentidos externos em relação às formas sensíveis. No segundo caso, diferentemente, atribuir-se-ia uma certa atividade ao intelecto na elaboração das formas inteligíveis e, desse modo, a aquisição das formas inteligíveis não seria como a aquisição das formas sensíveis. Inteligir não seria, pois, análogo ao sentir. A abertura da seção, mencionada acima, deixa dúvidas quanto ao processo de aquisição das formas inteligíveis proposto por Ibn Sīnā. O final da passagem suscita, ao menos, duas leituras possíveis. Desde que se faça relevante a distinção entre الصور / *formas* e مبادي الصور / *princípios das*

---

60. Rahman: V,5,234 / Bakós: V,5,167. "Dicemus quod anima humana prius est intelligens in potentia, deinde fit intelligens in effectu. Omne autem quod exit de potentia ad effectum, non exit nisi per causam quae habet illud in effectu et extrahit ad illum. Ergo est hic causa per quam animae nostrae in rebus intelligibilibus exeunt de potentia ad effectum. Sed causa dandi formam intelligibilem non est nisi intelligentia in effectu, penes quam sunt principia formarum intelligibilium abstractarum". Cf. Riet: V,5,126.
61. O modo de pura passividade pela infusão das formas reforça-se pela passagem em *Livre des directives et remarques, op. cit.*, pp. 330 ss.: "Resta, pois, que haja aí uma coisa extrínseca à nossa substância, na qual estão as próprias formas inteligíveis sendo uma substância intelectual em ato tal que, ao se produzir entre nossas almas e ela uma certa conexão, imprimem-se em nossas almas, a partir dela, as formas intelectuais próprias, por esta preparação particular, a julgamentos que lhe são próprios".

formas, podemos ser surpreendidos seguindo por uma, ou por outra direção. Dizer que na inteligência ativa – que é o nosso intelecto agente – estariam os princípios das formas inteligíveis não é o mesmo que dizer que lá estão as próprias formas em ato, já acabadas.

Por exemplo, a sentença السبب في إعطاء الصور العقلية, se compreendida como o fora por Bakós, indica que a inteligência ativa é "a causa pela qual são dadas as formas inteligíveis". E se esse "dar" é compreendido como a infusão da forma plenamente acabada, implicado está, de um lado, a inteligência ativa como um lugar ou uma esfera na qual estariam tais formas e, de outro lado, o intelecto humano como uma pura passividade a recebê-las. Nesse caso, apenas dois elementos seriam suficientes para garantir a aquisição das formas inteligíveis: por um lado, o intelecto em potência e, por outro, a inteligência ativa com as formas em ato. Do puro contato dos dois seria possível explicar a intelecção, por hábito[62], sem o consórcio de nenhuma outra faculdade da alma, e menos ainda da matéria. A conclusão seria surpreendente, pois perguntar-se-ia, então, qual teria sido a validade de todo o estudo anterior empreendido por Ibn Sīnā no *Kitāb al-Nafs*, procedendo minuciosamente a explicações de todas as demais faculdades da alma humana em perfeita harmonia e colaboração, se, ao final, na mais própria de suas atividades, a alma humana prescindisse das demais faculdades?

É bem verdade que Ibn Sīnā admite, ao menos em dois casos, um conhecimento direto e imediato, aparentemente sem a participação dos

---

62. O modo de operação entre o sentir e o inteligir encontra no hábito da conexão uma de suas diferenças. Reforçado, por exemplo, pela passagem em *Livre des directives et remarques, op. cit.*, p. 331: "E quando a alma se distancia dessa substância intelectual [para se voltar] na direção do que lhe é próximo do mundo corporal – ou na direção de uma outra forma – a similitude que havia inicialmente apaga-se, como se o espelho pelo qual a alma fazia face ao lado do sagrado, fosse desviado [para se orientar] na direção dos sentidos ou na direção de alguma outra coisa sagrada. E isso só pertencerá novamente à alma se ela adquirir o hábito da conexão". Baseia-se em passagens semelhantes a posição de Gardet: "Somente os conhecimentos baseados na experiência sensível são conservados na memória e na imaginação; os conhecimentos inteligíveis não são conservados pela alma. Cada vez que a alma os utiliza, eles lhe são infundidos novamente de fora pelo intelecto agente". Cf. Gardet, "Quelques aspects de la pensée avicennienne", *Revue Thomiste*, Paris, 1939, p. 699.

sentidos: a alegoria do homem suspenso no espaço e no grau do intelecto sagrado. Mas deve-se lembrar que o primeiro é uma alegoria de uma alma que ainda está acompanhada de seu corpo. O segundo, como já explicamos, não é o caso de uma alma que estivesse fora do corpo ou, então, que sua faculdade intelectual estaria operando de forma distinta da tríplice divisão do intelecto, mas é um grau cuja apreensão é mais intensa e mais rápida para receber os princípios da inteligência ativa. Logo, nenhum desses casos recusa a importância dos sentidos. No comum e no geral, foi por ele afirmado, como vimos, o aprendizado e a intermediação das faculdades dos sentidos externos e internos para a aquisição das formas inteligíveis. Portanto, esse primeiro caso – em que se considera o intelecto como pura passividade a receber as formas inteligíveis – não se mostra inteiramente conclusivo porque desconsidera os movimentos da alma em seu conjunto e cria dificuldades suplementares para manejar o restante dos movimentos das outras faculdades no processo de aquisição das formas inteligíveis pelo intelecto. A conclusão reforça o hiato que há entre a recepção das formas sensíveis recebidas pelos sentidos externos – concomitante à atividade dos sentidos internos em continuidade a esse processo – e a recepção das formas inteligíveis pelo intelecto. Poder-se-ia argumentar que seria justamente por constatar esse hiato que Ibn Sīnā estaria impedido de fazer o inteligível proceder do sensível e, assim, ele apelaria unicamente à função transcendente da face da alma voltada aos princípios inteligíveis para resolver a questão. Ora, ainda que assim fosse, seria necessário que houvesse uma comunicação do inteligível recebido pelo intelecto com as funções da alma animal, tais como a imaginação, a estimativa e outras, pois o homem não age fora do corpo, mas com o corpo. Para tal, a forma inteligível precisa ser informada às outras faculdades. O meio para isso é o intelecto prático. De muito pouco adiantaria admitir a recepção do sensível e do inteligível por meio de duas esferas distintas, pois não se resolve o problema da continuidade entre sensível e inteligível, antes o transferiríamos para o interior da alma humana. É certo que o homem existe entre dois mundos[63], mas é preciso entender que essa

---

63. Vide atrás I.7.

dualidade, em Ibn Sīnā, nada mais é do que os extremos de uma só e mesma realidade. Por isso, é preciso encontrar os meios pelos quais se passa de um extremo ao outro[64].

É certo que o aspecto passivo da inteligência, como afirma o título da seção, existe porque procede de nossas almas (عن أنفسنا), mas como compreender essa passividade na recepção das formas inteligíveis? Por que não seria possível afirmar não haver traço algum de atividade no intelecto humano na recepção dessa infusão? Não seria a aquisição desses princípios, a recepção – قبول / *qabūl*[65] – melhor compreendida como uma aquiescência em lugar de uma recepção totalmente passiva e que, aliás, a própria raiz قَبِلَ / *qabila* parece melhor indicar? Pois há que distinguir entre recepção e receptividade. Além disso, visto que a característica mais própria da alma é, segundo Ibn Sīnā, sem dúvida alguma, ser uma substância – e uma substância inteligente – que formalizou a matéria e fez do corpo um organismo, tendo para isso utilizado o aspecto prático de seu intelecto (عقل عملي / *intelecto prático*), como seria possível que essa faculdade intelectual não tivesse traço algum de atividade quanto à forma inteligível, sendo, pois, pura recepção? Basta voltarmos ao final da passagem – e ela é claríssima – e lembrarmos que Ibn Sīnā afirma que a inteligência ativa nada mais é do que عقلا بالفعل عنده مبادي الصور العقلية مجردة / *uma inteligência em ato na qual estão os princípios das formas inteligíveis abstratas*.

Nesse caso, se tomada *à la lettre* e insistindo-se na distinção entre الصور ومبادي الصور / *formas e princípios das formas*, a concepção e a colaboração entre as faculdades da alma e do corpo revestem-se de um sentido mais harmonioso que comumente desborda da filosofia de Ibn Sīnā, na medida em que inclui de maneira positiva toda a estrutura anterior ao Capítulo V desenvolvida no *Kitāb al-Nafs*, ou seja, que os dados recebidos pelos sentidos externos, fixados e interiorizados nas cavidades do cérebro pelos sentidos internos, seriam apresentados como imagens ao intelecto, e mesmo que o inteligível fosse "iluminado" pelos princípios

---

64. Vide adiante II.5.
65. Goichon, *Lexique*, 554, p. 295.

da inteligibilidade presentes na inteligência ativa, eles não precisariam ser necessariamente "infundidos" plenamente, mas de uma outra maneira, poderiam atualizar-se no intelecto humano com um traço de atividade deste. Afinal, isso não estaria mais próximo do que Verbeke tão bem chamou de "processo de desmaterialização"?[66]

Na primeira interpretação, admitindo-se que, após todo o processo de apreensão dos sentidos, as formas são "dadas" já acabadas pela inteligência ativa às nossas almas, cria-se um grande vácuo para que o sistema seja entendido como um conjunto harmônico, tornando-se difícil conduzi-lo com eficácia. Por outro lado, a solução também não está inteiramente na segunda via, pois não parece ser possível admitir que o intelecto é a primaz instância da atualização das formas inteligíveis antes que elas já não o fossem numa inteligência separada que, detendo os princípios dessas formas, as pensasse todas "num só golpe", isto é, simultaneamente. Admitir a formação do inteligível exclusivamente no intelecto humano seria admitir

---

66. Verbeke, "Introd. I-III", *op. cit.*, p. 49 e "Introd. IV-V", pp. 65-73. Também Guerrero, assim como boa parte de outros analistas, entende e se apóia na sequência dos graus de abstração propostos por Ibn Sīnā para esclarecer, em parte, o processo de intelecção. A chave para entender esse processo é a abstração que se produz em todos os seus níveis. "Considerada antes dessa iluminação, nossa alma possui apenas um intelecto em potência e uma memória na qual se conservam as imagens transmitidas ao sentido comum pelos sentidos internos. Mas tais imagens, produzidas pelas coisas particulares sensíveis, conservam na imaginação a marca, o selo da materialidade. O que a inteligência agente faz é desnudar as formas sensíveis da matéria e de todos os caracteres que dependem dela, para imprimi-las no intelecto possível". Cf. R. R. Guerrero, *Avicena*, *op. cit.*, pp. 45 ss. Em linhas gerais, entende-se que o processo inicia-se pela apreensão sensível das impressões das qualidades das coisas pelos órgãos dos sentidos externos, o que só se realiza com a presença efetiva da coisa, passando, em seguida, à manutenção pelos sentidos internos – sentido comum e imaginação – das formas recebidas pelos sentidos externos sem mais a presença da coisa. Por outra via, efetiva-se a apreensão pela estimativa que, mesmo necessitando do particular, apreende a intenção da coisa e não sua forma e, por último, a apreensão dos inteligíveis a partir do que os sentidos internos apresentam ao intelecto. A intelecção resultaria, assim, do material apreendido pelos sentidos, externos e internos, com a intervenção da inteligência ativa, que destituiria totalmente as formas inteligíveis dos vínculos materiais que as particularizam. Apesar da boa explicação de Guerrero, que ao final grifa que tal "abstração não é como a aristotélica na qual o intelecto humano basta-se para abstrair as formas" (cf. *idem*, p. 46), não se contemplam, ainda, as dificuldades dos movimentos da cogitativa quando empregada pelo intelecto na passagem do particular ao universal, o que poderia caracterizar certa atividade do intelecto.

que, no tempo e na ordem da existência, o intelecto seria a instância das formas em ato e não mais a inteligência ativa. Isto não condiz com o papel da inteligência ativa afirmado como a causa da passagem da potência ao ato do nosso intelecto, e mesmo com o conjunto do processo como afirma Ibn Sīnā alhures. Entender, pois, a infusão absoluta, por um lado, e a autonomia do intelecto, por outro, cria um paradoxo a ser resolvido.

Um dos meios pelos quais podemos nos certificar de que modo é possível que estejam aliadas as funções das faculdades corpóreas da alma humana com a faculdade intelectual é seguir pela abertura de V,5 em busca de mais indicações a esse respeito. O motivo que faz emergir a necessidade de harmonia entre essas duas instâncias provém de todo o desenvolvimento do *Kitāb al-Nafs* pelo mesmo viés da insistência de Ibn Sīnā em procurar harmonizar o binômio corpo-alma em toda sua extensão. Os dois modos de entender a intelecção, como apontáramos acima, podem ser tomados como um dos pontos de tensão mais evidentes de seu sistema, ao menos porque o ponto de chegada de todas as formas sensíveis adquiridas pelos sentidos externos e internos em conjunto é a instância em que essas mesmas formas encontram-se estabilizadas na imaginação e na faculdade que conserva e se lembra, o que significa, por sua vez, que os movimentos empregados pela mais alta instância das faculdades animais da alma humana são os realizados pela estimativa ao combinar todos os elementos que estão nos referidos depósitos e promover julgamentos a respeito dessas formas. Esse, pois, é o limite das forças das faculdades animais no homem estabelecendo o limite da percepção particular proveniente dos sentidos. Diametralmente oposto, o outro ponto de chegada que o sistema de Ibn Sīnā propõe – a aquisição do inteligível – poderia naturalmente provir do desenvolvimento que fora dado a todas as demais faculdades. Afinal, tal desenvolvimento caracterizou ao longo de toda a obra um esforço sistemático em proceder a um *continuum* mantenedor da unidade, paralelamente à afirmação de que o binômio corpo-alma funcionaria como um sistema de duas substâncias em colaboração. No entanto, há uma ruptura no processo, pois as formas agora em questão não mais parecem ser uma continuidade do processo, mas uma súbita intervenção em todo o funcionamento do que fora até então preconizado.

A hipótese de que a afirmação de duas substâncias em viva colaboração é incompatível com a tentativa de explicar tal convivência por um *continuum* de movimentos não estaria descartada a não ser pelo fato de que aproximar essas duas realidades é um dos fins que o *Kitāb al-Nafs* persegue. Portanto, ao leitor atento de Ibn Sīnā é quase inadmissível que possa haver uma interrupção brusca no processo do *continuum*. Tal interrupção, por hipótese, talvez seja um elemento externo à sua doutrina do conhecimento, provocado por desvios habituais de interpretação que não estariam de acordo com os veios próprios de Ibn Sīnā. Desse modo, sigamos, pois, com a abertura de V,5 para verificarmos nossas hipóteses.

II.5. A metáfora do Sol

A seqüência da passagem – que pode ser considerada como a segunda parte da abertura de V,5 – faz uma sucinta e paradigmática comparação entre o modo de operar da inteligência ativa em relação ao intelecto humano e o modo de operar da luz do Sol em relação à nossa visão. O que aqui chamamos de "a metáfora do Sol" recoloca, assim, as questões que levantamos na seção anterior numa nova perspectiva. Antes de analisarmos o citado exemplo, digamos que é difícil não aceitar que, à primeira vista, Ibn Sīnā o repita como se estivesse simplesmente ecoando imagens solares e da luz amplamente utilizadas na tradição filosófica[67]. Remontar

---

67. Comparações em relação ao Sol são encontradas em inúmeros filósofos e não é nossa intenção inventariá-las. Já nos exórdios da filosofia, a imagem da luz e do Sol é copiosa para indicar o ser absoluto, o bem, a verdade ou o belo como um dos pólos – cujo outro extremo é a escuridão – da dualidade sobre a qual emergiria a unidade suprema. No pensamento antigo, Parmênides – antecedendo as imagens mais conhecidas usadas por Platão tal como se encontram na alegoria da caverna e em outras passagens da *República* relacionando-as com o a idéia do Bem – já alude à luz no fragmento 9: "Mas, como tudo recebeu o nome de luz e de noite, e às coisas lhes foi dado este ou aquele, segundo os seus poderes, tudo está, a um tempo, repleto de luz e de noite sombria, ambas iguais, visto nenhuma delas ter qualquer quinhão de nada". Cf. VVAA, *Os Filósofos Pré-socráticos*, ed. bilíngüe, Lisboa, Fundação Calouste Gulbenkian, 1994, pp. 266 ss. Paradigmática também é a passagem da *Carta VII* de Platão: "depois de muito trabalho e de tempo, só quando esfregarmos uns com os outros, nomes, definições, percepções da vista e impressões dos sentidos, quando se discutir sem que a inveja dite nem perguntas e nem respostas é que, sobre o que se estuda, incide a faísca do entendimento e da inteligência com toda a

aos inúmeros casos em que a comparação entre o Sol e o entendimento fez-se presente ao longo da história não é o nosso objetivo mas, antes, verificar que o exemplo é oportuno enquanto lança a pergunta a respeito da similitude ou dessemelhança entre sentir e inteligir num novo cenário. Façamos algumas outras considerações – ainda preliminares – a esse respeito, mas não sem antes reproduzirmos a passagem mencionada:

ونسبته إلى نفوسنا نسبة الشمس إلى أبصارنا، فكما أن الشمس تبصر بذاتها بالفعل وتبصر بنورها بالفعل ما ليس مبصرا بالفعل كذلك حال هذا عند نفسونا.

[...] e sua relação com nossas almas é como a relação do Sol com nossa visão, pois, do mesmo modo como o Sol é visto por si mesmo em ato e, por sua claridade em ato, é visto algo que não está visível em ato, assim é o caso dessa inteligência em nossas almas[68].

intensidade que podem suportar as forças humanas". Platão, *Cartas*, Lisboa, Estampa, 1989, p. 77. O próprio Aristóteles faz referência ao Sol e à luz em seu *De anima*, no capítulo dedicado ao intelecto, e Al-Fārābī retoma imagens semelhantes. Oportunamente, retomaremos as comparações das possíveis fontes de Ibn Sīnā. Como uma mínima referência de inventário, cf. Martino Eutimio, *El alma y la comparación*, Bibl. Hispánica, 1975, pp. 85 a 93, em que considera a comparação entabulada por Aristóteles em seu *De anima* meramente de caráter genérico e mesmo enigmática, na medida em que trata a ambigüidade entre sentir e pensar, só podendo ser tomada em relação direta desde que fosse possível estabelecer as relações reais entre sentir e pensar. Caso semelhante parece valer para Ibn Sīnā. Ainda há inúmeras outras passagens em que Aristóteles compara o entendimento com o olho da alma tais como em *Ética* (1096 b 28-30) e *Retórica* – "Deus acendeu na alma a luz da razão porque ambas fazem ver" (1411 b 12-13.)

68. Rahman: V,5,234 / Bakós: V,5,167. "Cuius comparatio ad nostras animas est sicut comparatio solis ad visus nostros, quia sicut sol videtur per se in effectu, et videtur luce ipsius in effectu quod non videbatur in effectu, sic est dispositio huius intelligentiae quantum ad nostras animas". Cf. Riet: V,5,127. A mesma comparação encontra-se em *Al-Najāt*, Capítulo XVI: "Esse intelecto ativo relaciona-se com nossas almas que são intelectos potenciais e com os inteligíveis que são inteligíveis potenciais, do mesmo modo que o Sol se relaciona com nossos olhos, que são percebedores potenciais, e com as cores, que são perceptíveis potenciais. Assim, quando a influência do Sol (isto é, o raio) alcança os objetos potenciais da visão, eles tornam-se perceptíveis atuais e o olho se torna um percebedor atual. De modo similar, alguma força emana desse intelecto ativo e dá continuidade aos objetos da imaginação que são inteligíveis potenciais, e faz deles inteligíveis atuais e o intelecto possível, um intelecto atual*. E assim como o Sol é por si mesmo um objeto da visão e causa o objeto potencial da visão para tornar-se um atual, de modo similar essa substância é, em si, inteligível e causa outros inteligíveis em potência para tornarem-se inteligíveis em ato. Mas o que é em si mesmo inteligível é em si mesmo um intelecto, o

Há, em princípio, dois modos pelos quais se pode proceder à análise dessa comparação. O primeiro deles é entender que Ibn Sīnā simplesmente repete a metáfora[69], dando sequência à tradição da qual é tributário. Nesse caso, ela não pode ser tomada como um paradigma real da física – propriamente dita – como fundamento da ciência da alma. Se assim for demonstrado, então a imagem solar não possui outro crédito além do caráter ilustrativo da comparação, não tendo nenhum rigor quanto à analogia entre sentir e inteligir. Mas, ao contrário, se tal colocação no início da seção for considerada estratégica e significativa em termos de real paradigma para o caso do entendimento humano, então Ibn Sīnā estaria utilizando o mecanismo de apreensão da faculdade da visão como base de sua teoria da apreensão do inteligível. Para confirmar essa hipótese é preciso recuperar a teoria da visão no *Kitāb al-Nafs*.

Antes disso, porém, sublinhemos que não seria despropositado inclinar-se a interpretar a "metáfora do Sol" como real paradigma da física

---

que é inteligível é a forma abstrata da matéria, e especialmente quando está em si mesmo abstrato e não por meio de qualquer outro agente. Essa substância, então, deve ser eternamente inteligível em si mesma tanto quanto inteligente em si mesma". [* *note-se que aqui também se diz que a luz brilha sobre os particulares da imaginação*], *Al-Najāt*, trad. Rahman, *op. cit.*, p. 69.

69. Uma fonte importante é a própria passagem do *De anima* de Aristóteles, que aplica comparação semelhante na sessão referente ao intelecto: "[...] e tal intelecto é o que, de um lado, se torna todas as coisas e, de outro lado, o que produz todas as coisas, assim como uma certa disposição [produz seus objetos], a saber: a luz, pois, em certo sentido, a luz também torna as cores em potência cores em ato. E este intelecto é separado, sem mistura e impassível, sendo por essência uma atividade" (*Razão e Sensação em Aristóteles*, trad. M. Zingano, em São Paulo, L&PM, 1998; cf. também Aristote, *De l'âme, op. cit.*, F. Nuyens, *L'Evolution de la psychologie d'Aristote*, Lowain, Institut Supérieces de Philosophie, 1973, pp. 305-309). No entanto, a fonte mais próxima na qual Ibn Sīnā deve ter se baseado é Al-Fārābī. Em sua رسالة في العقل Risālat Fi'l-'Aql / *Epístola sobre o intelecto*, ao tratar da inteligência agente e afirmando similaridades entre o modo de operar do órgão da visão, da luz e das cores, a fonte é clara: " وكما ان الشمس هي التي تجعل العين بصرا بالفعل والمبصرات مبصرات بالفعل بما تعطيه من الضياء كذلك العقل الفعال هو الذي جعل العقل الذي بالقوة عقلا بالفعل بما اعطاه من ذلك المبدا وبذلك بعينه صارت المعقولات معقولات بالفعل / [...] " *e assim como o Sol é aquele que faz com que o olho seja visão em ato e os visíveis, visíveis em ato por meio da luz que os toca, do mesmo modo a inteligência ativa é aquela que faz com que o intelecto que está em potência [seja] intelecto em ato por meio disso que lhe toca desse princípio e, por isso, os inteligíveis em potência tornam-se inteligíveis em ato*. Cf. رسالة في العقل الفارابي ed. do texto árabe por Maurice Bouyges, Beirouth, Dar el-Machreq Sarl, 1986, p. 27.

propriamente dita na ciência da alma. Vale lembrar que, no próprio *Kitāb al-Nafs*, Ibn Sīnā se ocupou de introduzir o estudo da alma no Capítulo I, de analisar os sentidos externos no Capítulo II, os sentidos internos no Capítulo IV e o intelecto no Capítulo V. Note-se que o Capítulo III é inteiramente dedicado ao estudo da visão e da luz, ocupando um quinto da obra, sendo mesmo mais extenso que o capítulo sobre o intelecto[70]. Ora, se o próprio Ibn Sīnā evidenciou com tal ênfase a análise da luz e da visão, o mínimo que se pode dizer é que a comparação entre a visão e a intelecção, entre o Sol e a inteligência ativa e entre os visíveis e os inteligíveis talvez não fosse um mero acaso no *Kitāb al-Nafs*, mas que tal comparação viria, sim, sustentada por uma teoria bem desenvolvida a esse respeito, indicando, por sua vez, que tal passagem forneceria mais credibilidade do que uma simples imagem solar, solitária e ilustrativa.

Se nos guiarmos pelas principais afirmações de Ibn Sīnā ao longo do Capítulo III, vejamos de que modo pode ser compreendida tal comparação. O principal fundamento repousa na afirmação de que a luz do Sol ilumina as coisas e atualiza as cores que estão em potência nas coisas. Essas formas sensíveis coloridas são apreendidas pelo órgão da visão. A partir dessa primeira apreensão, uma imagem colorida é formada nos dois

---

70. Erroneamente poder-se-ia pensar que Ibn Sīnā deriva a comparação para o estilo metafórico e poético que por vezes o tocou em outras obras. No *Kitāb al-Nafs* isto está absolutamente descartado. O aspecto que traduziria em linguagem atual "o caráter científico" da obra impede que se trate aqui de uma comparação aos moldes dos escritos de outro perfil. Tal aspecto, que não está presente na citada passagem da metáfora do Sol em V,5, pode encontrar maior expressão, por exemplo, nesta passagem do *Livre des directives et remarques* em que a alma racional é explicada sob a alegoria da lâmpada (emprestando o sentido a um verso do *Alcorão*, cf. Goichon, n. 6, p. 324): "[...] dentre as faculdades da alma há também aquela que ela possui na medida em que tem necessidade de dar acabamento à sua substância [tornando-a] inteligência em ato. A primeira é uma faculdade que a prepara para se voltar na direção dos inteligíveis, alguns a chamam inteligência material e ela é o nicho [...] depois lhe vem em ato uma faculdade e uma perfeição. A perfeição consiste nisto que os inteligíveis lhe são dados em ato, numa intuição que os representa no espírito e [é luz sobre luz] [...] كتاب الإشارات والتنبيهات / *Livre des directives et remarques*, op. cit., cf. pp. 324-326. Anote-se também que, em nenhum outro lugar, no *Kitāb al-Nafs*, Ibn Sīnā discorre sobre o que poder-se-ia dizer de uma metafísica da luz mas sempre e propriamente sobre a física da luz.

humores cristalinos, tornando-se, em seguida, uma imagem única por trás dos olhos. A partir desse ponto, a imagem única é carregada por um pneuma até chegar ao sentido comum, sendo fixada, finalmente, na faculdade formativa, isto é, na imaginação. Com base nisso, afirmar que a luz do Sol atualiza as cores que estão em potência nas coisas não é afirmar que o Sol "infunde" na faculdade visual uma certa cor que estivesse em ato nele próprio. Se, de um lado, fosse possível admitir que os princípios das cores estariam em ato na claridade que a luz solar proporciona, por outro lado, a evidência de uma cor determinada e já acabada far-se-ia, ainda assim, na faculdade apropriada que apreende a imagem dessa coisa colorida. Segundo essa tese, a luz do Sol atualiza uma cor determinada, de acordo com as propriedades da mistura dos elementos daquela coisa particular. Ora, se o que se apreende pela visão são as cores, logo, sem luz não pode haver visão em ato, pois, do contrário, as cores não se evidenciariam nas coisas. Não é o caso de afirmar que sem luz não haveria as coisas mas que, sem ela, não haveria nada a ser apreendido pelo órgão da visão. Se a luz do Sol é uma claridade que evidencia as cores particulares em potência nas coisas, estas são, em última instância, os elementos visíveis, que, por sua vez, são fruto de uma determinada mistura dos elementos da natureza. Assim entendida, a luz do Sol não evidencia uma cor qualquer mas a cor determinada pela própria mistura dos elementos de acordo com a natureza da mistura. Temos, assim, duas direções: na primeira, o princípio que atualiza as cores potenciais de determinada coisa e, na segunda, a coisa que em sua determinação própria possui uma cor potencialmente a ser atualizada. A faculdade da visão, receptiva, apreende o resultado desse processo e, então, se completa a sensação visual.

Se tomada à *la lettre*, a tese da infusão se enfraquece nesse ponto, pois o exemplo do Sol, da luz e da visão – sob o fundamento do Capítulo III – inclina-se à afirmação de que a forma inteligível só poderia ser atualizada no intelecto humano, como resultado e conseqüência da manifestação das formas inteligíveis potenciais nas formas imaginativas estabelecidas na faculdade formativa. A inteligência ativa forneceria, nesse caso, meramente uma claridade sobre os elementos da imaginação e não as próprias formas em ato. Se assim for, o paradigma usado como fundamento da comparação entre sentir e inteligir estabeleceria o seguinte: assim como a luz do Sol ilumina os corpos e ressalta as cores em potência que eles possuem e que são apreendidas pela visão por meio do olho, do mesmo modo a inteligência ativa, com sua luz, iluminaria os inteligíveis em potência nas coisas particulares que nosso intelecto apreende. Ora, afirmar que a inteligência ativa "ilumina" não seria afirmar que ela "infunde" a forma inteligível no intelecto humano, mas, com mais propriedade, que ela intervém no processo de atualização, iluminando-o. Mantido o paradigma da física propriamente dita como proposto por Ibn Sīnā em relação ao intelecto, na substituição linear dos termos – Sol por inteligência ativa; luz do Sol por luz do entendimento; coisas visíveis por coisas inteligíveis; formas coloridas por formas inteligíveis – bem acomodar-se-iam os demais elementos da apreensão provenientes das demais faculdades da alma, sem exclusão. O exemplo e a comparação dos termos, vale lembrar, são dados pelo próprio Ibn Sīnā:

فإن القوة العقلية إذا اطلعت على الجزئيات التي في الخيال وأشرق عليه نور العقل الفعال فينا الذي ذكرناه استحالت مجردة عن المادة وعلائقها وانطبعت في النفس الناطقة

Desse modo, se a faculdade intelectual vê os particulares que estão na imaginação e brilha sobre eles a claridade da inteligência ativa em nós, como mencionamos, eles se tornam abstraídos da matéria e das suas aderências e se imprimem na alma racional [...][71].

A passagem permite que se entenda que o intelecto opera ativamente[72] sobre as formas impressas na faculdade formativa – que, lembremos, é o sentido interno contíguo ao sentido comum responsável por estabilizar as

---

71. Rahman: V,5,235 / Bakós: V,5,234. "Virtus enim rationalis cum considerat singula quae sunt in imaginatione et illuminatur luce intelligentiae agentis in nos quam praediximus, fiunt nuda a materia et ab eius appendiciis et imprimuntur in anima rationali [...]". Cf. Riet: V,5,127. A tradução latina equivoca-se ao usar "racional" onde o texto árabe usa "intelectual". Van Riet, em nota à passagem, frisa, com razão, que o texto árabe é ambíguo quanto a saber se a iluminação é sobre a faculdade intelectual ou sobre os particulares que estão na imaginação. Veja nossa tradução e notas no anexo, particularmente, nota 11.

72. Nessa mesma direção seria possível dizer que فإذا عرض الحس على الخيال والخيال على العقل صورة ما أخذ العقل منها معنى / *assim, se o sentido apresenta uma forma qualquer à imagina-*

formas das coisas sensíveis quando estas não estão mais presentes diante dos sentidos externos – e não que a forma inteligível é infundida pela inteligência agente no intelecto humano. Esta forneceria uma certa luz que intervém, de algum modo, no processo. O trecho em questão é passível de interpretação e não deixa claro sobre qual elemento ou elementos tal luz incide. Em princípio, pode ser entendido como um brilho sobre a faculdade intelectual, sobre as formas particulares na imaginação ou mesmo sobre a imaginação como um todo[73]. Admitido que a luz incidisse sobre as formas imaginativas, tais elementos particulares da imaginação seriam, nesse caso, como as coisas do mundo da natureza sobre as quais incide a luz do Sol. Sobre essas primeiras recepções ainda não identificadas pela intelecção, brilharia a luz da inteligência ativa. Nesse processo, a natureza de cada uma das coisas inteligíveis evidenciaria a sua forma inteligível com a proximidade da luz da inteligibilidade da inteligência ativa. Não seria, pois, qualquer forma que se evidenciaria mas a forma própria daquela coisa determinada. Os inteligíveis seriam tomados em potência nas coisas e evidenciados a partir das formas particulares estabilizadas na imaginação. Isso que é particular e determinado na natureza possui matéria e forma, na imaginação possui forma particularizada e no intelecto, forma universal. Assim, passaríamos, por exemplo, dos triângulos particulares à forma universal da triangularidade sem que fosse

ção e a imaginação [apresenta] ao intelecto; o intelecto apreende dela [da forma] uma intenção. Rahman: V,5,236 / Bakós: V,5,168. "Cum autem aliquam formam repraesentat sensus imaginationi et imaginatio intellectui, et intellectus excipit ex illa intentionem [...]". Cf. Riet: V,5,129. Ou ainda que تفسير المعاني التي لا تختلف تلك بها معنى واحد في ذات العقل بالقياس إلى التشابه (...). فتكون للعقل قدرة على تكثير الواحد من المعاني وعلى توحيد الكثير.
/ Assim, as intenções que não se diferenciam, naquelas [formas imaginativas] tornam-se uma intenção única na essência do intelecto. [...] pois o intelecto tem o poder, quanto às intenções, de multiplicar a unidade e de unificar o múltiplo. Rahman: V,5,236 / Bakós: V,5,168. "Sed intentiones quibus non differunt ipsae formae fiunt una intentio in essentia intellectus comparatione similitudinis. [...] Ergo intellectus habet potestatem multiplicandi de intentionibus quae sunt una, et adunandi quae sunt multae". Cf. Riet: V,5,129.
73. Uma das razões dessa múltipla interpretação deve-se ao modo de construção do plural na língua árabe que, nessa passagem, pode levar a essa conseqüência. Cf. nosso anexo V,5. Aliás, esse texto é importante no entendimento que os medievais latinos tiveram da doutrina de "Avicena".

necessária a infusão da forma inteligível, mas a ela chegar-se-ia pelo modo contínuo das operações da alma humana, ainda que houvesse uma certa intervenção de caráter iluminativo da inteligência ativa.

A questão, porém, não está finalizada. A seqüência da passagem, surpreendentemente, inclina-se à posição inversa, retirando o movimento próprio das formas imaginativas e do intelecto como causa da atualização da forma inteligível. Diz nosso filósofo: لا على أنها أنفسها تنتقل من التخييل إلى العقل منا / *não como se eles próprios [os particulares] passassem da imaginação para o nosso intelcto*[74]. A afirmação é definitiva para descartar que o movimento das formas imaginativas fosse capaz de produzir por si só as formas inteligíveis. Mesmo que a atividade do intelecto tenha como limite o emprego da faculdade cogitativa para comparar as formas presentes na imaginação e na faculdade que se lembra, indica-se que o final do processo de abstração não pode ser conseguido apenas por esse mecanismo das faculdades animais[75]. O final da passagem confirma isso e alça ao intelecto e à inteligência ativa tal função. Mas, ainda aqui, não se encontra uma afirmação explícita de que, nesse processo, ocorreria uma infusão da forma inteligível.

(...) بل على معنى أن مطالعتها تعد النفس لأن يفيض عليها المجرد من العقل الفعال .

[...] mas no sentido de que sua consideração [do intelecto] predispõe a alma para que flua sobre ela [o caráter] abstrato da inteligência ativa[76].

Não parece haver dúvida de que a preparação ali referida não é outra senão o movimento da faculdade cogitativa – instrumentalizada pelo intelecto – combinando as formas imaginativas ou, em outras palavras, o

---

74. Rahman: V,5,235 / Bakós: V,5,234 "[...] non quasi ipsa mutentur de imaginatione ad intellectum nostrum [...]". Cf. Riet: V,5,127.
75. Talvez parecesse natural que isso não pudesse ser admitido por Ibn Sīnā, pois uma das coisas que diferenciam a faculdade animal da racional é justamente a aquisição das formas inteligíveis, mas o cuidado em distinguir a mesma faculdade animal em imaginativa e cogitativa, no Capítulo IV, indica que a proximidade do intelecto a transforma se comparada ao animal.
76. Rahman: V,5,234 / Bakós: V,5,234. "[...] sed quia ex consideratione eorum aptatur anima ut emanet in eam ab intelligentia agente abstractio". Cf. Riet: V,5,127. Veja nossa tradução, no anexo, nota 12.

próprio intelecto em busca do termo médio e do traço comum nas formas imaginativas, empregando a cogitativa para tal. Esse movimento predispõe a alma, e afirma Ibn Sīnā que a partir disso algo flui da inteligência ativa. A passagem não traz explícito o termo صورة / *forma* mas simplesmente o adjetivo المجرد / *abstrato*. Apesar da tendência sugestiva de traduzir-se por "forma abstrata", a possibilidade de tratar-se do "caráter abstrato" cria uma dificuldade suplementar. Vemo-nos diante das duas mesmas leituras que buscamos determinar e, igualmente à passagem anterior, também esta, em seu final, sugere duas maneiras distintas de interpretação: ou emana da inteligência ativa o caráter abstrato, como uma luz difusa a iluminar as formas imaginativas; ou se trata do fluir da própria forma abstrata. No primeiro caso, inclinamo-nos a entender que haveria uma certa autonomia do intelecto na formação dos inteligíveis e, no segundo, praticamente admite-se a infusão.

Para ajustar-se à primeira via, as formas imaginativas deveriam ser tomadas como as coisas do mundo da natureza sobre as quais incide a luz do Sol, sendo que, sobre essas formas ainda não identificadas pela intelecção, brilharia a luz da inteligência ativa. Nesse processo, a natureza de cada uma das coisas inteligíveis evidenciaria sua forma inteligível própria por causa do caráter abstrato – المجرد / *abstrato* e isto seria sua "luz" – dessa inteligência em atividade permanente, o que significa portar os princípios da inteligibilidade. Assim, conecta-se definitivamente o homem com a natureza sensível e com a natureza inteligível. Por um lado, a luz do Sol iluminando as coisas, o próprio meio diáfano e o órgão da visão simultaneamente e, por outro lado, a luz da inteligência ativa iluminando as formas particulares, a imaginação e o próprio intelecto ao mesmo tempo. Apesar de sugestivo, pergunta-se até que ponto isso que se pode extrair dessa passagem estaria de acordo com Ibn Sīnā alhures? Essa é uma questão que continuamos a discutir. Em outra passagem na mesma seção, insiste Ibn Sīnā na analogia da luz, mas não o suficiente para resolver nossa questão. Vejamos:

فالخيالات التي هي معقولات بالقوة تصير معقولات بالفعل لا أنفسها بل ما يلتقط عنها، بل كما أن الأثر المتأدي بواسطة الضوء من الصور المحسوسة ليس هو نفس تلك الصور بل شيء آخر مناسب لها يتولد بتوسط الضوء في القابل المقابل كذلك النفس الناطقة إذا طالعت تلك الصور الخيالية واتصل بها نور العقل الفعال ضربا من الاتصال استعدت لأن تحدث فيها من ضوء العقل الفعال مجردات تلك الصور عن الشوائب.

[...] assim, as [formas] imaginativas que são inteligíveis em potência tornam-se inteligíveis em ato não por si próprias – ao contrário, pelo que se capta a partir delas – e, assim como as impressões das formas sensíveis vindas por meio da luz não são elas próprias essas formas, mas algo distinto correspondente a elas que se produz por meio da luz frente a frente, do mesmo modo a alma racional, na medida em que vê essas formas imaginativas e conecta-se nela a claridade da inteligência ativa, impõe-se da conexão uma aptidão para que advenha nela [alma racional] da luz da inteligência ativa os [caracteres] abstratos dessas formas separadas das misturas[77].

Também aqui, a analogia permite oscilar numa ou noutra direção. Em qualquer caso, porém, estamos distantes de atribuir à inteligência ativa um lugar determinado onde estariam à disposição todas as formas, aos moldes do mundo das idéias dos platônicos, adquiridas por um modo memorativo ou algo semelhante. É possível entender que todas essas formas encontrar-se-iam nela como uma claridade e princípio de atualidade – do mesmo modo que a luz do Sol é uma claridade como princípio de atualização das cores particulares. Lembremos que toda e qualquer forma inteligível produzida no mundo sublunar e apreendida pelo intelecto humano deriva da combinação da matéria e da forma. Ora, os três elementos – assim como todos os outros do mundo sublunar – são emanados da esfera da inteligência ativa e, portanto, devem necessariamente retornar à apreen-

---

77. Rahman: V,5,235s / Bakós: V,5,167. "Imaginabilia vero sunt intellligibilia in potentia et fiunt intelligibilia in effectu, non ipsa eadem sed quae excipiuntur ex illis; imno sicut operatio quae apparet ex formis sensibilibus, mediante luce, non est ipsae formae sed aliud quod habet comparationem ad illas, quod fit mediante luce in receptibili recte opposito, sic anima rationalis cum coniungitur formis aliquo modo coniunctionis, aptatur ut contingant in ea ex luce intelligentiae agentis ipsae formae nudae ab omni permixtione". Cf. Riet: V,5,128. Não vemos razão suficiente para acompanharmos a tradução do termo الخيالات por *fantasmas* e, nesse ponto, discordamos de Goichon, *Léxique, op. cit.*, p. 118.

são pela intelecção humana por meio da inexorável e constante presença da luz do entendimento dessa própria inteligência ativa, nosso intelecto agente. Nesse sentido, a luz da inteligência ativa, como princípio da inteligibilidade, poderia evidenciar a forma inteligível de acordo com a natureza da coisa inteligível determinada. Aceita essa hipótese de leitura, explicar-se-ia a aquisição das formas inteligíveis por meio de três elementos: intelecto, forma imaginativa e inteligência ativa. O primeiro trazendo a possibilidade de conhecer; a segunda, a particularidade de uma forma e a terceira, o princípio formador de todas as formas possíveis. Assim como o Sol é luz, iluminado e iluminante, a inteligência ativa seria inteligência, inteligida e inteligente.

De todo modo, entre as duas leituras propostas, os obstáculos mantêm-se. O reforço feito por Ibn Sīnā, de que é sobre os dados da imaginação que o intelecto apreende, cria dificuldades para se aceitar a tese da infusão das formas sem restrições. Por outro lado, para considerar que o intelecto, por si só, teria a atividade de conceber a forma inteligível a partir das formas estabilizadas na imaginação seria preciso perguntar-se, então, qual seria a necessidade da conexão com a forma presente na inteligência ativa conforme fora afirmado no início da seção? A interpretação do movimento do intelecto meramente como um modo de preparação para a recepção do princípio da inteligibilidade proveniente da inteligência ativa ainda carece de maior detalhamento para resolver a questão. É preciso saber no que consiste tal preparação e, ainda, se haveria algum outro paradigma usado por Ibn Sīnā para o movimento das formas imaginativas.

A partir dessas considerações, as questões colocadas indicam por quais vias devemos seguir nossa investigação. Se é certo que a intelecção é um processo que requer o consórcio do intelecto humano com a inteligência ativa, esse caráter indica não só causa e dependência mas também um modo de continuidade. A continuidade, aliás, é algo já presente na constituição do mundo sublunar em vistas da inteligência ativa. Aquele emana desta. Seguindo Al-Fārābī, Ibn Sīnā também afirmou em sua *Metafísica*[78]

---

78. Cf. *La métaphysique du Shifa*, op. cit., Livre IX, pp. 111-189.

que a matéria é por ela emanada numa processão iniciada pelo primeiro existente. A forma assinalada pela matéria também é causada pela inteligência ativa e todas as formas existentes no mundo sublunar são desdobramentos provenientes da sua luz. Ora, sendo a intelecção um processo de distinção e unificação a partir dos elementos do mundo sublunar, comuns e incomuns, essenciais e acidentais de cada ente concreto, esta deve se realizar como um retorno por meio dos princípios das formas que existem na inteligência agente. Se é de lá que tudo emana, o movimento de intelecção pelo homem exige sua intervenção. Na medida em que o mundo sublunar deriva da esfera da Lua, é forçoso que o entendimento de seus elementos mantenha-se firmemente atrelado à sua origem. O processo, portanto, envolveria e manteria unidos os três elementos: a origem da matéria, da forma e da intelecção. Os três formariam um amálgama inseparável e o universo do entendimento seria, assim, fechado em si mesmo. Nessa medida, afirmar que o "intelecto agente" estaria fora da alma humana, transcendente ou externo e separado são coisas a serem examinadas acuradamente. Dizer que o "intelecto agente" é uma inteligência separada vale no sentido de ser entendido como separada absolutamente da matéria mas não da alma humana, pois o termo "externo" em Ibn Sīnā é equívoco. No retorno da alma humana, que é por meio do conhecimento, como não seria a inteligência ativa, comum intelecto agente, ela mesma a mais íntima e mesmo essencial? O máximo que se poderia conceder, nesse caso, é que ela fosse uma só para todos os homens[79]. Se disséssemos que ela seria nossa ligação interior com o universo, talvez, ainda assim, não estivéssemos totalmente corretos. Afinal, cada alma, substância inteligente, que teve um começo no tempo acompanhada de seu corpo, que jamais cessa de inteligir e que é nossa garantia de consciência individual permanente, talvez nos lembrasse que não é de todo exato dizer que a inteligência ativa seria nossa ligação com o universo porque também nós somos, ainda, universo.

79. O tema é rico também na tradição medieval latina. O debate a respeito do intelecto agente depois de Ibn Sīnā encontra na oposição de Tomás de Aquino aos averroístas um dos cumes da discussão, polarizando as soluções. Cf. T. Aquino, *A Unidade do Intelecto contra os Averroístas*, Lisboa, Edições 70, particularmente pp. 56-58, quanto ao entendimento de Tomás em relação à posição de Ibn Sīnā.

II.6. A iluminação da inteligência ativa

Dando seguimento à análise do funcionamento da aquisição das formas inteligíveis que nos ocupou nas duas seções anteriores, retomemos algumas questões com o objetivo de encontrar respostas no interior do sistema de Ibn Sīnā – como proposto no *Kitāb al-Nafs* – que nos permitam, na medida do possível, avançar em seu estudo. É oportuno lembrar que a composição de Ibn Sīnā a respeito do intelecto não está isenta da história do tema. Trata-se, é bem verdade, de explanar a respeito da passagem das percepções sensoriais particulares para as percepções inteligíveis universais, fato que se constituiu em árdua tarefa para o nosso filósofo neste que é não só um dos pontos mais agudos de sua doutrina do conhecimento, como também um dos ícones da própria história da filosofia. Declaradamente, não foi nosso objetivo discorrer sobre o itinerário que a questão do "intelecto agente" seguiu nos séculos que antecederam a composição do *Kitāb al-Nafs*[80], porém sublinhe-se ao menos que as lacunares indicações deixadas por Aristóteles em seu *De anima*[81] a respeito

---

80. Para rastrear as polêmicas em torno desse tema rico e copioso em tramas para superar as dificuldades em cada caso particular, cf. J. Jolivet, "Recherches sur le thème d'une [mystique de l'intelligible] dans l'Antiquité, l'Islam et le christianisme" dans *Annuaire* de l'Ecole pratique des hautes études (V^e) dos anos de 1967 a 1975 incluindo Aristóteles e Teofrasto (1967-1968, pp. 195-198); Alexandre de Afrodísia (1968-1969, pp. 203-207), Averróis (*idem*, pp. 207-209); Temístio (1969-1970, pp. 317-324), Averróis (*idem*, pp. 324-329); Simplício e Filoponos (1970-1971, pp. 310-317), Averróis (*idem*, pp. 317-324); Filoponos (1971-1972, pp. 349-352), Al-Kindi (*idem*, pp. 354-357), Averróis (*idem*, pp. 398-400), Al-Kindi (*idem*, pp. 398-400), Al-Fārābī (*idem*, pp. 400-402); Al-Fārābī (1972-1973, pp. 406-409), Tomás de Aquino (*idem*, pp. 409-410); Avicena (1973-1974, pp. 241-244), Boaventura (*idem*, pp. 244-245), Avicena (*idem*, pp. 279-282). Cf. também O. E. Hamelin, *La théorie de l'intellect d'aprés Aristote et ses commentateurs*, Paris, J. Vrin, 1953; M. Corte, *La doctrine de l'intelligence chez Aristote*, Paris, J. Vrin, 1934 e F. Nuyens, *L'Évolution de la psychologie d'Aristote*, Louvain, Institut supérieur de philosophie, 1973.
81. O *De anima* de Aristóteles é um ponto de partida singular na temática que envolve a *falsafa* em geral e Ibn Sīnā em particular. Esse princípio ativo, que após Aristóteles passou a ser designado por "intelecto agente", foi ponto de controvérsia que tanto dividiu intérpretes do mestre grego. A título de localização, pode-se mencionar III,5 de seu *De anima*: "Como há, em toda natureza, algo que é a matéria para cada gênero (que é em potência todos estes objetos) e algo distinto que é a causa e o elemento produtor, pelo fato de produzir todos os objetos, como a arte em relação

do intelecto que produz todas as coisas e do intelecto que se torna todas as coisas abriram a arena das múltiplas interpretações germinadas na escola peripatética da qual a *falsafa* também foi tributária. Como bem assinalou Badawi:

> O livro *Sobre a Alma* de Aristóteles, na espontaneidade de seu tema, provocou na história do pensamento filosófico ao longo da Idade Média, inúmeras questões e interesses como não o fez quase nenhum de seus outros livros. Isso tudo não se deu por causa das doutrinas gerais no livro, mas por causa de uma simples consideração que aparece fortuitamente a respeito do intelecto agente e o que mencionou, nela, Aristóteles a respeito desse intelecto: *e não digo que ele ora age e ora não age mas, por sua separação, continua a ser o que era e, com isso, torna-se espiritual e imortal*[82].

---

ao seu material, é necessário que estas diferenças ocorram também na alma. E tal intelecto é o que, de um lado, se torna todas as coisas e, de outro lado, o que produz todas as coisas, assim como uma certa disposição [produz seus objetos], a saber: a luz, pois em certo sentido, a luz também torna as cores em potência cores em ato" (trad. M. Zingano, em *Razão e Sensação em Aristóteles, op. cit.*; cf. também Aristote, *De l'âme, op. cit.* e Nuyens, *op. cit.*, pp. 305-309). Contudo, é a seqüência dessa passagem que foi, notadamente, determinante para a interpretação imanentista ou transcendentalista dos filósofos posteriores: "E este intelecto é separado, sem mistura e impassível, sendo por essência uma atividade. Com efeito, o agente e o princípio são sempre mais nobres do que o paciente e a matéria. A ciência em ato é a mesma que seu objeto; a ciência em potência é cronologicamente anterior ao indivíduo, mas, em geral, não tem prioridade nem mesmo no tempo, e está excluído que ora pensa, ora não pensa. Somente quando separado é propriamente o que é, e somente isto é imortal e eterno. Não nos lembramos [do que já sabemos], porém, porque, de um lado, isto é incorruptível, mas o intelecto passivo é corruptível e sem ele não se pensa nada" (trad. Zingano, *op. cit.*). A passagem – controversa segundo os renomados tradutores citados – por si só mostra quão díspares interpretações suscitou, e ainda suscita. Resume Nuyens: "Não se pode contestar absolutamente que se encontra aqui em presença de uma contradição latente ou, ao menos, de uma contradição que não tem sido resolvida de modo satisfatório". Cf. Nuyens, *op. cit.*, p. 309. No entanto, é oportuno lembrar que os *falasyfa* estiveram distantes dessas controvérsias lingüísticas, pois leram a tradução de Ishaq Ibn Hunayn que, vale destacar, assim termina a passagem: "ولست أقول إنه مرة يفعل ومرة لا يفعل بل هو بعد ما فارقه على حال ما كان وبذلك صار روحانيـاً غير ميت. / *e não digo que ele ora age e ora não age mas, por sua separação, continua a ser o que era e, com isso, torna-se espiritual e imortal*", أرسطاطاليس , في النفس. Cf. A. Badawi (ed.), p. 50.

82. Cf., في النفس , أرسطاطاليس , A. Badawi (ed.), "Introdução". نظرية العقل الفعال عند اليونان والمسلمين واللاتين / "A teoria do intelecto agente nos gregos, islâmicos e latinos".

Desde o início, a *falsafa* inclinou-se a adotar um princípio de interpretação dual da intelecção, manifesta em intelecto passivo e ativo[83]: o primeiro como uma faculdade da alma, o segundo como uma inteligência autônoma, separada, cósmica, eterna e imperecível[84]. De modo geral, Ibn Sīnā também seguiu a solução de alçar as formas inteligíveis numa inteligência que as pensasse simultaneamente em ato, mantendo, assim, em sua mais próxima influência, a tradição da *falsafa* de Al-Fārābī. A discussão entre os *falasyfa* prosseguiu depois de Ibn Sīnā e, no período medieval, alcançou os latinos dois séculos mais tarde. Não obstante nem παθητιχός νους e nem ποιητιχός νους terem sido termos amplamente utilizados pelo mestre grego, ao menos em seu *De anima* 430a 10-14, o intelecto que se torna todas as coisas e o intelecto que produz todas as coisas trouxe em si o germe dos debates posteriores que ocuparam os pensadores da antiguidade tardia e, também, os medievais. Intelecto agente e paciente, ativo e passivo, em ato e em potência, na alma ou fora dela; inteligências separadas, impassíveis, divinas e o próprio conceito de Deus

كتاب أرسطو " في النفس " ، على براءة موضوعه ، قد أثار في تاريخ الفكر الفلسفي طوال العصر الوسيط من المشاكل والاهتمام ما لم يكد يثيره كتاب آخر من كتبه . و لم يكن هذا كله بسبب المذهب العام في الكتاب ، بل بسبب عبارة بسيطة وردت عرضا عن العقل الفعال ذكر فيها أرسطو عن هذا العقل: " ولست أقول إنه مرة يفعل ، ومرة لا يفعل ، بل هو بعد ما فارقه على حال ما كان ، وبذلك صار روحانيا غير ميت " (١٤٣٠ ٢١- ٢٣) /

83. Tal terminologia é posterior a Aristóteles, que não teria usado a denominação "intelecto paciente" e "intelecto agente" do modo como foi consignado por seus sucessores. Os dois aspectos e princípios de potência e ato são indicados, sem dúvida, mas não sob esses termos. Sob a denominação de intelecto paciente / παθητιχός νους e intelecto agente / ποιητιχός νους, subjaz, em Aristóteles, mais propriamente o intelecto que se tornaria todas as coisas e o intelecto que produziria todas as coisas. "Nem uma nem outra das duas expressões é do próprio Aristóteles". Cf. Nuyens, *op. cit.*, p. 301. Tricot (em Aristote, *De l'âme*, p. 181, n. 1) assinala que Aristóteles emprega uma vez apenas o termo παθητιχός νους e nenhuma vez o termo ποιητιχός νους, sublinhando que foram os comentadores antigos que assim o denominaram. Ainda para a importância dessa abertura de III,5, cf. o prefácio de Ross em sua edição da *Metafísica*.
84. Segundo Nuyens, no próprio *De anima*, não há indicações precisas a esse respeito. Diz ele: "Mas não há uma só palavra para afirmar que esses dois elementos seriam propriedades ou potências da alma [...] a questão de saber se, por exemplo, este elemento atualizador é algo de intrínseco ou de exterior à alma, não se encontra nem colocada e nem resolvida por Aristóteles nesse trecho". Cf. F. Nuyens, *op. cit.*, p. 300.

foram alguns dos termos que compuseram o cenário[85]. Numa certa geografia epistemológica, que se tornou costumeira, ainda que não possa ser tomada de modo absoluto em interpretações mais acuradas, o lugar, a posição, as coordenadas do intelecto agente dividiram de modo abrupto – mesmo simplista – os autores, em princípio, em imanentistas e transcendentalistas. Alexandre de Afrodísia teria identificado o intelecto agente a Deus, Temístio mantivera-o como uma faculdade da alma, Teofrasto pareceu apontar uma simultaneidade e Al-Fārābī, a fonte temporal e doutrinariamente mais próxima de Ibn Sīnā, alçou-o à décima esfera cósmica, a da Lua. O ápice medieval foi a luta de Tomás contra os averroístas, quase, assim, uma luta entre Deus e os homens para saber: quem pensa, afinal? Ibn Sīnā, tradicionalmente colocado no grupo dos transcendentalistas, está a um século antes dessa discussão, mas sua posição não se faz sem problemas, como já temos afirmado. O pano de fundo de seu sistema segue a descrição metafísica já presente em Al-Fārābī quanto à processão das dez inteligências separadas a partir do primeiro existente, necessário por si, em sucessivas e interligadas conexões, culminando na da esfera da Lua sem alterações, até que esta última faz proceder de si o mundo sublunar, a matéria e as formas. A partir daí, invertido o movimento pela combinação dos quatro elementos em ascendente complexidade, a natureza humana emerge com seu traço distintivo de adquirir formas inteligíveis abstraídas de toda aderência material. Num tal sistema de mão dupla, torna-se, portanto, forçosa a intervenção dessa última inteligência em todos os movimentos sublunares, sem exceção, pois é dela que procede o mundo sublunar. A lógica do sistema obriga, pois, a se pedir a intervenção dessa inteligência, de modo contínuo, quanto aos princípios da inteligibilidade. Considerado no topo de seu traço mais distintivo, o homem não se desliga, assim, do cosmos visível e invisível. Em constante fluxo, a inteligência da décima esfera forneceria as formas inteligíveis ao intelecto humano. Há inúmeras passagens que corroboram para isso no *Livre des directives et remarques*, *Danesh Nama*, na *Metafísica* da *Al-Šifā'* e no próprio *Kitāb al-Nafs*, como temos assinalado, caso a caso, ao longo deste

---

85. Cf. Verbeke, "Introd. IV-V", *op. cit.*, pp. 13-46 e 59-64.

estudo. Todavia, deixemos por ora esse rico cenário da história e voltemos a nos debruçar sobre o sistema que nos ocupa, expondo nosso problema até este ponto, como se segue.

Em nosso percurso, levantamos a hipótese de que, conforme o *Kitāb al-Nafs*, seria possível uma dupla via de interpretação na aquisição das formas inteligíveis pelo intelecto humano. Isso se constituiu num ponto de tensão do sistema, tendo como pano de fundo a abertura da Seção V,5. Por um lado, a infusão das formas e, por outro, a elaboração dessas formas, realizada pelo intelecto, a partir das formas imaginativas, refletindo a questão da passividade ou da atividade do intelecto. No caso da infusão das formas, pode-se dizer, numa palavra, que uma interpretação clássica da epistemologia de Ibn Sīnā legou no termo واهب الصور / *wāhib aṣṣuwar*[86] – identificado na tradição latina como *dator formarum* – o ícone do processo de infusão, designando uma inteligência separada, ativada e em movimento ininterrupto. Essa seria a causa pela qual nosso intelecto passaria da potência ao ato. Em suma, uma inteligência ativa cumprindo o papel de nosso intelecto agente. Para que o sistema de Ibn Sīnā respondesse satisfatoriamente a essa tese seria preciso manter à vista a afirmação de que nossa alma possui duas faces: uma voltada para os princípios inteligíveis e outra para o corpo. Esse paradigma, aliado ao

---

86. O termo واهب الصور / *wāhib aṣṣuwar* / *dator formarum* é escasso – no *Kitāb al-Nafs* não aparece nenhuma vez – mas sua noção é amplamente difundida ao longo das obras Ibn Sīnā. Esse termo bem sintetiza a interpretação clássica da doutrina do conhecimento de Ibn Sīnā, na qual o processo de intelecção a partir do "doador das formas" define, entre outras coisas, que a alma humana, ao inteligir, recebe dele a forma inteligível. Após discutir a respeito do sujeito daquela ciência (para o tema do sujeito da metafísica em Avicena cf. A. Storck, *Les modes et les accidents de l'être*, Tese de doutorado, *op. cit.*, cap. III) na ampla descrição da processão das inteligências na Metafísica – inspirado nos primeiros capítulos de *A Cidade Ideal* de Al-Fārābī – Ibn Sīnā, seguindo, em linhas gerais, o mesmo esquema de seu predecessor, afirma que a partir da última – a décima, a da esfera da Lua – procede o mundo sublunar. Substância inteligente, igualmente como as outras, possui os princípios das formas inteligíveis e as formas inteligíveis em ato, mas, diferentemente das outras inteligências, emana a matéria com as respectivas formas. Esta inteligência é, pois, *wāhib aṣṣuwar*, o doador das formas. "فإذا استعد نال الصورة من واهب الصور أو يكون ذلك كله يفيض عن جرم واحد" / [...] *quando está predisposta, recebe a forma do doador das formas e isto tudo emana a partir de uma esfera única*. Cf. *Metafísica*, IX, 5.

termo واهب الصور / *wāhib aṣṣuwar*, explicaria satisfatoriamente o processo de conhecimento a partir da recepção pela alma humana de duas fontes distintas: sensível e inteligível. O primeiro pela recepção dos elementos do mundo sublunar e o segundo do supralunar. Mas os dois indicativos – intelecto prático e teórico – reduzindo os aspectos sensível e inteligível aos quais a alma humana tem relação, também podem ser entendidos como pólos de uma mesma natureza, os quais Ibn Sīnā procura harmonizar. Apesar disso, todo o movimento anterior à aquisição da forma inteligível – isto é, os dados recebidos pelos sentidos externos, introjetados para as câmaras cerebrais pelos sentidos internos, estabilizados e combinados de inúmeros modos pela cogitativa quando empregada pelo intelecto na busca do termo médio – teria uma função relativa, não sendo nada além do que uma preparação para que a alma se tornasse predisposta a receber, de outra fonte, a forma inteligível. Assim, o intelecto humano passaria da potência ao ato. Nessa clássica visão da teoria de Ibn Sīnā em que se sublinha mais a dualidade corpo-alma, matéria-imatéria e outros binômios, assinalamos que uma das dificuldades é superar o desenho de uma certa ruptura no processo do sensível ao inteligível, do contato entre os dois, da passagem de um ao outro; suposta ruptura que pareceu não se harmonizar em nada com um sistema que insiste nas articulações das faculdades da alma, como se fossem dobraduras sucessivas sem interrupção.

Foi nesse viés que a abertura de V,5 se mostrou rica e problemática. Em parte porque, à primeira vista, pareceu resolver o *continuum* entre sensível e inteligível, fazendo o intelecto operar sobre as formas imaginativas, e, em parte, porque levou a novos problemas ao não abrir mão da afirmação das formas inteligíveis em ato numa inteligência ativa a cumprir o papel de intelecto agente em nós. Considerada a abertura, dividida em três partes – afirmação de uma inteligência ativa, comparação com a luz solar e a visão do intelecto sobre as formas imaginativas – tem-se a dimensão do que seria passível de harmonizar. Na primeira parte, verificou-se que o modo pelo qual as formas inteligíveis estão na inteligência ativa determina o modo pelo qual elas seriam dadas ao intelecto humano; e nela não estaria nada além dos مبادي الصور العقلية المجردة / *princípios das formas inteligíveis abstratas*. Na segunda parte da abertura, estabelecemos que a metáfora do Sol seria ilustrativa salvo o fato de Ibn Sīnā ter dedicado todo o Capítulo III ao estudo da luz e da visão (quase um terço da obra), o que fez levantar a hipótese de que talvez a comparação não fosse sem propósito mas que poderia indicar que o paradigma da física propriamente dita estivesse sendo usado para explicar o processo de intelecção[87]. Se o paradigma da física sustentasse o da intelecção, então inteligir seria como sentir. O único meio de nos certificarmos disso foi verificar as bases de sua teoria da visão, fundamentada na de Aristóteles[88]. Sintetizamo-la a partir da afirmação de que o Sol possui luz própria, ضوء / *daw'*, e, pela sua natureza, emite claridade, نور / *nūr*. Esta, atingindo os corpos particulares compostos de matéria e forma que possuem

---

87. Deve-se insistir que, no caso presente, o exemplo dado por Ibn Sīnā não se refere a uma metafísica da luz, mas, com mais propriedade, a uma física da luz. Uma das fontes árabes para o que se poderia chamar de uma metafísica da luz encontra-se em inúmeras passagens da *Teologia de Aristóteles*. De cunho reconhecidamente neoplatônico, esta curta passagem dá a idéia do que é usar a imagem da luz não no sentido da física da luz a que nos referimos: "Mas como seria possível que não existissem as coisas dado que sua causa é causa verdadeira, luz verdadeira e bem verdadeiro? Sendo o Uno primeiro desse modo, isto é, causa verdadeira, seu causado é um causado verdadeiro. Sendo luz verdadeira, o receptor dessa luz é um receptor verdadeiro. Sendo bem verdadeiro e dado que o bem desborda, aquele sobre o qual desborda também é verdadeiro. Sendo assim e não sendo necessário que exista somente o Criador e nem que deixe de criar alguma coisa nobre, receptora de sua luz, isto é, a Inteligência, do mesmo modo tampouco é necessário que exista somente a Inteligência e não forme alguma coisa receptora de sua ação, de sua potência nobre e de sua luz resplandecente e, por isso, a Inteligência forma a Alma". Cf. *Teologia de Aristóteles, op. cit.*, p. 83.
88. A base é tomada da teoria da visão de Aristóteles segundo o próprio Ibn Sīnā tal qual a descreve no *Danesh Nama* e no *Kitāb al-Nafs*. Naquela a referência é explícita. Diz Ibn Sīnā no capítulo a respeito da explicação da doutrina sobre a visão: "Eis a doutrina de Aristóteles: o olho é como o espelho; a coisa visível é como a coisa que se reflete no espelho por intermédio do ar ou de um outro corpo transparente; e por causa de que a luz recai sobre a coisa visível ela projeta a partir disso a imagem sobre o olho. Esta imagem é recebida por um corpo úmido semelhante ao gelo e a um grão de linho e que a transmite ao campo de visão [no olho]; campo no qual se completa a visão perfeita que percebe todas as coisas, a saber que ela recebe em si a imagem da coisa de tal modo que se esta coisa é destruída ou desaparece, [o olho] continua a ver a imagem. Logo, a imagem das coisas produz-se sobre o olho porque elas lhe fazem frente e porque esta imagem chega ao [campo de] visão e, depois, é percebida pela alma. Se o espelho tivesse uma alma, ele veria uma imagem quando ela se produzisse sobre ele". Cf. *Le Livre de Science*, tomo Science Naturelle, *op. cit.*, p. 60.

cor em potência, pela claridade, tornam-se coloridos em ato. A mesma claridade é responsável também por atualizar o meio diáfano, estabelecendo uma continuidade entre os corpos coloridos e o órgão da visão. Duas imagens correspondentes ao objeto colorido são formadas nos dois humores cristalinos e, em razão da curvatura dos olhos, as duas imagens se fundem numa só, por detrás deles. Por meio do transporte de um pneuma adequado a imagem chega ao sentido comum que, então, percebe. Aqui a sensação é transformada em percepção e fixada na imaginação, último estágio da forma percebida.

Algumas coisas podem ser apontadas nesse processo: a primeira é a afirmação de que o resultado final da visão – a forma colorida – se forma no olho; outra é que o processo se faz com três elementos: a claridade do Sol, os particulares coloridos em potência e o órgão que apreende. Isso significa, também, que a forma final é mediada. As cores, que são o produto final do processo, não são de modo algum infundidas no olho pela luz do Sol.

Aqui chegamos ao coração do problema. Por quê? Ora, porque o paradigma da visão contrariou o paradigma de واهب الصور / wāhib aṣṣuwar[89], da doação de formas, não sendo possível explicar a intelecção pela sensação, repetindo o exemplo dado por Ibn Sīnā. Como harmonizar, então, os dois processos? A conclusão seria que, então, inteligir não é como sentir. Mas isto, também não é possível de afirmar, pois contraria a própria analogia usada por Ibn Sīnā na passagem. A terceira possibilidade seria não levar a comparação a sério, mas, ao eliminarmos um dos pólos da comparação, não a resolvemos, antes acabamos por anulá-la. Restou-nos ainda proceder a uma revisão no modo de entender como seria possível a infusão das formas sem desconsiderar o paradigma da luz.

Na revisão da doação das formas, apontamos a distinção entre *formas* e *princípios de formas* e a distinção entre *forma abstrata* e *caráter abstrato* como fonte providencial para isso, além de nuances do trecho traduzido que nos permitiu e justificou a possibilidade de argumentar em

---

89. Não obstante em V,5 não aparecer o termo, a natureza da descrição conduz a ele.

favor da hipótese de que o paradigma da luz e do Sol apontava para que a infusão fosse da luminosidade e não propriamente da forma acabada[90]. Assim, foi possível realizar a substituição dos termos da comparação sem prejuízo do exemplo usado por nosso filósofo, ou seja: Sol por inteligência ativa; claridade visível por claridade inteligível; particulares visíveis em potência por formas imaginativas inteligíveis em potência; formação do visível no olho mediado pela claridade do Sol por formação do inteligível mediado pela claridade da inteligência ativa. Assim, o exemplo harmonizou-se completa e totalmente, afastando-se a infusão das formas e fazendo começar a existir no intelecto, pelas formas imaginativas, a forma inteligível.

Não obstante o êxito que obtivemos em harmonizar o exemplo e garantir o paradigma da física propriamente dita aplicado à ciência da alma, a conclusão mostrou-se heterodoxa naquela passagem e longe de ser forte o suficiente para fazer frente a todo o desenvolvimento em favor da doação da forma em ato, como afirma Ibn Sīnā alhures. Insistir nisso levaria à conclusão de que o intelecto humano conceberia por si as formas inteligíveis em ato, descaracterizando a fisionomia da filosofia de Ibn Sīnā quanto à inclusão das inteligências separadas no processo de intelecção da alma humana. Na verdade, estaríamos alguns séculos adiante na história da filosofia. Em Ibn Sīnā, a inerente ligação da alma humana com a décima inteligência não permite que se entenda o intelecto humano ope-

---

90. Nuyens destaca que a interpretação que sustenta o princípio atualizador como algo exterior à alma tem um de seus apoios justamente nas passagens em que Aristóteles faz analogia com a luz do Sol, opondo fortemente o elemento atualizador e o elemento potencial. "O princípio ativo não exerce diretamente sua ação sobre o intelecto receptivo mas sobre os حدس em potência. Do mesmo modo que, sob a influência da luz, as cores em potência tornam-se cores em ato, assim os inteligíveis em potência tornam-se inteligíveis em ato sob a influência do princípio ativo". Cf. Nuyens, *op. cit.*, p. 302. Observando que "receptividade e atividade estão em relação a um terceiro elemento absolutamente requerido no processo do pensamento: o dado sensível do *fantasma*. Cf. *idem*, p. 304. Nesse sentido, o modo como entendemos a articulação tripla na teoria do conhecimento de Ibn Sīnā aproxima-se desta indicada por Nuyens na interpretação de Aristóteles em seu *De anima*.

rando de modo independente na atualização das formas[91] e sequer que esta inteligência não as tivesse em ato antes que as tenha o intelecto[92]. Chegamos ao ponto de entender que, se V,5 desafia, em certo sentido, a doação das formas, enredam-se três considerações básicas: ou o intelec-

91. Os limites da atividade do intelecto podem ser rastreados no limite do emprego da cogitativa em busca do termo médio ou das semelhanças das formas imaginativas, apesar de que isso pode gerar nova contradição na medida em que o intelecto deve conhecer de antemão qual a base comum para comparar imagens. O resumo de Rahman, do Capítulo XI da *Al-Najāt*, indica, nesse sentido, algumas atividades do intelecto no uso das faculdades animais. A primeira deles é que o intelecto apreende universais simples nesses particulares e distingue o essencial do acidental por meio da assistência da memória e da estimativa. A segunda, que o intelecto descobre relações entre esses universais simples e os combina em proposições afirmativas e negativas. Se essas relações de afirmação e negação não são evidentes, ele as encontra por meio do termo médio construindo um silogismo. Terceira, que o intelecto encontra, por meio da indução, premissas empíricas, isto é, descobre predicados que são afirmados ou negados de certos sujeitos. Quarta, o intelecto dá assentimento às tradições que são garantidas por uma firme cadeia de transmissão histórica. Tendo coletado todos esses indutivos e empíricos conhecimentos, o intelecto retorna para sua atividade própria e torna-se independente das faculdades mais baixas. Cf. *Al-Najāt, op. cit.*, pp. 55 ss. Apesar da atividade do intelecto, seu aspecto passivo é sempre a recepção de uma forma, não mais de modo mediado, como foi descrito acima, mas de modo imediato. A melhor definição disso estabelecemos na seção a respeito dos graus do intelecto ao tratarmos da intuição intelectual (حدس / *ḥads*). Assim, apesar dos movimentos, esses são sempre de ordem discursiva e ordenada. A apreensão do termo médio é sempre uma intuição intelectual. É nesse sentido que o intelecto é sempre passivo. Mas o emprego da cogitativa na busca do termo médio constitui a atividade do intelecto como um movimento para predispor a alma a receber por conexão. Distinga-se, pois, cogitar e inteligir como os limites da atividade e passividade, nesse caso. O intelecto entende pela apreensão súbita da intuição intelectual enquanto a cogitativa é um movimento deliberado em busca de encontrar o termo médio. Note esta esclarecedora passagem de Isharat: "Talvez desejes agora saber a diferença entre a reflexão e a intuição intelectual. Pois então, escuta: a reflexão é um certo movimento da alma entre as idéias, demandando auxílio, na maioria dos casos, à imaginação. [...] Quanto à intuição intelectual, ela consiste na representação do termo médio no espírito de um só golpe [...]". Cf. *Livre des diretives et remarques, op. cit.*, p. 326.
92. Diz-se dos princípios porque há passagens em que se afirma que as inteligências separadas não inteligem como o intelecto humano. Nelas estão os princípios das formas e não as formas ordenadas umas depois das outras. Por mais de uma vez, afirma-se que o intelecto humano não apreende "de um só golpe", isto é, simultaneamente; ao passo que as inteligências separadas o fazem. O modo imediato da intelecção humana recai sobre a ordenação da faculdade racional, a qual ordena sempre de modo discursivo. Possuir os princípios das formas, estar absolutamente separada da matéria e inteligir de "um só golpe" significa ter pensadas em si todas as combinações possíveis de todas as formas possíveis.

to humano concebe a forma, ou a recebe ou a contempla[93]. Ainda que não fosse de todo lícito procurar explicar o que o próprio Ibn Sīnā não explicou[94], vale frisar que em V,5 evidenciou-se a tentativa do nosso filósofo de harmonizar e reunir vários elementos que, ao final, talvez se inclinem mesmo a oscilar, como se fossem, ao mesmo tempo, um dos pontos mais fortes e mais frágeis do sistema. Pode se entender que V,5, ao abrir-se como um ponto de toque entre a forma inteligível gnosiológica e a forma inteligível metafísica, resta uma questão não resolvida sem deixar de ser um encontro rico entre a psicologia, a metafísica, sob um exemplo da física propriamente dita. Mais do que isso, talvez um indicador claro do modo como os árabes entenderam e tentaram aliar dois grandes sistemas, o platonismo e o aristotelismo, tarefa que teve na apócrifa *Teologia de Aristóteles* um grande guia. Como dissemos no início desta seção, a posi-

---

93. Contemplar a forma inteligível tem paralelo com a imagem do espelho ou do olho que tem essa imagem em si ou, então, como se a forma estivesse apenas na inteligência agente para ser "vista". No entanto, esse último caso seria difícil de sustentar porque o grau do intelecto em ato é a garantia da aquisição dessa forma pelo intelecto humano, não obstante não haver memória intelectiva. Tratando-se de contemplação, deveria ser admitido que o intelecto contemplaria a forma adquirida do mesmo modo como a alma contempla a forma visível que se forma no olho; ou como o espelho contemplaria, caso possuísse uma alma, a imagem que nele se forma. Cf. "Le Livre de Science", Science Naturelle, *op. cit.*, p. 60 a respeito dessa comparação.

94. Não concordamos com a maioria dos estudiosos de Ibn Sīnā quando repetem o exemplo solar como paradigma da intelecção sem chamar a atenção para a contradição aí implicada. Basta verificarmos passagens como de Gilson que segue a menção em V,5: "Assim, a relação desta inteligência com nossas almas é análoga à do Sol com nossa vista; do mesmo modo que o Sol é visível em ato por si mesmo e que, por sua luz, torna visível em ato o que sem ele só seria visível em potência. Assim também a inteligência agente, por si mesma inteligível em ato, torna inteligível em ato o que sem ela só seria inteligível em potência". A única exceção que pudemos encontrar até agora, e com a qual estamos de acordo, foi a de Davidson, que percebeu a contradição aí implícita e sublinha a dificuldade de tomar o exemplo de modo rigoroso. "Avicena emprega a analogia porque ela tornou-se comum mas, na estrutura, não se mantém adequada. Sua posição não é, de fato, que a emanação do intelecto ativo torna capaz o intelecto humano a abstrair conceitos de imagens apresentadas pela faculdade imaginativa assim como o olho vê cores que são iluminadas pelos raios do Sol. Considerações inteligíveis, ele mantém, fluem diretamente do intelecto, ativo e não são de modo algum abstraídas". Cf. Davidson, *Alfarabi, Avicenna, and Averroes on Intellect*, *op. cit.*, p. 93. Ibn Sīnā também usa outras imagens em relação ao intelecto, tais como a cura do olho, o espelho e não menos difíceis de interpretar. Cf. *idem*, pp. 93 ss.

ção do "intelecto agente" definiu muitos dos caminhos da história da filosofia. Nesse sentido, a abertura de V,5 parece conter um dos germes historicamente mais próximos da luta de Tomás contra os averroístas. Ibn Sīnā, como se estivesse na ante-sala, antecedeu essa disputa. Ao lermos V,5, Ibn Sīnā está, por um lado, a um passo de dizer que o intelecto concebe por si próprio as formas a partir das formas inteligíveis, mas não o diz; e, por outro lado, inclina-se a afirmar que, ao final das contas, é a inteligência ativa a pensar em nós, e não nós por meio dela. Mas isso ele também não diz. Afinal, a história não pode ser antecipada e V,5 em suas poucas linhas é um retrato, um certo instantâneo de um rico momento da história da filosofia.

Uma solução que permite a harmonia do sistema é entender que o processo de intelecção, no *Kitāb al-Nafs*, possui um traço de paralelismo e simultaneidade. A iluminação deveria ser entendida, pois, sob dois aspectos: um (المجردة / *al-mujarrada*)[95], isto é, o caráter abstrato incidindo sobre as formas imaginativas estabilizadas na imaginação e, simultaneamente, a apresentação da forma correspondente, em ato, à forma inteligível em potência nessas mesmas formas imaginativas quando o intelecto humano, após empregar o recurso da cogitativa, estivesse apto a recebê-la. Assim, o intelecto seria, por um lado, uma atividade enquanto emprega a cogitativa em busca do termo médio e, por outro lado, uma passividade enquanto recebe a forma inteligível em ato correspondente à forma inteligível em potência naquelas formas imaginativas. Esse último movimento sendo, pois, o que se chamou intelecto adquirido. As duas direções – atividade e passividade do intelecto – em simultânea presença aproximando as duas instâncias que se quer reunir, abrem nova possibilidade de pesquisa não isenta de novos paradoxos[96].

---

95. A abertura de V,5 propõe uma questão de tradução: se المجردة / *al-mujarrada* é entendido como a "forma" abstrata, então não se harmoniza com o exemplo da luz. Se, por outro lado, المجردة / *al-mujarrada* é entendido como "caráter" abstrato, então harmoniza-se com o exemplo da luz mas não se harmoniza com واهب الصور / *wāhib aṣṣuwar*.
96. O comentário de Rahman – explicativo sobre o Capítulo XVI da *Al-Najāt* – é muito bom para apresentar os problemas envolvidos nesse caso e tem razão quando diz que – segundo Ibn Sīnā – antes da intelecção ter lugar, a alma humana tem, por um lado, as imagens dos objetos

Consideremos também que, não sendo tomado como suficiente o paradigma da luz como base da intelecção, uma segunda fonte ou paradigma – na qual se pode reconhecer certa similitude de funcionamento – pode ser encontrada nas descrições a respeito das misturas dos elementos do mundo sublunar quanto à composição dos corpos animados e não-animados. Talvez o paradigma da mistura dos elementos possa auxiliar na explicação de parte do funcionamento da intelecção, de modo mais satisfatório do que a teoria da luz. Referimo-nos a passagens[97] nas quais afirma-se que os quatro elementos, estando numa certa mistura, tornam-se receptáculo para determinada natureza, seja mineral, vegetal ou animal. No caso dos animados, tais misturas são as responsáveis pela atração da alma vegetal, animal ou humana. No *Kitāb al-Nafs*, o modo como isso se dá limita-se a um certo conhecimento que não nos é possível: ou está escondido ou ignoramos[98]. Apontados tais limites da razão humana,

---

materiais particulares e, de outro lado, o intelecto potencial. Este considera e compara essas imagens e sua atividade prepara-o para receber o inteligível universal da inteligência ativa por meio de emanação. Não é o transporte da imagem desnudada de suas aderências materiais pela iluminação da inteligência ativa ao intelecto que constitui o ato da intelecção mas uma intuição intelectual vinda diretamente da inteligência ativa. As imagens não são, portanto, a causa do inteligível. Sua consideração pela alma é meramente preparatória para a recepção do inteligível. "O que Avicena quer dizer é que a percepção do universal é um genuíno e verdadeiro movimento da alma intelectiva não redutível à consideração das imagens particulares. A dificuldade, entretanto, surge em saber: em que consiste a atividade de comparação de imagens sem que se tenha um conhecimento do universal que é um elemento comum em todas as imagens e do que depende a possibilidade da própria comparação?" Cf. F. Rahman, *Avicena's psychology*, op. cit., p. 117.

97. Não é o caso de apontarmos aqui essas ocorrências porque isto envolve uma outra pesquisa que não deve ser feita agora. Por ora, fiquemos nos limites do que nos foi possível para descartar o paradigma da luz. Para iniciar uma nova pesquisa, devemos voltar a rastrear algumas passagens em outras obras tais como *Livro da Ciência, Metafísica, Isharat* além do próprio *Kitāb al-Nafs*.

98. Não é por acaso que as duas ocorrências encontram-se em V,3. A seção trata justamente da mistura que predispõe o início do ser da alma constituindo-se em rara ocorrência em que Ibn Sīnā admite os limites da especulação. وتلك الهيئآت تكون مقتضية لاختصاصها بذلك البدن / *E essa* ومناسبة لصلوح أحدهما للآخر وإن خفي علينا تلك الحالة وتلك المناسبة . *preparação é requerida para a sua particularização [da alma] a tal corpo e para uma afinidade a que cada um dos dois se ajuste ao outro. Mas está oculto para nós essa condição e essa adequação.* Rahman: V,3,224 / Bakós: V,3,159. "[...] propter quas affectiones illa anima fit

Ibn Sīnā entende que, quando se misturam, os elementos alteram-se e tornam-se receptáculos diferenciados para certas e determinadas formas, nos limites de sua potencialidade.

No caso da intelecção, pode haver similitude no modo de pensar a operação[99] da aquisição das formas inteligíveis, a partir dos particulares. Quando as formas imaginativas que possuem em potência uma determinada forma inteligível são misturadas pela ação da cogitativa, emerge – ou infunde-se ou, de algum modo, começa a existir no intelecto – essa determinada forma inteligível. Nisso os movimentos preparam para a re-

---

propria illius corporis, quae sunt habitudines quibus unum fit dignum altero, quamvis non facile intelligatur a nobis illa affectio et illa comparatio". Cf. Riet: V,3,109.

لا شك انها بأمر ما تشخصت ، وأن ذلك الأمر في النفس الإنسانية ليس هو الانطباع في المـادة ، فقد علم بطلان القول بذلك ، بل ذلك الأمر لها هيئة من الهيئات وقوة من القوى وعـــرض مــن الأعراض الروحانية أو جملة منها تشخصها باجتماعها وإن جهلناها ، وبعد أن تشخصت مفـردة . فلا يجوز أن تكون هي والنفس الأخرى بالعدد ذاتا واحدة / *Não há dúvidas que ela [a alma] se individualize por uma certa coisa, e que esta coisa, quanto à alma humana, não é a impressão na matéria – já é sabida a falsidade a respeito dessa opinião – mas esta coisa para a alma é uma certa disposição, uma certa potência e um certo acidente espiritual ou um conjunto disso na sua individualização por reunião dessas coisas, e que o desconhecemos. E depois que individualiza-se [e está] separada é inadmissível que ela e outra alma tornem-se numericamente uma essência una.* Rahman: V,3,226 / Bakós: V,3,160. "Sed sine dubio aliquid est propter quod singularis effecta est; illud autem non est impressio animae in materia (iam enim destruximus hoc); immo illud est aliqua de affectionibus et aliqua de virtutibus et aliquid ex accidentibus spiritualibus, aut compositum ex illus, propter quod singularis fit anima, quamvis illud nesciamus. Postquam autem singularis fit per se, impossibile est ut sit anima alia numero et ut sint una essentia [...]". Cf. Riet: V,3,111. Cf. também I.3 "O início da existência da alma", atrás.

99. A relação direta da comparação em questão seria a seguinte: do mesmo modo como a mistura dos elementos atrai determinadas formas materiais que estão potencialmente naquelas misturas, o movimento da cogitativa sobre as formas imaginativas atrairia a recepção da forma inteligível em ato no intelecto, a qual estaria em potência naquelas formas imaginativas. Não nos ocuparemos aqui em analisar as relações do modelo proposto por Ibn Sīnā para a intelecção frente ao modelo da mistura dos elementos. Pode haver similitudes que demonstrem que ele teria utilizado um modelo do que, hoje, chamaríamos da ciência da química como paradigma para a ciência da alma, ao menos no que tange ao funcionamento da atração das formas inteligíveis a partir da mistura das formas imaginativas. Pretendemos verificar isso num outro estudo. Não se deve descartar, nesse caso, que a experiência médica do nosso filósofo tanto quanto o conhecimento de remédios, medicamentos, mistura de ervas e outros componentes da natureza também podem contribuir para isso.

cepção de واهب الصور / *wāhib aṣṣuwar*. Não a recepção de qualquer forma, mas daquela que está lá potencialmente, latente nas formas imaginativas em movimento. Querer conhecer as causas para além desse ponto poderia nos levar à mesma resposta dada no caso da mistura dos elementos: tais causas nos estão escondidas, ignoramo-las. Se assim for, a tensão de V,5 resolver-se-ia nos limites da razão. De todo modo, esta é uma outra hipótese que deveria ser estudada num outro momento. Por ora, encerremos aqui as especulações mais detalhadas a esse respeito e sigamos adiante, retomando, no próximo capítulo, o funcionamento dos sentidos externos e internos da alma humana em direção ao seu movimento mais próprio: inteligir.

Capítulo III
O Caminho das Formas Inteligíveis

III.1. Os níveis de apreensão das formas[1] e os graus de abstração

A aquisição das formas inteligíveis, como vimos no capítulo anterior, não pode ocorrer sem a iluminação da inteligência ativa. Na hierarquia proposta por Ibn Sīnā, o intelecto humano atualiza-se em conexão com o que está acima dele. A ocorrência do conhecimento pelo intelecto como algo que procede do contato direto do intelecto humano com a inteligência ativa indica que a imaterialidade, própria à inteligibilidade, pode prescindir da apreensão sensível na aquisição desse conhecimento pelo intelecto. Tal condição é apontada pela alegoria do homem suspenso no espaço e no modo de conhecimento pelo intelecto sagrado, sem mediação. Contudo,

---

1. Nos quatro graus de abstração propostos por Ibn Sīnā (sentidos externos, imaginação, estimativa e intelecto), com exceção da forma material que é entendida como a forma que pertence propriamente à coisa, entende-se aqui forma sensível como a impressão da forma material resultante no órgão do sentido externo e que lhe corresponde realmente; forma imaginativa como o que é estabilizado no cérebro sem a necessidade da presença da coisa sentida; forma estimativa como sendo o imaterial que o sentido interno apreende do particular ou o próprio juízo realizado pela estimativa depois de avaliar outras formas imaginativas; e forma inteligível como a forma destituída de todo traço material própria ao intelecto.

deve ser considerado que o primeiro afirma a apreensão de si mesmo por uma alma que se acompanha de um corpo e o segundo trata do aumento da intensidade e da rapidez na aquisição dos inteligíveis, também por uma alma acompanhada de um corpo. Nenhum dos dois invalida, pois, que a atualização das formas inteligíveis por sucessivos graus de abstração, do sensível ao inteligível, é uma trajetória que se inicia com os dados sensíveis apreendidos pelos sentidos externos, preparados pelos sentidos internos, apresentados ao intelecto, iluminados pela inteligência ativa e, finalmente, atualizados no intelecto humano. Esse movimento caracteriza-se por um *continuum*.

Deve-se ter em conta que todo modo de percepção é um modo de abstração que se inicia com os sentidos externos num grau de abstração mais baixo até a abstração pelo intelecto, que é o mais alto grau dessa operação. Isso confirma-se na abertura da segunda seção do segundo capítulo[2]:

فنقول يشبه أن يكون كل إدراك إنما هو أخذ صورة المدرك بنحو من الأنحاء، فإن كان الإدراك إدراكا لشيء مادي فهو أخذ صورته مجردة عن المادة تجريدا ما، إلا أن أصناف التجريد مختلفة ومراتبها متفاوتة.

Dizemos que parece que toda percepção é a apreensão, de um certo modo, da forma do percebido. Se a percepção é a percepção de uma coisa material, então ela é a apreensão da forma dessa coisa abstraída da matéria de uma certa maneira de abstração, porque os modos de abstração são diversos, e seus graus são diferentes entre si[3].

---

2. Nessa seção, Ibn Sīnā inicia uma abordagem a respeito dos modos de percepção, indicando quantos são eles e como se realizam. Essa seção antecede a análise individualizada dos sentidos externos. O motivo que o leva a falar primeiramente da percepção, de modo geral, é que ela é mais abrangente do que o sentido externo, visto que se estende à ação dos sentidos internos e do intelecto. A abstração que se realiza a partir desses elementos é diversa, configurando graus diferentes. A percepção é analisada, então, através dos sentidos externos, da imaginação, da estimativa, além de ser indicado o modo pelo intelecto. Isso se configura como uma introdução para o desenvolvimento posterior dos outros capítulos, nos quais são analisadas as percepções pelos sentidos externos, pelos internos e pelo intelecto, terminando no mais alto grau de abstração por meio da inteligência agente.
3. Rahman: II,2,58 / Bakós: II,2,40. "Dicentes quia videtur quod apprehendere non sit nisi apprehendere formam apprehensi aliquo modorum; sed, si apprehendere est apprehendere rem

O primeiro grau de abstração pelos sentidos externos não é capaz de estabilizar a forma apreendida no interior da alma. Isso só pode ser conseguido pela estabilização e continuidade para o interior da alma por meio dos sentidos internos. O primeiro modo de percepção necessita da presença e da matéria da coisa frente a frente com o órgão sensorial, ao passo que, nos sentidos internos, a abstração suprime a necessidade da presença e da materialidade da coisa. A forma interiorizada na alma pelos sentidos internos é uma preparação para a operação do intelecto. A faculdade formativa, ao receber a forma e estabilizá-la, mesmo depois que a coisa sensível se distanciou ou desapareceu, vai além da abstração feita pelo sentido externo, rompendo de modo mais intenso a conexão entre a forma e a matéria naquele particular. Afirma Ibn Sīnā:

فالحسّ لم يجردها عن المادة تجريدا تاما ولا جردها عن لواحق المادة , وأما الخيال فإنه قد جردها عن المادة تجريدا تاما ولكن لم يجردها ألبتة عن لواحق المادة لأن الصورة التي في الخيال هي على حسب الصورة المحسوسة وعلى تقدير ما وتكييف ما ووضع ما.

Assim, o sentido [externo] não abstrai [a forma] da matéria por uma abstração completa e não abstrai [a forma] dos caracteres ligados à matéria. A imaginação a abstrai por um modo de abstração mais completo mas não abstrai [a forma] de modo absoluto dos caracteres ligados à matéria porque a forma que está na imaginação se dá por causa da forma sensível e conforme uma certa quantidade, qualidade e posição[4].

Portanto, é ainda impossível que na imaginação seja representada uma forma na qual todos os indivíduos de uma espécie estejam inseridos, como

    materialem, tunc apprehendere est apprehendere formam alicuius abstractam a materia aliqua abstractione. Species autem abstractionis diversae sunt et gradus earum multum distantes". Cf. Riet: II,2,114.
4.   Rahman: II,2,61 / Bakós: II,2,41. "Sensus etiam non denudat eam a materia denudatione perfecta nec denudat ab accidentibus materiae, sed imaginatio denudat eam a materia denudatione vera, sed non denudat eam ullo modo ab accidentibus materiae: formae etenim quae sunt in imaginatione, sunt secundum hoc quod sunt sensibiles et secundum quantitatem et qualitatem aliquam et situm". Cf. Riet: II,2,117. Nessa passagem, o termo لواحق foi traduzido pelos latinos como "acidentes". Entende-se tratar-se daquilo que, embora não seja essencial, é "concomitante" à essência. A tradução latina, nessa passagem, grifa o verbo "desnudar" para o árabe يجرد. Em outras passagens, grifa "abstrair". Em todas as passagens optamos pelo segundo modo. Cf. Van Riet, *Lexique arabo-latin, op. cit.*, p. 301.

é o caso da forma inteligível. Por exemplo, não é possível que o homem imaginado não esteja imerso, de algum modo, numa imagem de um homem particular com determinada quantidade, qualidade e posição. Ainda no conjunto dos sentidos internos, a faculdade estimativa ultrapassa esse grau de abstração estabilizado na imaginação لأن ينال المعاني التي ليست هي في ذاتها بمادية / *porque ela alcança as intenções que em sua essência não são materiais*[5], tais como o que é bom e o que é mau, o conveniente e o inconveniente no ente particular. Apesar de estar frente à matéria para isso, a estimativa percebe coisas imateriais. Esse tipo de abstração – a terceira indicada por Ibn Sīnā – é mais intensa do que as realizadas pela imaginação e pelos sentidos externos. Entretanto, ainda assim, a estimativa não abstrai totalmente a forma da matéria porque sua percepção se refere sempre a algo particular. A apreensão das formas totalmente abstraídas da matéria só pode ser realizada pelo intelecto em necessária conexão com a inteligência agente.

Assim, escalonam-se do exterior para o interior quatro graus de abstração admitidos por Ibn Sīnā, isto é, a abstração pelos sentidos externos; pelos sentidos internos sob suas duas formas – imaginação[6] e estimativa – e, enfim, pelo intelecto. A cada estágio correspondendo um tipo distinto de julgamento.

فبهذا يفترق إدراك الحاكم الحس وإدراك الحاكم الخيالي وإدراك الحاكم الوهمي وإدراك الحاكم العقلي / *Desse modo distinguem-se percepção do julgamento sensível, percepção do julgamento imaginativo [ou forma-*

---

5. Rahman: II,2,60 / Bakós: II,2,42. "[...] eo quod apprehendit intentiones materiales quae non sunt in suis materiis". Cf. Riet: II,2,118.
6. Bakós (n. 270) diz imaginativa, mas trata-se certamente da imaginação (formativa) pois é ela que retém o que está no sentido comum, isto é, a forma, em contraposição à intenção da estimativa. Na p. 41 (linhas 26-32) a passagem é clara: "quanto à imaginação como faculdade e como ato, ela libera a forma abstraída da matéria de um modo mais intenso, e isto, pela razão de que ela a apreende da matéria, a forma não tendo para sua existência na imaginação necessidade da existência de sua matéria, visto que, ainda que a matéria seja distanciada do sentido ou reduzida a nada, a forma permanece existente de modo estável na imaginação". Na p. 118 (linha 6) também encontra-se "faculdade imaginativa", sendo que se trata, na verdade, da imaginação (formativa). Mesmo considerando que o julgamento, como procedimento ativo, só possa ser exercido pela imaginativa, o processo de abstração da forma da coisa já se encontra estabilizado na imaginação para a emissão do juízo.

tivo], percepção do julgamento estimativo e percepção do julgamento intelectual[7].

Em princípio, a estrutura em quatro estágios de abstração poderia indicar campos estanques de apreensão. No entanto, apesar de ser possível distinguir de modo mais evidente seus objetos de percepção, esses quatro estágios não devem ser tomados de modo absoluto mas como uma gradação das percepções do conjunto completo das faculdades da alma segundo a hierarquia já estabelecida e a intercomunicação entre elas. Já no âmbito dos sentidos externos verifica-se que eles não apreendem seguindo o mesmo padrão. Seus objetos de percepção não lhes chegam de modo equivalente. O tato necessita do contato direto com a coisa material que o toca para atualizar aquilo que sente, não havendo, nesse caso um meio intermediário que atue nessa operação. O paladar ainda precisa do contato direto com a coisa sentida para poder efetuar a percepção dos sabores, mas, nesse processo, há o humor salivar como intermediário. O olfato e a audição possuem um intermediário mais sutil, que é o ar, para fazer chegarem os odores e os sons e não precisam, assim, ter contato direto com a coisa sentida. A visão, por sua vez, tem como intermediário o meio diáfano, que é atualizado, juntamente com as cores, pela luz. Desse modo, podemos dizer que o tato seria o mais material dos sentidos, isto é, aquele que necessita de maior proximidade com a matéria da coisa sentida. A partir dele escalonam-se o paladar, o olfato e a audição até culminar com a visão. A visão, nesse sentido, seria o mais imaterial dos sentidos externos. Não é o caso de entendermos que a cor seria mais imaterial do que o som, mas que o modo como o sensível chega até o órgão que sente se inicia pelo tato, que necessita do contato direto com a materialidade da coisa que possui aquelas qualidades sentidas e torna-se, paulatinamente, sentida por intermediários mais sutis. O modo de apreensão de um extremo ao outro possui um escalonamento próprio. Os modos distintos de abstração têm seu início, portanto, já no modo diferenciado de apreensão dos próprios sentidos externos[8].

---

7. Rahman: II,2,61 / Bakós: II,2,42s. "Et in hoc differunt apprehensio iudicantis sensibilis et apprehensio iudicantis imaginabilis et apprehensio iudicantis aestimabilis et apprehensio iudicantis intelligibilis [...]". Cf. Riet: II,2,120.
8. Vide adiante III.2.

Nesse quadro, o número de graus de abstração em quatro pode ser tomado como o ponto mais evidente das distinções dos modos de abstração das faculdades da alma e melhor compreendido como quatro de vários estágios de interiorização das formas percebidas. É certo que as distinções de apreensão dos sentidos externos confluem para o sentido comum que atua como um receptor dessas sensações, estabilizando-as na faculdade formativa e, de certo modo, tornando-as equivalentes como forma imaginativa. Contudo, o processo de interiorização das formas sensíveis na alma, seguindo por inúmeras e sutis passagens de um estágio ao outro de abstrações, sugere uma estrutura em diversas camadas[9], do mais baixo ao mais alto, do material ao imaterial, do visível ao invisível, mas não em dualidades ou rupturas e sim num modo de continuidade. Ainda que se assinalem os extremos, deve-se levar em conta as passagens intermediárias de um estado ao outro como estágios e estados que, em continuidade, se ligam mutuamente enquanto fazem parte de uma mesma realidade potencialmente capaz de ser apreendida de inúmeros modos segundo os limites de cada uma das faculdades da alma. Na base do sistema, pode-se extrair uma realidade una, manifesta em dobraduras sucessivas num universo que flui e retorna ao seu princípio inteligente[10].

Uma das visões que auxiliam nessa interpretação pode ser extraída a partir dos próprios modos de percepção que a alma humana possui. Mesmo considerando apenas os quatro graus de abstração explicitamente apontados por Ibn Sīnā – um pelos sentidos externos, um pela faculdade formativa, um pela faculdade estimativa e um pelo intelecto – analisando-os mais detidamente, verifica-se que eles não se apresentam como rupturas ou como percepções independentes de uma mesma coisa que esteja frente à alma humana, mas como graus de percepção distintos em mútua colaboração e, em alguns casos, de dependência. De um estágio a

---

9. Tal estrutura pode ser similar à estrutura cosmológica contida na *Metafísica*, notadamente nas partes que seguem a descrição estabelecida por Al-Fārābī nos primeiros capítulos do *Kitāb 'arā' 'ahl 'al-madīna al-fāḍila*.
10. Descrição de movimentos circulares que bem podem ser vistos na estrutura de *A Origem e o Retorno*, op. cit. Também a descrição cosmológica da *Metafísica*, tendo como limite a emanação de matéria e forma por meio da inteligência ativa, proporciona o movimento de retorno da alma humana ao princípio inteligente do qual procede.

outro, os dados percebidos mantêm em continuidade a forma percebida desde os sentidos externos até sua abstração total pelo intelecto.

O nível de apreensão pelos sentidos é o que mais necessita da presença da matéria da coisa percebida e, em nenhum caso, pode-se realizar sem ela. Esse primeiro grau de abstração não apreende a forma destituída de sua ligações com a matéria, mas refere-se à forma assinalada pelos acidentes materiais. Por causa da matéria, a forma inteligível e a forma sensível são apreendidas em graus distintos. Um dos exemplos usados por Ibn Sīnā diz respeito ao conceito de humanidade. Ora, a forma humana é uma coisa una enquanto forma inteligível, não obstante poder ser contada em vários indivíduos humanos. A multiplicidade não pertence à essência da forma, pois, se assim fosse, ela não poderia ser atribuída a um só. Por isso, o fato de ser multiplicada em vários indivíduos é um acidente material da forma. Enquanto forma inteligível, é una e, enquanto forma material, é múltipla. Em si mesma, a forma inteligível da humanidade não comporta os limites de lugar, quantidade, qualidade e posição. Não convém que sejam reunidos, à essência da forma humana, acidentes que são próprios da matéria assinalada. Por tais razões, os sentidos externos operam frente a frente com as particularidades das formas materiais e só atuam em presença da matéria. O modo de percepção pelos sentidos externos abstrai, mas não de forma total. Diz Ibn Sīnā:

فالحسّ يأخذ الصورة عن المادة مع هذه اللواحق ومع وقوع نسبة بينها وبين المادة إذا زالت تلك النسبة بطل ذلك الأخذ , وذلك لأنه لا ينزع الصورة [عن المادة نزعا محكما] بل يحتاج إلى وجود المادة أيضا في أن تكون تلك الصورة موجودة له .

Assim, o sentido [externo] apreende a forma que provém da matéria com esses caracteres e com o estabelecimento de uma relação entre ela [a forma] e a matéria; quando essa relação cessa, essa apreensão é reduzida a nada. Isso ocorre porque o sentido [externo] não abstrai a forma (que vem da matéria por uma abstração elevada), sendo necessária também a existência da matéria para que essa forma exista para ele [sentido externo][11].

11. Rahman: II,2,59 / Bakós: II,2,41. "[...] et propter accidentiam comparationes quae est inter eam et materiam; quae comparatio cum remota fuerit, destruetur ipsa apprehensio; visus autem indiget his accidentibus cum apprehendit formam, eo quod non abstrahit formam a materia

Porém, afirmar que é necessária a presença da matéria para que o sentido externo apreenda a coisa não significa que o apreendido é a própria coisa. Se الإحساس هو قبول صورة الشىء مجردة عن مادته / *a sensação é a recepção da forma da coisa, abstraída de sua matéria*[12], toda percepção é, pois, um modo de abstração. O que o sentido externo apreende não é a coisa mas a forma da coisa e, por essa razão, Ibn Sīnā afirma que والمحسوس الأول بالحقيقة هو الذى يرتسم في آلة الحس وإياه ندرك / *o primeiro sentido, na verdade, é aquilo que se imprime no órgão do sentido e, então, sentimos*[13].

O contato entre a alma e as realidades extrínsecas que ela pode conhecer se faz, assim, em sucessivas sobreposições de abstrações que se dirigem ao interior da alma. Utilizando os instrumentos que ela mesma atualizou na matéria que tomou por receptáculo, a alma conhece as coisas distintas de si mesma por meio de uma introjeção paulatina da forma das coisas que se lhe apresentam. Apesar de os instrumentos sensoriais operarem por órgãos, é a alma em seu íntimo que conhece, destituída de qualquer órgão. O conhecimento faz-se, assim, por uma operação interior como resultado último do processo iniciado pela apreensão dos sentidos externos. No outro extremo, isto é, o conhecimento sem a participação dos sentidos, é indicado pelo autoconhecimento da alma e pelo modo do intelecto sagrado[14]. No caso da mediação dos sentidos, o processo inicia-se com a presença das coisas distintas da alma, mas esse processo também gera um conhecimento da alma nela mesma. Em todo caso, a alma

       abstractione vera, sed est necessarium materiam adesse ad hoc ut haec forma apprehendatur in illa". Cf. Riet: II,2,116s.
12. Rahman: II,2,61 / Bakós: II,2,43. "[...] sentire etenim est recipere formam rei nudam a sua materia [...]". Cf. Riet: II,2,120s.
13. Rahman: II,2,62 / Bakós: II,2,43. "Primum enim sensatum certissime est id quo describitur in instrumento sensus, et illud apprehendit". Cf. Riet: II,2,121. Verbeke confirma essa interpretação em sua "Introdução": "Segundo Avicena, toda sensação consiste em receber a forma abstraída do objeto percebido. [...] Trata-se de uma forma abstrata, desprovida da matéria: pois isso que Avicena chama de o primeiro percebido (*primum sensatum*) não é o objeto exterior, a coisa existente fora do que conhece, mas a impressão recebida no órgão sensitivo". Verbeke, "Introdução I-III", *op. cit.*, p. 49.
14. Ao primeiro atribui-se a consciência e com o segundo – intelecto sagrado – Ibn Sīnā pretendeu, inclusive, explicar o funcionamento das profecias.

conhece o que se poderia dizer "extrínseco" por sucessivas introjeções da forma da coisa até atingir o entendimento da forma inteligível. Essa distinção pode ser ilustrada pela seguinte afirmação de Ibn Sīnā: ويشبه أن يكون إذا قيل أحسست الى الخارجى كان معناه غير معنى أحسست في النفس / *quando se diz "senti a coisa fora", a noção parece ser diferente da noção de "senti na alma"*[15]. Sentir a coisa extrínseca significaria receber a própria forma material da coisa nos sentidos – o que não é possível – ao passo que sentir a coisa intrinsecamente significaria receber a forma sensível nos órgãos dos sentidos. O *primeiro sentido* ou *primeiro percebido* não é propriamente o objeto exterior mas a impressão que chega ao órgão sensorial. Como bem assinala Verbeke, "o que é percebido não é propriamente dito o que se encontra no objeto mas a afecção produzida por ele na faculdade sensitiva"[16]. O próprio Verbeke denomina esse processo de interiorização e sucessivas abstrações de "processo de desmaterialização"[17]. O termo parece apropriado quando se entende que o conhecimento que a alma tem daquilo que não é ela mesma não deixa de ser um conhecimento nela mesma. A ligação da alma com o corpo é fato evidente que liga o material ao imaterial. Ora, sendo o conhecimento intelectual uma operação da alma, mesmo que a matéria dele participe, em último grau o conhecimento pelo intelecto só pode ocorrer pela introjeção dos dados sensíveis para o interior da alma. Não há rupturas bruscas entre o material e o imaterial, assim como não há entre o corpo e a alma. Apesar de serem duas substâncias, a hierarquia das faculdades indica sucessivos níveis de ligação entre as duas em mútua colaboração, de modo a estabelecer uma continuidade de um extremo ao outro, sem interrupção. Por isso, o conhecer, que é uma operação íntima da alma e mesmo sua operação por

---

15. "Videtur autem quod cum dicitur *sentiri quod est extrinsicus*, intellectus eius est praeter intellectum *sentiendi in anima*". Cf. Riet: II,2,121. A passagem pode ser interpretada de outros modos. Bakós entende que "na alma" trata da apreensão dos universais (cf. n. 274). Verbeke entende que a oposição fora e dentro da alma significariam que aquele que conhece não sai de si para conhecer, mas sua alma é afetada pela coisa e, no caso de "perceber na alma", o sentido seria de que não é a forma material mas a forma abstraída da matéria que está presente nos sentidos. Cf. Verbeke, "Introdução I-III", *op. cit.*, p. 49.
16. Verbeke, "Introdução I-III", *op. cit.*, p. 49.
17. Verbeke, "Introdução I-III", *op. cit.*, p. 50.

excelência, mesmo que se inicie com algo que lhe é distinto e dir-se-ia externo, sofre esse processo de desmaterialização ou interiorização para que o distinto torne-se semelhante e o externo, interno.

Os quatro graus propostos para que se dê o conhecimento intelectual nada mais parecem ser do que uma demonstração das sucessivas etapas dessa interiorização dos dados sensíveis para o interior da alma. Primeiro pelos sentidos externos, depois pelos dois internos e, no último grau, pelo intelecto. O lugar mais íntimo e próprio da alma é o intelecto e, por isso, é de lá que a alma conhece em grau mais elevado. A alma desce e procede da inteligência ativa, sendo esta, pois, sua mais íntima e primeira relação. Nada mais razoável que, no mais íntimo de si mesma, a alma humana conheça as coisas em estreita proximidade e pela mediação da inteligência ativa. Isso parece garantir que todo o conhecimento do que se chamaria de mundo exterior, fazendo-se por graus de introjeções sucessivos até as formas inteligíveis, transforme-se em conhecimento do de fora pelo de dentro. Como a inteligência ativa é o princípio de todas as formas inteligíveis, o termo "fora" parece se enfraquecer e se limitar, contrastando com uma visão cosmológica fechada em si mesma, como é proposta por Ibn Sīnā[18].

III.2. A apreensão das formas sensíveis pelos sentidos externos

Ao final da segunda seção do Capítulo II, Ibn Sīnā anuncia a análise do começo da sensação por meio dos sentidos externos e afirma:

---

18. Um dos traços de uma cosmologia construída a partir da emanação em sucessivas inteligências – baseada em Al-Fārābī – pode ser visto como um universo fechado em sua interioridade. O termo "fora" e "externo" se enfraquece, pois, de certo modo, tudo se dá por dentro, apesar do aspecto visível e sensível que a alma humana também apreende. A psicologia de Ibn Sīnā insere-se nesse princípio de duplicidade de uma única realidade e se mantém em harmonia com a cosmologia e a metafísica. Também a inteligência agente pode ser tomada a partir de seus dois extremos: o aspecto lunar é exterior e visível, o aspecto de ser princípio de inteligibilidade é interior e não visível. O paradigma das duas faces se mantém: como o centro de uma gigantesca ampulheta o homem pode olhar para cima e para fora de si e vislumbrar a infinitude do mundo sensível e, simultaneamente, olhar para dentro, no mais íntimo de si e vislumbrar a infinitude do mundo inteligível. Nesse caso, o movimento do superior significa, também, interior.

وإذ قد تكلمنا على الإدراك الذي هو أعم من الحسّ ثم تكلمنا في كيفية إحساس الحسّ مطلقا فنقول إن كل حاسة فإنها تدرك محسوسها وتدرك عدم محسوسها .

E visto que já falamos a respeito da percepção, a qual é mais geral do que os sentidos [e], em seguida, falamos da qualidade da sensação dos sentidos, dizemos, pois, que cada sentido percebe seu sensível e a privação de seu sensível[19].

Com isso, iniciam-se os graus de abstração anteriormente indicados segundo os sensíveis próprios a cada um dos sentidos. A análise seguinte a essa afirmação inclui o estudo detido dos sentidos externos na seguinte seqüência: tato, paladar, olfato, audição e visão. Ibn Sīnā dedica uma seção a cada um deles, com exceção da visão, que ocupa um capítulo inteiro dividido em oito seções. Tanto a seqüência da análise dos sentidos externos como a extrema diferença de extensão entre a visão e os demais sentidos não são gratuitas. Primeiramente, iniciar pelo tato e terminar com a visão reflete, como já mencionamos, a hierarquia das percepções que a alma pode realizar por meio de seus instrumentos. Num extremo, o tato é o mais material dos sentidos e, no outro, a visão se mantém como o mais imaterial dos sentidos. Entre os dois escalonam-se o paladar, o olfato e a audição como estágios intermediários de apreensão. O sentido do tato necessita da presença material do sensível cujo contato direto é o único capaz de fazer sentir. No caso do paladar, o mesmo se dá, pois não ocorre que algo seja palatável sem que esteja em contato com o órgão responsável por esse tipo de apreensão, mas já se indica a presença de um meio intermediário participando dessa operação. No caso do olfato, a presença sensível da coisa diminui de intensidade porque não é o contato direto da coisa que atinge o órgão sensível mas algo que dela é proveniente, misturado ao ar. O mesmo se dá no caso da audição. A visão, considerada como sendo o sentido de maior alcance e de maior riqueza de dados, por sua vez, também não necessita do contato material com a coisa. Depois

---

19. Rahman: II,2,66 / Bakós: II,2,46. "Postquam autem iam locuti sumus de apprehendere quod est generalius quam sentire, et locuti sumus de qualitate sentiendi generaliter, dicemus nunc quod omne sentiens apprehendit suum sensatum et apprehendit etiam privationem sui sensati". Cf. Riet: II,3,129s.

da visão, a abstração se realiza pelas câmaras internas do cérebro na qual se dispensa totalmente a presença da forma material da coisa frente aos órgãos, passando a percepção, a partir disso, a se fixar em imagens sobre as quais operam os outros sentidos internos e, por fim, o próprio intelecto.

O modo de continuidade que se estabelece desde a coisa sensível até o conhecimento desta pela alma é um modo de continuidade que interliga todos os instrumentos pelos quais a alma conhece o que não é ela mesma. Não fosse assim, não afirmaria Ibn Sīnā que والحسّ طليعة للنفس / *o sentido é um observador que a alma possui*[20]. Note-se que, por um lado, a essência da alma é ser uma substância inteligente que se sabe existente, como foi afirmado na alegoria do homem suspenso no espaço. Saber-se existente assemelha-a às inteligências separadas que têm consciência de si. Mas, na medida em que a alma vem à existência acompanhada do corpo – tomando por receptáculo a matéria que lhe é adequada a partir da mistura dos elementos – ela desenvolve instrumentos para a apreensão das coisas que não são ela mesma nos limites que aquela particular mistura suporta. Desse modo, toda apreensão pelos instrumentos da alma é um recolhimento de dados para o interior da alma visando conhecer. Se, por um lado, a alma e o corpo formam um conjunto harmônico de dois extremos, a ligação de um extremo ao outro não se faz de modo a haver um estranhamento entre ambos. O modo de percepção e apreensão pelos instrumentos que a alma põe em ação para conhecer indica gradação do material ao imaterial. No extremo da materialidade está a forma material da coisa e, no outro, a forma inteligível da coisa. A alma opera por meio dos instrumentos de suas faculdades de um extremo ao outro: o tato é o sentido que garante o contato mais próximo da apreensão da forma sensível por meio do contato com a coisa material e o intelecto é o responsável pela aquisição da forma inteligível sem necessitar mais desse contato, operando sobre as formas internas estabilizadas nos sentidos internos simultaneamente em conexão com os princípios das formas inteligíveis presentes na inteligência ativa[21]. Entre ambos escalonam-se os graus de

---

20. Rahman: II,2,67 / Bakós: II,2,47. "Ergo sentire est natura animae [...]". Cf. Riet: II,3,131.
21. Afirmado que o tato não precisa de intermediário sendo o contato direto da matéria com a

apreensão segundo os graus de abstração. Visto que o conhecimento pelo intelecto comumente se faz como resultado do caminho da forma sensível apreendida pelos sentidos externos, algumas questões a partir disso emergem. Uma primeira questão é saber o que é realmente que o sentido externo apreende e como se inicia o processo sensível. A segunda inclina-se a saber se, na apreensão sensível, há ou não algum tipo de intermediário. Destaquemos, então, algumas passagens referentes aos sentidos externos para verificar como Ibn Sīnā trata dessas questões.

No caso do tato, Ibn Sīnā inicia afirmando que وأول الحواس الذي يصير به الحيوان حيوانا هو اللمس / *o primeiro dos sentidos pelo qual o animal se torna animal é o tato*[22]. Não se deve confundir aqui o fato de se afirmar que o tato – e não a faculdade da nutrição, geração e crescimento – é a mais material das faculdades animais, pois, no caso presente, trata-se da passagem do vegetal ao animal e essa faz-se pela percepção e pelo movimento. Por isso, no mundo sublunar, assim como as faculdades vegetativas fazem a passagem dos sólidos sem vida para os seres animados, do mesmo modo as faculdades de percepção fazem a passagem dos vegetais aos animais e, dentre elas, o tato é a mais próxima nessa passagem. Isso assim é afirmado porque وذلك لأن الحيوان تركيبه الأول هو من الكيفيات الملموسة فإن مزاجه منها وفساده باختلافها / *a primeira estrutura do animal vem das qualidades táteis, sua compleição vem delas e sua corrupção vem de suas contrariedades*[23]. Na abordagem da percepção realizada pelos sentidos externos deve-se ter em mente que o que é sentido são as qualidades das coisas. Na seguinte passagem, Ibn Sīnā bem caracteriza esse entendimento:

---

própria matéria, ficam estabelecidos os limites pelos quais o homem se vincula às realidades sensível e inteligível. Por um lado, o contato direto do intelecto com a inteligência ativa sem intermediário por meio da operação do intelecto sagrado e, por outro, o contato direto do corpo com a matéria por meio da faculdade do tato. Todo o desenvolvimento seguinte acentua as passagens intermediárias entre esses dois extremos.

22. Rahman: II,2,67 / Bakós: II,2,46. "Primus sensuum propter quos animal est animal est tactus". Cf. Riet: II,3,130.
23. Rahman: II,2,67 / Bakós: II,2,46s. "[...] hoc est quod prima compositio animalis est ex qualitatibus tactibilius; et ex quibus est complexius eius, destructio eius fit ex earum diversitate". Cf. Riet: II,3,131.

وبالحقيقة ليس إنما يحس ما في المحسوس بل ما يحدث منه في الحاس حتى أنه إن لم يحدث ذلك لم يحس به، لكن المحسوس بالذات هو الذي يحدث منه كيفية في الآلة الحاسة مشابهة لما فيه فيحس.

Na verdade, não ocorre que seja sentido somente o que está no sensível; ao contrário, aquilo que, do sensível, começa a ser naquele que sente, de maneira que se isso não começasse a ser, o sensível não seria sentido. Entretanto, o sensível é essencialmente isso pelo que começa a ser, no órgão que sente, uma qualidade semelhante ao que está no sensível. A qualidade, pois, é sentida[24].

O tato não possui intermediário pois o seu sensível próprio se dá pelo contato direto entre a coisa e a carne, tocada pelo sensível:

ومن الخواص التي للمس أن الآلة الطبيعية التي يحس بها وهي لحم عصبى أو لحم وعصب تحس بالمماسة وإن لم يكن بتوسط ألبتة فإنه لا محالة يستحيل عن المماسات ذوات الكيفيات وإذا استحال أحس، ولا كذلك حال كل حاسة مع محسوسها.

Dentre as propriedades que possui o tato, sendo órgão natural pelo que se sente, é uma carne nervosa ou uma carne e um nervo que sentem por contato, se bem que não haja aí absolutamente nenhum intermediário. Sem dúvida, eles são alterados pelas coisas em contato que possuem as qualidades, e quando são por elas alterados, sentem. Mas a disposição de cada sentido com seu sensível não é a mesma[25].

A indicação de que este não é o caso dos outros sentidos externos não é de desprezar. No caso do paladar, sentido contíguo ao tato, o contato direto da coisa com o órgão do sentido ainda é necessário. Contudo, a presença de um intermediário indica que a seqüência das apreensões se faz de modo ascendente em direção ao maior grau de abstração que cul-

---

24. Rahman: II,3,69 / Bakós: II,3,48. "[...] non sentietur, quoniam non sentitur quod est in sensato sed id quod accidit sentienti ex illo ita ut, quamdiu illud non acciderit ei, ipsum non sentietur, quia sensatum per seipsum est id propter quod accidit instrumento sentienti qualitas similis ei quae in illo est, et tunc sentitur". Cf. Riet: II,3,135.
25. Rahman: II,3,71s / Bakós: II,3,50. "Ex proprietatibus autem tactus est quod instrumentum naturale quod est caro nervosa aut caro et nervus ex hoc quod sentit, sentit ex tactu, quamvis non sit ibi medium aliquo modo: ipse enim sine dubio permutatur propter tangentia habentia qualitatem et, cum permutatur, sentit. Non est autem ita dispositio omnis sensus cum suis sensatis". Cf. Riet: II,3,138.

minará na aquisição das formas inteligíveis. Depois do contato direto com a matéria, sem intermediário, exercido pelo tato como o mais material dos sentidos, o estágio posterior, representado pelo paladar, guarda algumas características do anterior mas já apresenta um novo aspecto quanto à presença de um intermediário. Aliás, a estrutura de continuidade apresentada por Ibn Sīnā segue o adágio de que a realidade se mostra como um feixe de dobraduras sucessivas em estágios superpostos que funcionam como se fossem dobradiças entre um estágio e outro. Tais elementos caracterizam-se por apresentar traços do estágio anterior e algum novo traço que, por sua vez, será apresentado pelo estágio posterior com algum outro novo traço e assim, sucessivamente, estabelece-se uma cadeia completa, harmônica e hierarquizada, na qual os graus de abstração representados pelas diversas apreensões das faculdades da alma nada mais são do que reflexo dessa estrutura fundamental. É isso que a aparentemente despretensiosa passagem do tato para o paladar reflete.

وأما الذوق فإنه تال للمس ومنفعته أيضا في الفعل الذي به يتقوم البدن وهو تشهية الغذاء واختياره ، ويجانس اللمس في شيء وهو أن المذوق يدرك في أكثر الأمر بالملامسة ويفارقه في أن نفس الملامسة لا يؤدى الطعم كما أن نفس ملامسة الحار مثلا يؤدى الحرارة بل كأنه محتاج إلى متوسط يقبل الطعم ويكون في نفسه لا طعم له ، وهو الرطوبة اللعابية المنبعثة من الآلة المسماة الملعبة.

O paladar segue-se ao tato, sua utilidade também consiste na ação pela qual subsiste o corpo e é a excitação do desejo para o alimento e sua escolha. Numa coisa ele é do mesmo gênero que o tato; a saber, que o que se degusta é, na maioria dos casos, percebido por contato. Por outro lado, separa-se do tato quanto ao contato em si mesmo, pois este não faz chegar o sabor do mesmo modo que o contato do quente faz chegar o calor. Mas o paladar é como se tivesse necessidade de um intermediário para receber o sabor, sem que este tenha em si um sabor, e este é o humor salivar devido à excitação do órgão chamado ptialagogue[26].

26. Rahman: II,4,75 / Bakós: II,4,52. "Gustus sequitur post tactum; cuius utilitas est in actione per quam perficitur corpus, quae facit desiderare nutrimentum et experiri. Convenit autem cum tactu in uno scilicet quod gustatum frequentius tactu deprehenditur, sed differt ab eo in hoc quod ipse tactus non reddit saporem sicut tactus calidi reddit calorem, sed quasi eget medio quod recipiat saporem et sit in se non habens saporem: quod est humor salivae qui provenit ex instrumentis salivalibus". Cf. Riet: II,4,143.

O olfato apresenta estrutura semelhante, mas já se distancia do paladar, pois não precisa da presença da coisa em contato com o órgão que sente: ووساطة الشم أيضا جسم لا رائحة له كالهواء والماء يحمل رائحة المشمومات / *o intermediário do olfato também é um corpo inodoro como o ar e a água que trazem o odor das coisas cheiradas*[27]. O modo de apreensão pelo órgão do olfato permite que se entenda mais claramente que o que é sentido é aquilo que do sensível atravessa o meio intermediário e atinge o órgão da faculdade sensível e, então, a qualidade disso é propriamente sentida.

فبين أن الرائحة إنما تصل إلى الشم ببخار يتبخر من ذى الرائحة ويخالط الهواء وينفذ فيه .

Ficou evidente que os odores só chegam ao olfato por meio de uma exalação que provém daquilo que possui o odor, o qual se mistura com o ar e o atravessa[28].

A mesma estrutura triádica também se encontra no processo de apreensão pelo sentido externo da audição: a coisa que produz o efeito, o intermediário e o órgão do sentido. Na quinta seção do Capítulo II, Ibn Sīnā estuda o som e o eco, procurando confirmar que a presença dos três elementos é necessária e que a forma sensível que atinge o órgão do sentido possui uma origem necessária na forma material da coisa. Não há o caso em que a forma sensível comece a ser apenas pelo órgão que sente sem que possua realidade alguma e ligação alguma com a forma material da coisa. A forma sensível, pois, reproduz o que da forma material se desprende. No caso do som, é pelo choque entre duas coisas que o meio intermediário é alterado e atinge o órgão da audição. Afirma Ibn Sīnā:

فإذا انتهى التموج من الهواء أو الماء إلى الصماخ وهناك تجويف فيه هواء راكد يتموج بتموج ما ينتهى إليه ووراءه كالجدار مفروش عليه العصب الحاس للصوت أحسّ بالصوت.

27. Rahman: II,4,77 / Bakós: II,4,53. "Medium autem odorandi est corpus non habens odorem, sicut aer et aqua, quae deferunt odorem odoratum". Cf. Riet: II,4,148.
28. Rahman: II,4,78 / Bakós: II,4,54. "Clarum est igitur quod odor non venit ad odoratum nisi propter vaporem qui evaporat ex odorifero et permiscetur aeri et diffunditur per illum". Cf. Riet: II,4,149.

Quando a agitação do ar ou da água atinge o canal auditivo onde está uma cavidade na qual encontra-se o ar imóvel, este é agitado por uma certa agitação que chega a ele e, por trás dessa cavidade, encontra-se uma parede sobre a qual estende-se o nervo que percebe o som e, então, sente-se o som[29].

Mesmo considerando a dificuldade de emitir um julgamento sobre o início do som, Ibn Sīnā considera que o som que começa no órgão tem origem real no choque que, a partir da coisa, começa a existir. Uma das razões apontadas por ele é a de que إن الصوت كما يسمع يسمع له جهة / *tal como se escuta o som, escuta-se sua direção*[30]. Se o som começasse a existir unicamente no órgão do sentido, não seria possível identificar se sua origem estaria, por exemplo, à direita ou à esquerda, e sua causa não seria identificada. Essa afirmação de Ibn Sīnā reforça, portanto, que o meio intermediário é o que possibilita essa identificação, pois, se o contato da coisa chocada com o órgão fosse direto, não seria preciso um meio intermediário, mas, como se ouve o som de coisas distantes, é preciso um intermediário e, como das coisas distantes identifica-se sua direção, é forçoso que o som não comece no órgão do sentido mas na coisa que produz o choque. Com isso, justifica-se a operação da apreensão sensível da audição a partir dos três elementos indicados. Tal estrutura triádica parece guiar os modos de apreensão das formas sensíveis em caráter de ascensão e de intensidade abstrativa. Por um lado, semelhanças entre o modo de apreensão dos sentidos externos são mantidas e, por outro, a cada estágio de apreensão particular por um dos sentidos intensifica-se um maior grau de abstração, de afastamento da materialidade das coisas em direção à apreensão puramente inteligível, pelo intelecto. Afirmar que ويشبه أن يكون لكل صوت صدا ولكن لا يسمع كما أن لكل ضوء عكسا / *parece que todo som possui um eco, porém não escutado, do mesmo modo que*

---

29. Rahman: II,5,84 / Bakós: II,5,58. "Cum autem commotio aeris aut aquae pervenit ad nervum expansum intus in aure receptibilem soni, ante quem est concavitas in qua est aer quietus, movetur motu eius qui pervenit ad ipsum et post quem est quasi paries, super quem est nervus expansus sentiens sonitum, tunc sentitur sonitus". Cf. Riet: II,5,157s.
30. Rahman: II,5,85 / Bakós: II,5,59. "[...] et dicemus quod sonitus, cum auditur, auditur ex parte". Cf. Riet: II,5,160.

toda luz possui um reflexo[31] pode indicar que a mesma estrutura na percepção sensível guia Ibn Sīnā e ecoa nos modos de abstração subseqüentes, como pretendemos mostrar.

O caso da visão, como já frisamos, ocupa um capítulo inteiro[32] e é praticamente um tratado à parte. Além de estudar o meio de operação do órgão da visão, nele Ibn Sīnā estuda também a luz, a cor, o meio diáfano e as causas pelas quais se dão determinados fenômenos visuais. Para o nosso desiderato vale destacar que a estrutura de apreensão pela visão, não obstante ser tratada de modo mais detida e intensa, mantém os três elementos essenciais para tal apreensão: a forma material da coisa que produz a forma sensível, o meio intermediário que permite o contato dessa forma com o órgão sensível e, obviamente, o próprio órgão responsável por essa apreensão. A frase de abertura do capítulo em questão mostra bem a estrutura que entendemos ser o guia de Ibn Sīnā:

وحرى بنا أن نتكلم في الإبصار، والكلام فيه يقتضي الكلام في الضوء والمشف واللون وفي كيفية الاتصال الواقع بين الحاس والمحسوس البصري.

Agora, nos convém falar da visão e, ao falar disso, torna-se necessário que se fale da luz, do diáfano, da cor e do modo de continuidade que se estabelece entre aquele que sente e o sensível visual[33].

A distinção dos elementos que compõem a apreensão visual mantém a luz como um ato que atualiza as cores que estão em potência nas coisas.

---

31. Rahman: II,5,89 / Bakós: II,5,61. "Videtur autem quod omnis sonus tinnitum habet, sed non auditur; omne autem lumen reverberatur". Cf. Riet: II,5,166.
32. O estudo dedicado à visão no Capítulo III é três vezes mais extenso do que o estudo dedicado a todos os outros sentidos em conjunto. Não nos cabe aqui estabelecer uma análise detalhada sobre as questões nas quais Ibn Sīnā se envolve na apresentação do estudo da visão, pois estas caberiam mais propriamente a um estudo comparativo de sua concepção frente a concepções que ele refuta no desenvolvimento do capítulo. Dentre elas destaca-se a posição de Demócrito e Galeno, que teriam afirmado que a visão se realizaria por meio de raios projetados do órgão da visão até as coisas exteriores, cf. Verbeke, "Introduction I-III", pp. 83-90. No nosso caso, procuramos identificar os elementos básicos que permitem afirmar um modo de continuidade entre a forma material e a forma sensível com a presença de um meio intermediário, com o objetivo de confirmar a manutenção da estrutura que ele apresentara anteriormente.
33. Rahman: III,1,91 / Bakós: III,1,63. "Debemus loqui de visu. Sed ad loquendum de eo, necesse est prius loqui de lumine et de luminoso et de colore et de qualitate continuitatis quae cadit inter sentiens et sensatum visibile". Cf. Riet: III,1,169.

O meio diáfano, por sua vez, é o intermediário que estabelece o modo de continuidade da luz até a atualização das cores nas coisas, alcançado o órgão da visão. Tais elementos bastam para estabelecer a apreensão realizada pela visão, pois أن الهواء إذا كان شفافا بالفعل وكانت الألوان ألوانا بالفعل وكان البصر سليما لم يحتاج إلى وجود شيء آخر في حصول الإبصار / *quando o ar é diáfano em ato e quando as cores são cores em ato e quando a vista é sã, não há necessidade da existência de outra coisa para a ocorrência do ato de ver*[34]. Embora a visão seja considerada o mais rico dentre os sentidos externos, sua apreensão mantém-se na mesma concepção das anteriores. O percebido é a forma sensível da coisa que, tendo origem na própria coisa, atravessa o meio intermediário e toca o órgão da visão e, então, sente-se. Em princípio, deve-se admitir que a forma sensível oriunda da coisa não é uma forma qualquer mas se mantém em estreita fidelidade com a coisa, sendo alterada somente quando houver danos no órgão ou se a alteração do meio intermediário danificar a recepção. Quanto à questão que levantáramos a respeito de saber o que propriamente é que o sentido externo apreende em sua operação, Ibn Sīnā responde categoricamente nesta passagem:

ونحن نقول إن البصر يقبل في نفسه صورة من المبصر مشاكلة للصورة التي فيه لا عين صورته .

Dizemos que a vista recebe em si mesma uma forma do que é visto [que é] similar à forma que está nele [no visto] e não sua [do visto] forma concreta[35].

Tal afirmação confirma que a forma sensível é recebida no órgão do sentido e não há o caso em que o órgão do sentido saia de si ou envie para fora de si qualquer realidade sua que atingisse a coisa. Os sentidos externos são, pois, meios de recepção das realidades que não são a própria alma e têm como função trazer para o interior da alma as formas sensíveis

---

34. Rahman: III,5,123 / Bakós: III,5,87. "Deinde putamus quod, cum aer fuerit translucens in effectu et colores fuerint colores in effectu [...], non sir necesse esse aliud ad habendum visum". Cf. Riet: III,5,225.
35. Rahman: III,7,141 / Bakós: III,7,99. "Unde nos dicimus quod visus recipit a viso formam similem ei quae in illo est". Cf. Riet: III,7,254.

que lhe chegam do exterior. O processo intensificado pelos sentidos internos e encimado pelo intelecto confirma que a alma conhece o que não é ela mesma, nela mesma. Os órgãos dos sentidos externos funcionam como grandes receptores das formas sensíveis que procedem das coisas que não são a alma. Quanto a saber se existiriam outras formas sensíveis que se originam das coisas, as quais não as apreendemos, mais sensato seria afirmar que, no limite da mistura dos elementos da matéria, a alma humana formaliza os sentidos de acordo com essas particulares potencialidades e características, apreendendo o que estiver somente nesses limites de percepção.

Com a visão atinge-se o máximo de afastamento da matéria da coisa sentida, quanto à apreensão pelos sentidos externos. O tato precisa do contato direto com a coisa tátil; o paladar também, mas o humor salivar, como intermediário, já se interpõe nessa operação; na audição, o meio intermediário – o ar ou a água – já permite ouvir o que está mais distante do órgão e, finalmente, a visão apreende as coisas mais distantes que a alma humana pode receber pelos sentidos externos. Tocam-se as pedras, degustam-se as plantas, ouvem-se os pássaros e vêem-se as estrelas. Do mais próximo ao mais distante, os sentidos externos são os meios pelos quais a alma humana pode se conectar com as coisas que não são ela mesma. Todos os sentidos externos, porém, têm como função trazer para o interior da alma as formas sensíveis segundo o modo específico de cada um deles operar. Os graus de distanciamento da matéria da coisa sentida, que cada um dos sentidos externos marca, já faz parte do processo de abstração em seu sentido mais amplo, do sensível ao inteligível. Mas extremar esses dois níveis, como se fossem dois penhascos sobre os quais nenhuma ponte poderia ser estendida, seria ignorar que a estrutura dos graus de abstração proposta por Ibn Sīnā é a cadeia de ligação de um extremo ao outro e que se reflete na própria apreensão das formas pela alma humana. Os dois graus extremos, sensível e inteligível, possuem intermediações e continuidade que dificultam entendê-los como os dois únicos elementos sobre os quais a alma opera. São essas passagens, sutis e contínuas, que permitem o contato e o conhecimento que a alma humana passa a ter daquilo que não é ela mesma. Tudo, porém, se passa no interior da alma pois é para lá que tudo converge. Desde o contato direto do tato até as formas coloridas pela visão, o caminho das formas sensíveis é serem interiorizadas na alma. A passagem seguinte é a entrada dessas formas nas câmaras cerebrais e sua estabilização pelos sentidos internos. Depois, são percebidas pelo intelecto e iluminadas pela inteligência ativa, até se chegar ao conhecimento das coisas pelo entendimento, e o saber que se tem desse entendimento, numa palavra, consciência. Afinal, é daí que parte a alma humana como afirmado na alegoria do homem suspenso no espaço e é também aí que, depois de apreender as coisas do mundo que não são ela mesma, ela as conhece.

III.3. A interiorização das formas sensíveis para as câmaras do cérebro

Tomemos como referência o exemplo apresentado por Ibn Sīnā a respeito da visão no início da oitava seção do Capítulo III. Neste pode se verificar como se dá a seqüência das formas sensíveis para o interior da alma. Opondo-se à teoria segundo a qual o olho emitiria raios que se encontrariam com os objetos vistos para formar a imagem, Ibn Sīnā sustenta a existência do intermediário como a conexão entre a coisa vista e o olho sem que nesse meio intermediário forme-se a imagem, mas, com mais propriedade, sua formação dá-se no órgão receptor. Vejamos esta passagem:

بل الحق هو أن شبح المبصر يتأدي بتوسط الشفاف إلى العضو القابل المهيأ له الأملس النير من غير أن يقبله جوهر الشفاف أصلا من حيث هو تلك الصورة بل تقع بحسب القابلة لا في زمان .

Contudo, a verdade é que a silhueta do que é visto chega por intermédio do diáfano ao membro receptor quando esse estiver apto, polido, iluminado, sem que a substância do diáfano receba a imagem de modo algum enquanto ela é essa forma, ela incide por meio da recepção, mas não num tempo determinado[36].

---

36. Rahman: III,8,151 / Bakós: III,8,106. "Verum est autem quod simulacrum visi redditur, mediante translucente, membro receptibili apto leni illuminato, ita ut non recipiat illud substantia translucentis aliquo modo secundum quod est ipsa forma, sed cadit in illud secundum oppositionem non in tempore". Cf. Riet: III,8,268.

Note-se, pois, que as cores da coisa visível que são atualizadas pela luz chegam como forma sensível ao órgão por um intermediário – o diáfano – sem o qual não poderia haver o contato da forma sensível da coisa com o órgão da visão. No entanto, a imagem que resulta desse contato não se forma no meio diáfano mas se forma no olho. A luz que permite essa operação atualiza tanto o meio como as cores das coisas que são, em última análise, o visível nas coisas sensíveis[37]. A seqüência da passagem a respeito da imagem visual formada no olho reitera esse aspecto.

وأن شبح المبصر أول ما ينطبع إنما ينطبع في الرطوبة الجليدية وأن الإبصار بالحقيقة لا يكون عندها وإلا لكان الشيء الواحد يرى شيئين، لأن له في الجليديتين شبحين، كما إذا لمس باليدين كان لمسين، لكن هذا الشبح يتأدى في العصبتين المجوفتين إلى ملتقاهما على هيئة الصليب.

E a silhueta do que é visto, a primeira que se imprime, só se imprime no humor cristalino, se bem que, verdadeiramente, a visão não se faz nele, senão uma coisa seria vista como duas coisas porque haveria, nos dois [humores] cristalinos, duas imagens, do mesmo modo que ocorre quando se toca com duas mãos, havendo, pois, dois toques. Mas essa imagem chega nos dois nervos ocos no lugar de encontro dos dois, sob o aspecto de uma cruz[38].

Ibn Sīnā lança mão da teoria dos fluxos pneumáticos para explicar o caminho que a imagem visual percorre até atingir sua impressão final na faculdade visual e, depois, no sentido comum. A explicação segue mos-

---

37. Essa estrutura de operação poderia ser tomada como paradigma para o modo de operação do intelecto. A iluminação da inteligência agente, nesse caso, tomaria o lugar da luz como indicado anteriormente pelo próprio Ibn Sīnā e atualizaria as formas inteligíveis no intelecto humano. Tal hipótese de interpretação sustenta-se apenas em parte e apenas enquanto confirma todo o desenvolvimento anterior de apreensão dos sentidos internos e externos em mútua colaboração para que, apresentados esses dados à alma, se chegasse ao conhecimento intelectual. Contudo, não se confirma totalmente, justamente por não haver independência total do intelecto nessa operação. Cf. adiante II.4, II.5 e II.6.
38. Rahman: III,8,151 / Bakós: III,8,106. "Primum autem cui imprimitur simulacrum visi est humor crystalleidos, penes quem non consistit certe videre; alioquin unum videretur duo: duo enim simulacra sunt in crystalleidis, sicut cum tangitur aliquid utraque manu sunt duo tactus. Sed hoc simulacrum redditur a duobus nervis concavis ubi coniunguntur in modum crucis, qui sunt duo nervi [...]". Cf. Riet: III,8,268.

trando que essa primeira apreensão da imagem que chega ao humor cristalino passa pelo encontro dos nervos dos dois olhos e é transportada por um pneuma específico, formando um cone para ser apreendida como uma coisa única, e não em duplicidade. O lugar do encontro dos nervos na parte posterior dos olhos é responsável por unificar a imagem que poderia ser vista como duas devido aos dois órgãos receptivos visuais.

فيتحد منهما صورة شبحية واحدة عند الجزء من الروح الحامل للقوة الباصرة (...) وهذا المؤدية هي من جوهر المبصر وتنفذ إلى الروح المصبوبة في الفضاء المقدم من الدماغ، فتنطبع الصورة المبصرة مرة أخرى في تلك الروح الحاملة لقوة الحس المشترك، فيقبل الحس المشترك تلك الصورة وهو كمال الإبصار.

E das duas [imagens] uma forma única da imagem se reúne na parte do pneuma que porta a faculdade visual. [...] mas isso que faz chegar é da substância disso que vê e ele chega ao pneuma espalhado no espaço anterior do cérebro e a forma vista se imprime uma outra vez nesse pneuma que carrega a faculdade do sentido comum. Então, o sentido comum recebe essa forma e é a perfeição da visão[39].

A passagem feita da faculdade da visão à faculdade do sentido comum, via pneumática, continua pelas mesmas vias até a faculdade formativa, que estabiliza a forma recebida. Vale notar que o sentido comum que reúne todas as formas em si é na verdade o que sente, mas este precisa da formativa, sua natural extensão, para estabilizar as formas recebidas[40].

39. Rahman: III,8,152 / Bakós: III,8,107. "[...] et offendunt se duae pyramides et cancellantur ibi, et unitur ex eis forma similitudinaria una penes partem spiritus qui gestat virtutem videndi [...] et iste reddens est de substantia videntis, et penetrat in spiritum qui est repositus in primo ventriculo cerebri, et imprimitur iterum forma visa in ipso spiritu qui est gerens virtutem sensus communis, et sensus communis recipit illam formam, et haec perfectio videndi". Cf. Riet: III,8,269.
40. A primeira questão é justificar a existência desses sentidos internos. Ibn Sīnā usa o exemplo da gota de chuva que cai e de algo reto que gira para justificar a necessidade da existência e da intervenção dos sentidos internos na percepção. Uma gota que cai é percebida descrevendo uma linha reta; se tomarmos uma linha reta e movermos sua extremidade a partir de um centro fixo, apreenderemos uma figura circular. Os sentidos externos, nesse caso, não podem nos fornecer nem o conhecimento de uma linha reta nem o de um círculo, pois eles apreendem sempre o que é dado num determinado instante. Quando o sentido externo apreende a gota de chuva a cada instante, segundo a posição que ela ocupa, não pode apreender a continuidade entre uma posição e as posições anteriores, sendo que para poder apreendê-la como uma linha reta é necessária a

ثم إن القوة التي هي الحسّ المشترك تؤدي الصورة إلى جزء من الروح يتصل بجزء من
الروح الحامل لها، فتنطبع فيه تلك الصورة ويخزنها هناك عند القوة المصورة وهي
الخيالية كما ستعلمها، فتقبل تلك الصورة وتحفظها، فإن الحسّ المشترك قابل للصورة
لا حافظ، والقوة الخيالية حافظة لما قبلت تلك.

Depois, certamente, a faculdade do sentido comum faz chegar a forma a uma parte do pneuma que é contígua a uma parte do pneuma que a carrega, sendo que essa forma é impressa nessa faculdade e ela a guarda junto à faculdade formativa que é a imaginação, como tu em breve saberás, e ela recebe essa forma e a conserva pois o sentido comum recebe a forma mas não a conserva enquanto que a faculdade da imaginação conserva aquilo que recebeu[41].

A chegada das formas sensíveis ao interior da câmara cerebral, representada primeiramente pela faculdade do sentido comum, deve levar em conta que, para Ibn Sīnā, esta faculdade possui um significado preciso e distinto daquele que a tradição filosófica anterior lhe atribuíra:

وأما الحسّ المشترك فهو بالحقيقة غير ما ذهب إليه ظن أن للمحسوسات المشتركة حسًّا

مشتركا بل الحسّ المشترك هو القوة التي تتأدى إليها المحسوسات كلها.

Quanto ao sentido que é o sentido comum, ele é, na verdade, diferente do que se pensou, isto é, que os sensíveis comuns possuem um sentido comum; mas o sentido comum é a faculdade à qual chegam todas as coisas sensíveis[42].

    conservação das posições anteriores no momento da apreensão da posição atual. Portanto, nesses casos, o conhecimento de uma linha reta ou de uma figura circular requer a intervenção dos sentidos internos. Cf. Verbeke, "Introd. IV-V", pp. 50-51 e atrás nosso I.5.

41. Rahman: III,8,152 / Bakós: III,8,107. "Deinde haec virtus quae est sensus communis reddit formam alii parti spiritus, quae est continua cum parte spiritus quae vehit ipsum, et imprimit in illam formam ipsam, et reponit eam ibi apud virtutem formalem, quae est imaginativa, sicut postea scies, quae recipit formam et conservat eam. Sensus etenim communis est recipiens formam, sed non retinens; imaginativa vero retinet quod recipit illa". Cf. Riet: III,8,269s. Em seguida, a forma que está na imaginação imprime-se no pneuma da faculdade estimativa, pois a imaginação serve à estimativa e, por fim, por meio do pneuma apropriado, الوهم بتوسط المفكرة أو المتخيلة يعرضها على النفس وعنده يقف تأدى الصورة المحسوسة. / a estimativa por meio da cogitativa e da imaginativa as apresenta à alma e na estimativa se detém o limite da forma sentida. Rahman: III,8,154 / Bakós: III,8,108. "Aestimatio vero, mediante virtute cogitationis aut imaginatione, ostendit animae, et penes eam consistit redditio formarum sensibilium". Cf. Riet: III,8,272.
42. Rahman: IV,1,163 / Bakós: IV,1,115. "Sensus autem qui est communis alius est ab eo quem

Numa outra passagem, nos diz Ibn Sīnā:

فهذه القوة هي التي تسمي الحسّ المشترك وهي مركز الحـواسّ ومنهـا تتشـعب الشـعب وإليها تؤدي الحواسّ وهي بالحقيقة هي التي تحسّ .

Esta faculdade é, pois, a que se chama sentido comum, e ela é o centro dos sentidos, e dela se ramificam os ramos e a ela são conduzidos os sentidos, e ela é na verdade aquela que sente[43].

Apesar da unificação da percepção, o caminho das formas reunidas num único lugar não garante sua estabilidade. Ora, se é possível que a alma opere sobre formas de coisas que já não estão mais presentes diante dos sentidos, forçosamente deve haver uma faculdade que fixe essas formas no interior da alma. Isso significa, portanto, que, além dessas formas terem sido recepcionadas num único e mesmo lugar, só podem ser estabilizadas por uma faculdade que esteja contígua a esta que recebeu as formas. Ora, essa é a faculdade formativa ou imaginação que tem propriamente essa função.

---

tenent illi qui putaverunt quod sensibilia communia haberent sensum communem: nam sensus communis est virtus cui redduntur omnia sensata". Cf. Riet: IV,1,1. H. A. Wolfson, em "The Internal Senses in Latin, Arabic and Hebrew Philosophic Texts", in *Studies in the History of Philosophy and Religion*, London, Harvard University Press, 1979, vol. I, afirma que "o primeiro a incluir especificamente o sentido comum em sua classificação dos sentidos internos é Avicena". Segundo Goichon, *Livre des directives et remarques*, p. 318, teria sido Al-Fārābī (cf. Verbeke, "Introd. IV-V", p. 49). De todo modo, o extenso desenvolvimento dado aos sentidos internos em Ibn Sīnā não encontra paralelo em nenhum de seus antecessores.

43. Rahman: IV,1,165 / Bakós: IV,1,116. "Et haec virtus est quae vocatur sensus communis, quae est centrum omnium sensuum et a qua derivantur rami et cui reddunt sensus, et ipsa est vere quae sentit". Cf. Riet: IV,1,5. Se não existisse uma faculdade única que percebesse o que é colorido e o que é tátil, não poderíamos distinguir um do outro. Se nos é possível distinguir uma cor e um odor, isso não é graças à visão ou ao olfato, mas graças a uma faculdade capaz de apreender simultaneamente os objetos de diferentes potências sensitivas e compará-los. Essa função, antes de ser própria do intelecto, está presente no sentido comum, pois os animais também são capazes de fazer essas distinções. Assim, o odor e o som são para os animais um indicador do sabor, e a forma de um pedaço de madeira pode lhes lembrar a dor, de modo que fogem. Isso não seria possível se não se admitisse a necessidade de essas formas estarem reunidas no interior dos animais num único lugar. A consideração das próprias coisas nos indica a existência desta faculdade, mostrando, sobretudo, que ela possui um órgão diferente dos órgãos dos sentidos externos.

لكن إمساك ما تدركه هذه هو للقوة التي تسمي خيالا وتسمي مصورة وتسمي متخيلة. (...) والحس المشترك والخيال كأنهما قوة واحدة وكأنهما لا يختلفان في الموضوع بل في الصورة، وذلك أنه ليس أن يقبل هو أن يحفظ.

Mas a ação de reter o que [o sentido comum] percebe pertence à faculdade que se chama imaginação, que se chama formativa, e que se chama imaginativa [...][44]. O sentido comum e a imaginação são como se fossem uma só faculdade; é como se as duas não diferissem quanto ao sujeito de inerência, mas quanto à forma e isso porque receber não é conservar[45].

O passo seguinte no caminho das formas indica que o movimento de composição dessas formas estabilizadas e fixadas na formativa gera uma nova ordem de formas. Esse movimento só pode ser gerado por uma outra faculdade que esteja contígua à formativa e tenha acesso aos dados ali estabilizados. Esse movimento é realizado pela faculdade denominada imaginativa no animal e cogitativa no homem. No primeiro caso, a formativa recebe formas vindas do exterior, mas, pela ação compositiva da imaginativa, essas novas formas geradas não têm necessariamente relação direta com as formas vindas do exterior, a não ser quanto à origem dos elementos da composição e não quanto à resultante, tanto que é possível que sejam formadas imagens compositivas sem que o sentido externo possa confirmar a existência de tal forma no exterior. Essa nova composição também é armazenada na formativa e esta, portanto, não julga especificamente a origem da forma que recebe, apenas a armazena.

ثم قد نعلم يقينا أن في طبيعتنا أن نركب المحسوسات بعضها إلى بعض، أن نفصل بعضها عن بعض لا على الصورة التي وجدناها عليها من خارج ولا مع تصديق بوجود شيء منها ما وجوده، فيجب أن تكون فينا قوة نفعل ذلك بها، وهذه هي التي تسمى إذا استعملها العقل مفكرة وإذا استعملتها قوة حيوانية متخيلة.

44. Ao longo do texto, Ibn Sīnā utiliza mais as duas primeiras denominações. No entanto, às vezes utiliza o termo imaginativa. Este último termo é usado de modo mais próprio para designar a faculdade que compõe as formas.
45. Rahman: IV,1,165 / Bakós: IV,1,116s. "Sed retinere ea quae haec apprehendit est illius virtutis quae vocatur imaginatio et vocatur formalis et vocatur imaginativa [...] sensus communis et imaginatio sunt quasi una virtus et quasi non diversificantur in subiecto sed in forma: hoc est quia quod recipit non est id quod retinet". Cf. Riet: IV,1,5s.

Em seguida, sabemos, de maneira indubitável, que está na nossa natureza compor certas coisas sensíveis com outras, e separar certas delas de outras, não segundo as formas que encontramos nessas coisas sensíveis do exterior nem pela mediação de um assentimento dado à existência de uma coisa pertencente a elas que não existe. É preciso, pois, que haja em nós uma faculdade pela qual fazemos isso, e essa é a que é chamada de cogitativa, quando o intelecto a emprega, e de imaginativa quando a emprega uma faculdade animal[46].

A faculdade formativa é a última em que se estabelecem as formas sensíveis das coisas, e sua direção para com as coisas sensíveis é o sentido comum. Este não só faz chegar à imaginação, mas também deposita nela tudo o que os sentidos externos lhe trazem. A faculdade formativa armazena também, às vezes, o que não é extraído dos sentidos externos. Com efeito, a cogitativa, ao compor e decompor formas retiradas da imaginação, acaba produzindo novas formas, guardando-as novamente na imaginação. Para a ação de compor e de analisar, a faculdade cogitativa emprega, às vezes, as formas que estão na faculdade formativa porque estas lhe estão submissas. Quando a faculdade cogitativa compõe uma forma com outra ou a separa dela, é possível que procure também conservá-la na formativa, pois, nesse caso, a formativa é um depósito para esta forma, não porque se refira a algo determinado vindo do interior ou do exterior, mas porque se torna o que é por esse grau de abstração empregado pela cogitativa[47]. Entretanto, apesar de as formas serem compostas, em certo sentido o grau de abstração se mantém, pois as formas são compostas a partir das formas recebidas pelos sentidos externos. A composição a partir desses dados contempla antes uma variação potencial da combinação desses elementos do que um grau superior de abstração em relação às formas que chegam ao sentido comum. A ênfase recai mais propriamente na distinção entre as formas recebidas do exterior e as recebidas por uma causa interior.

---

46. Rahman: IV,1,165s / Bakós: IV,1,117. "Iam autem scimus verissime in natura nostra esse, ut componamus sensibilia inter se et dividamus ea inter se [non] secundum formam quam vidimus extra, quamvis non credamus ea esse vel non esse. Oportet ergo ut in nobis sit virtus quae hoc operetur, et haec est virtus quae, cum intellectus ei imperat, vocatur cogitans, sed cum virtus animalis illi imperat, vocatur imaginativa". Cf. Riet: IV,1,6.
47. Rahman: III,7,151 / Bakós: III,7,106.

Uma mudança de grau de abstração mais perceptível deve-se à função mais restrita de apreensão da faculdade estimativa sobre as coisas sensíveis por intenções que não percebemos pelos sentidos. Como vimos, essas intenções, em sua natureza, não são de modo algum sensíveis, tais como a inimizade, a maldade, a aversão que a ovelha percebe na forma do lobo. Essas são percebidas sem que os sentidos externos indiquem algo a respeito delas e, por isso, القوة التي بها تدرك قوة أخرى , ولتسم الوهم / *a faculdade que as percebe é uma outra faculdade, e chama-se estimativa*[48]. Tendo em vista que وقد جرت العادة بأن يسمى مدرك الحسّ صورة ومدرك الوهم معنى / *tem-se o hábito de chamar "forma" o percebido pelo sentido [externo] e intenção o percebido pela estimativa*[49], a apreensão da forma estimativa em sentido estrito é de um grau mais abstrato do que o armazenado na formativa, justamente por não se encontrar como forma sensível na coisa mas como forma estimativa na coisa. O caminho seguido por essa forma não é mediado pelos sentidos externos e, portanto, prescinde do sentido comum e não é armazenado na formativa. A apreensão estimativa é realizada diretamente pela faculdade estimativa e, como se confirma mais à frente, é guardada num outro depósito. وخزانة مدرك الوهم هي القوة التي تسمى الحافظة ومعدنها مؤخر الدماغ / *O depósito da percepção da estimativa é a faculdade chamada que conserva e o seu lugar é a parte posterior do cérebro*[50].

Podemos dizer que a imaginativa – cogitativa no homem – e a estimativa são faculdades ativas, agindo sobre os dados armazenados, ao passo que o sentido comum, a memória e a imaginação são faculdades passivas,

---

48. Rahman: IV,1,166 / Bakós: IV,1,117. "[...] virtus qua haec apprehenduntur est alia virtus et vocatur aestimativa". Cf. Riet: IV,1,7. Pode haver erro no julgamento. Essa faculdade, embora se ocupe dos julgamentos particulares, encontra-se em nós, superior, e no animal cumpre um tipo de julgamento que não é uma diferença específica como o julgamento intelectual, mas um julgamento imaginativo, unido à particularidade e à forma sensível e do qual procedem a maior parte das ações dos animais.
49. Rahman: IV,1,167 / Bakós: IV,1,118. "Usus autem est ut id quod apprehendit sensus, vocetur forma et quod apprehendit aestimatio, vocetur intentio". Cf. Riet: IV,1,8. O termo que Ibn Sīnā usa é معنى / *ma'na*. Para considerações quanto à sua tradução, cf. nosso anexo, tradução de V,5, nota 9.
50. Rahman: IV,1,167 / Bakós: IV,1,118. "Thesaurus vero apprehendentis intentionem est virtus custoditiva, cuius locus est posterior pars cerebri". Cf. Riet: IV,1,9. Ibn Sīnā localizou-a mais exatamente no ventrículo posterior do cérebro em I,5.

pois não têm esse tipo de movimento, sendo apenas receptivas: a primeira é receptiva dos dados trazidos pelos sentidos externos e de algumas formas internas que se imprimem nela; a segunda, das intenções; e a terceira, das formas que chegam ao sentido comum. No caso do sentido comum, talvez pudesse considerar-se a distinção dos sensíveis comuns como uma espécie de atividade, mas não do mesmo modo que se dá na estimativa e na imaginativa. É possível, até aqui, distinguirmos dois blocos de qualidades distintas de apreensão nas câmaras interiores do cérebro: o primeiro oriundo da apreensão pelos órgãos dos sentidos externos, reunidos no sentido comum, fixados pela formativa e combinados pela imaginativa; o segundo, oriundo da apreensão da estimativa e fixado na faculdade que conserva. Desse modo, o caminho de interiorização dos dados sensíveis e não-sensíveis apreendidos a partir das coisas particulares está completado por meio desse conjunto de órgãos e de faculdades que, diríamos, esgotam a percepção do particular e recolhem esses dados para o interior da alma. Todo esse conjunto de dados mantêm-se, ainda, no âmbito das funções animais da alma, operam por órgãos e não são capazes de abstrair suas apreensões e combinações das aderências materiais e particulares das coisas que originam tais apreensões.

Vale notar que, enquanto faculdade animal superior, a estimativa possui uma função além da especificidade da apreensão e opera em outro grau, regendo o movimento das formas e das intenções apreendidas e comandando-as em seu exercício de julgar e avaliar.

وقد جعل مكانها واسط الدماغ ليكون لها اتصال بخزانتي المعنى والصورة، ويشبه أن تكون القوة الوهمية هي بعينها المفكرة والمتخيلة والمتذكرة وهي بعينها الحاكمة، فتكون بذاتها حاكمة وبحركاتها وأفعالها متخيلة ومتذكرة بما تعمل في الصور والمعاني ومتذكرة بما ينتهى إليه عملها.

E colocou-se o centro do cérebro como o seu lugar [da estimativa][51] para ela ter uma conexão com os depósitos da intenção e da forma. E parece que a faculdade

---

51. Em seu *Livre des directives e remarques*, Ibn Sīnā escreve que a estimativa está situada no cérebro todo, mas sobretudo na parte mediana (trad. Goichon, p. 322) (cf. Verbeke, "Introd. IV-V", p. 51).

estimativa é por si mesma cogitativa e imaginativa e memorativa; e é por si mesma um juiz, pois por sua essência é um juiz, e por seus movimentos e suas ações ela é imaginativa e memorativa; pois age sobre as formas e sobre as intenções, e é memorativa pelo resultado de sua ação[52].

Localizada no centro de cérebro, ela tem acesso aos dois blocos referidos acima, isto é, às formas e às intenções. Operando a partir desse acesso, a estimativa age combinando formas com intenções, intenções com intenções e formas com formas[53]. Além disso, direciona os sentidos externos para novas apreensões vindas do exterior para confirmar combinações e avaliações que realizara. Em seu movimento amplo – e não em sua função específica de apreensão – a estimativa opera como a faculdade animal superior e, no animal, é o limite de sua prudência. No homem, adquire contornos de cogitação por causa da proximidade do intelecto agindo sobre ela. Em suma, a estimativa, pelo seu movimento, age como se tivesse uma imaginativa em sua estrutura, pois, do contrário, não poderia julgar e nem mover. Para que ela possa funcionar e julgar é necessário uma comparação de formas e intenções, por isso ela atua como se fosse imaginativa[54]. Em direção ao exterior, a estimativa associa a forma com a

---

52. Rahman: IV,1,168 / Bakós: IV,1,119. "Iam autem posuerunt locum eius in medietate cerebri, ideo ut habeat continuitatem cum intentione et cum forma. Videtur autem quod virtus aestimativa sit virtus cogitativa et imaginativa et memorialis, et quod ipsa est diiudicans: sed per seipsam est diiudicans; per motus vero suos et actiones suas est imaginativa et memorialis: sed est imaginativa per id quod operatur in formis, et memorialis per id quod est eius ultima actio". Cf. Riet: IV,1,11.
53. Isso ocorre quando a estimativa volta a sua imaginativa para a frente e começa a apresentar uma a uma as formas presentes na imaginação, para que se faça como se ela visse as coisas que têm essas formas. E quando lhe chega a forma com a qual foi percebida a intenção que foi apagada, então essa intenção aparecerá como se houvesse aparecido no exterior, e a faculdade que conserva a reforçará nela mesma, como havia feito anteriormente, havendo assim reminiscência. Note-se que, em princípio, a faculdade imaginativa só tem acesso às formas armazenadas na imaginação. O fato de haver composição e separação com as intenções armazenadas na memória só é possível porque a estimativa está no comando dessa ação e age, por analogia, como se fosse imaginativa; ou, dito de outro modo, usa a sua própria imaginativa para compor e separar as formas da imaginação com as intenções da memória.
54. A faculdade imaginativa, em sentido absoluto, é a que compõe as formas da imaginação e está localizada no ventrículo médio do cérebro (cf. I.5). Não há contradição entre essa localização da imaginativa e a da estimativa, pois a estimativa ocupa a "extremidade do ventrículo médio do cérebro". Por analogia, a estimativa, por ser superior e por seus movimentos, tem em si

intenção apreendida; do lado interno, ela pode fazer essa associação apenas com as formas já existentes na imaginação e com as intenções armazenadas na memória. Essas associações são guardadas, por isso ela é também memorativa. Por exemplo, se à estimativa da ovelha for apresentada a forma do lobo que está na imaginação, a intenção associada a esta forma ser-lhe-á igualmente apresentada e, por fim, a sensação de medo se repetirá[55].

A seqüência que pode ser extraída dessas passagens indica continuidade da imagem visual ao sentido comum, deste à imaginação e desta à estimativa – tomada aqui como a que julga e rege todo o conjunto das faculdades animais e não em sua função perceptiva. Não ocorre o caso em que a forma sensível visual possa ser considerada diretamente pela estimativa quando esta julga, antes que tal forma sensível fosse impressa como forma imaginativa na formativa, depois de ser sentida pelo sentido comum. A seqüência é encadeada hierarquicamente. O mesmo vale para as outras formas sensíveis dos outros sentidos externos: o tátil, o palatável, o olfativo e o audível têm suas respectivas formas impressas nos seus respectivos órgãos e transportadas, todas, para o sentido comum que é o que recolhe todas as formas das apreensões sensíveis externas. Deve-se lembrar que, no caso da estimativa, as formas que ela apreende diretamente das coisas, sem que os sentidos nada informem a esse respeito, não são formas sensíveis passíveis de serem apreendidas pelos sentidos externos; essas encontram-se nas coisas particulares sensíveis mas não são apreendidas pelos sentidos externos e, por isso, a hierarquia dos caminhos das formas apresentada por Ibn Sīnā pode ser assegurada e permanece válida também para esse caso específico da estimativa.

---

uma imaginativa; do mesmo modo que ocorre quando dizemos, por analogia, que a alma animal tem uma alma vegetal, sem que com isso estejamos dizendo que existem duas almas, mas uma só alma com funções tanto de uma quanto de outra.

55. Cf. Verbeke, "Introd. IV-V", p. 51. Verbeke observa que "é interessante notar que a estimativa não se detém no que é percebido propriamente: o que é percebido nos exemplos dados é um lobo ou uma ovelha. Os *julgamentos* de que de um se deve fugir e de outro se deve ter compaixão ultrapassam os dados da percepção. No nível da estimativa, como da cogitativa, há um modo de composição e divisão: no exemplo dado, associa-se *lobo* e *fugir*, *ovelha* e *ter compaixão*; encontramo-nos cada vez diante de uma espécie de julgamento associativo".

Desse modo, confirma-se que a hierarquia da aquisição das formas sensíveis pelos sentidos externos em ascensão e distanciamento maiores da matéria da coisa sentida – do tato até a visão – continua na interiorização dessas formas para o interior das câmaras cerebrais. A seqüência é mantida na direção do material ao imaterial. Lembremos que, no conjunto dos sentidos internos, o sentido comum é o que está mais próximo da materialidade das coisas sentidas, pois é contíguo aos órgãos sensoriais por meio do pneuma que faz as formas sensíveis chegarem até ele. A formativa não sofre mudança de qualidade em relação ao sentido comum porque pode ser dita como uma extensão da primeira faculdade, apenas com a função de armazenar. A faculdade imaginativa é ainda mais abstrata, porque pode compor formas sem conexão na exterioridade com novas formas sensíveis. Mas é propriamente a faculdade estimativa que realiza um salto nos graus de abstração em relação às outras, pois apreende e julga conforme formas não-sensíveis, tais como o bom e o agradável, o perigoso e o inútil no particular. Essas formas estão sempre nos particulares, âmbito da estimativa. De todo modo, a hierarquia mantém-se e o distanciamento da matéria da coisa sentida confirma-se como um padrão nos graus de abstração propostos por Ibn Sīnā.

Além disso, vale destacar que se confirma também que tanto a passagem entre um primeiro estágio de uma determinada apreensão sensível e um estágio mais abstrato, assim como a relação de uma faculdade sensorial externa ou interna, não se faz de modo abrupto. Não existem tensões e rupturas mas desdobramentos sucessivos por meio de estágios de comunicação que fazem as percepções passarem de um estágio ao outro e de uma faculdade à outra. Como vimos, Ibn Sīnā se utiliza da teoria médica dos fluxos pneumáticos para explicar como todo o conjunto orgânico trabalha interligado e em cooperação. Vale notar que as faculdades dos sentidos externos e dos sentidos internos possuem, cada uma delas, um pneuma específico que tem as características daquela faculdade. Assim, o órgão da visão é o olho, mas a faculdade da visão está no pneuma específico que carrega a faculdade de ver. O sentido comum localiza-se na primeira câmara cerebral, mas possui um pneuma específico que carrega a faculdade de reunir todas as formas sensíveis. Desse modo, é possível que os distintos pneumas comuniquem as formas que eles carregam uns aos outros mas não de qualquer modo, antes seguindo a orientação da hierarquia das faculdades onde umas servem às outras. Na base as faculdades vegetativas, depois os sentidos externos, os internos e o intelecto. Toda essa cooperação e interligação em dobradiças constantes do material ao imaterial chegam ao ponto máximo no conhecimento pelo intelecto. Isso não significa que o caminho de retorno esteja interrompido, pois a alma inicia um processo no sentido inverso das faculdades superiores às faculdades inferiores quando busca algum resultado específico. Nesse caminho também são os fluidos pneumáticos que têm por função transmitir, por exemplo, as formas inteligíveis à faculdade imaginativa para que essa componha uma imagem simbólica que possua um sentido aproximado ao daquela determinada forma inteligível.

Deve-se levar em conta que, no caminho das formas sensíveis e estimativas no conjunto das faculdades animais, a dinâmica das faculdades é um movimento ininterrupto próprio da alma. Todas as faculdades existem para servir a alma como um todo e todas elas pertencem a uma alma única. Assim sendo, as faculdades realizam suas funções e as apresentam constantemente à alma. Ocorre, no entanto, que a alma, voltando-se constantemente às suas diversas funções, é afetada de modo diferente, em relação à intensidade das ações das faculdades e, por isso, النفس إذا اشتغلت بالأمور الباطنة أن تغفل عن استثبات الأمور الخارجة فلا تستثبت المحسوسات حقها من الاستثبات وإذا اشتغلت بالأمور الخارجة أن تغفل عن استعمال القوى الباطنة / *se a alma se ocupa com as coisas internas, ela negligencia a investigação das coisas exteriores e não faz investigações das coisas sentidas como deveria fazer. E quando está ocupada com as coisas exteriores, negligencia o emprego das faculdades internas*[56].

Tendo-se em consideração que a alma é uma primeira perfeição que estrutura o corpo – atualizando todas as suas faculdades para realizar os atos da vida – ao colocá-las em funcionamento, estas faculdades passam a exercer suas funções sem cessar. Sobre isso, duas situações diferentes

---

56. Rahman: IV,2,170s / Bakós: IV,2,120. "Anima etenim cum occupata fuerit circa interiora, non solet curare de exterioribus quantum deberet; et cum occupata fuerit circa exteriora, praetermittit gubernare virtutes interiores". Cf. Riet: IV,2,14.

podem ocorrer: a primeira acontece quando a alma não está empenhada em nenhum objetivo específico e, na medida em que as faculdades agem de modo intermitente, ocorre que as ações de uma determinada faculdade são realizadas de modo mais livre e passam a dominar. O segundo caso se dá quando a alma está empenhada num objetivo específico e passa a utilizar os instrumentos das faculdades para auxiliá-la, ocorrendo, nesse caso, que as características das faculdades em uso não dominam porque a alma como um todo comanda o procedimento. Tal é o caso, por exemplo, da imaginativa, que ganha mais força quando não é direcionada a uma ação específica pela alma. Se a imaginativa cessa de ser ocupada de ambos os lados, isto é, pelo intelecto e pela comparação com as coisas existentes no exterior, como ocorre no estado de sono – ou ainda de apenas um dos lados, como no caso das doenças que tornam o corpo fraco, ou em situações de medo, ou em qualquer situação na qual ela abandona o intelecto e sua condução – é possível que a apreensão imaginativa se torne forte e que ela se dirija à formativa, empregando-a, sendo que a reunião das duas se torna igualmente forte, e a forma que está na formativa aparece no sentido comum e, nesse caso, a forma فترى كأنها موجودة خارجا لأن الأثر المدرك من الوارد من خارج ومن الوارد من داخل هو ما يتمثل فيه وإنما يختلف بالنسبة / *é vista como se fosse existente fora, porque a impressão percebida do que vem de fora e do que vem de dentro é o que se mostra nela [na formativa], e só há diferença pela relação*[57].

O fato de o conjunto das faculdades vegetais e animais no homem operarem incessantemente não significa que o façam sempre sem nenhuma direção determinada. Ao contrário, quando a faculdade racional tem uma determinada direção, o conjunto das faculdades que lhe servem operam no sentido que fora determinado pela primeira. Por essa razão, Ibn Sīnā afima que إن القوة الحيوانية تعين النفس الناطقة في أشياء منها أن يورد الحس من جملتها عليها الجزئيات / *a faculdade animal*[58] *afeta a alma racional nas coisas, tal como o aparecer do sentido em seu conjunto que*

---

57. Rahman: IV,2,173 / Bakós: IV,2,121s. "[...] et videntur quasi habeant esse extrinsecus: operatio etenim apprehensa ex eo quod venit ab exterioribus et ex eo quod venit ab interioribus est id quod praesentatur in formali, et non differunt nisi comparatione". Cf. Riet: IV,2,18.
58. No sentido de "animativa".

lhe chega dos particulares[59]. A conseqüência que esse movimento gera resulta em último grau na aquisição dos inteligíveis. A primeira é a própria abstração total de todas as aderências materiais:

أحدها انتزاع الذهن الكليات المفردة عن الجزئيات على سبيل تجريد لمعانيها عـن المـادة وعلائق المادة ولواحقها ومراعاة المشترك فيه والمتباين به والذاتي وجوده والعرضى وجوده

Uma é a abstração, efetuada pelo pensamento, dos universais separados dos particulares abstraindo suas intenções da matéria, das relações com a matéria, dos caracteres que se reúnem à matéria, em vista daquilo que é comum, daquilo que lhe difere, daquilo que é essencial e em vista daquilo que é acidental[60].

A partir da visão do intelecto sobre as formas que estão estabilizadas nos sentidos internos, então, as formas imaginativas que são inteligíveis em potência tornam-se inteligíveis em ato[61]. Mas essa operação também resulta no movimento inverso no qual a alma se dirige novamente aos sentidos e aplica tais concepções no mundo sensível[62].

Agindo incessantemente, as faculdades animais fornecem, assim, os dados recolhidos ou combinados de acordo com suas funções específicas: o olho não cessa de ver, o ouvido de escutar, a formativa de reter, a

59. Rahman: V,3,221 / Bakós: V,3,157. "Virtutes animales adiuvant animam rationalem in multis, ex quibus est hoc quod sensus reddit ei singularia [...]". Cf. Riet: V,3,102.
60. Rahman: V,3,221s. / Bakós: V,3,157. "Unum est quod ratio separat unumquidque universalium a singularibus abstrahendo intentiones eorum a materia et ab appendiciis materiae et a consequentibus eam, et considerat in quo conveniunt et in quo differunt, et cuius esse est essentiale et cuius accidentale". Cf. Riet: V,3,102.
61. فتصير المعاني التي لا تختلف بها معنى واحد في ذات العقل بالقياس إلى التشابه (...) فتكون للعقل قدرة على تكثير الواحد من المعاني وعلى توحيد الكثير. / *Assim, tornam-se as intenções, naquilo em que não diferem, uma intenção una, por suas semelhanças, na essência do intelecto. [...] pois o intelecto tem o poder, quanto às intenções, de multiplicar a unidade e de unificar o múltiplo*. Rahman: V,5,236 / Bakós: V,5,167s. "[...] sed intentiones quibus non differunt ipsae formae fiunt una intentio in essentia intellectus comparatione similitudinis [...] ergo intellectus habet potestatem multiplicandi de intentionibus qua sunt una, et adunandi quae sunt multae". Cf. Riet: V,5,129.
62. O movimento é apresentado por Ibn Sīnā como sendo um resultado de quatro estágios a partir do contato da alma com os particulares por meio dos sentidos. Quanto ao estudo do modo pelo qual o intelecto considera as formas presentes nos sentidos internos e como, pela luz dos princípios da inteligibilidade presente na inteligência agente, chega à apreensão dos inteligíveis, remetemos ao capítulo anterior, notadamente na seção a respeito da inteligência ativa.

imaginativa de compor e assim sucessivamente. É, por um lado, sobre esse conjunto rico de dados oriundos da apreensão dos sentidos externos e internos e, por outro, sob a intervenção dos princípios da inteligibilidade guardados e fornecidos pela inteligência ativa que o intelecto opera e cumpre sua função. Por um lado, os dados sensíveis e, por outro, as formas inteligíveis. Os dois em fluxo constante e intermitente, e em colaboração.

III.4. A materialidade e a corporeidade das faculdades da alma

O fato de o intelecto operar sobre os dados armazenados nos sentidos internos como preparação para a aquisição das formas inteligíveis presentes na inteligência ativa conduz, ainda mais, a que se entenda que os modos pelos quais a hierarquia das faculdades se apresenta acompanham a sucessão hierárquica dos graus de abstração. Todas essas faculdades são identificadas a partir do caráter de cada uma das operações observáveis da alma humana. Essas duas coisas – a hierarquia das faculdades e a hierarquia dos graus de abstração – como já sublinháramos anteriormente, não devem ser compreendidas como sendo rupturas, mas, ao contrário, como um caráter de continuidade que garante a comunicação entre todos os graus intermediários entre os dois extremos em questão, isto é, a materialidade e a imaterialidade[63]. Sendo assim, é natural que se entenda que o intelecto não poderia operar diretamente sobre as coisas materiais porque, entre as coisas e o intelecto, interpõem-se outros graus intermediários de abstração por meio de suas respectivas faculdades, garantindo a passagem de um estágio ao outro. Assim, o intelecto só pode operar, com mais propriedade, sobre o estágio que o antecede nos graus de abstração[64]. Esse grau é a estabilidade das formas, presentes nos sentidos internos. Sendo que a forma sensível da coisa, apreendida pelos sentidos externos, é segundo a compleição do órgão de cada faculdade e sendo que,

---

63. Afirmar dois extremos da realidade não implica, necessariamente, uma visão dualista pois o caráter de continuidade entre os dois extremos é mantido pela sucessão de estágios intermediários que levam de um extremo ao outro.
64. Em todas essas afirmações, considere-se que o modo imediato de conhecimento – o intelecto sagrado – é tido como uma exceção no modo comum pelo qual os homens conhecem.

na apreensão dessas formas, hierarquizam-se os sentidos do tato à visão, destes ao sentido comum, deste à faculdade formativa e desta à faculdade estimativa em graus de abstração cada vez mais intensos, atinge-se o grau supremo de separabilidade dos acidentes materiais por meio do intelecto. Se há, por um lado, um grau de apreensão com menor grau de abstração que opera com maior proximidade da matéria da coisa sentida – o tato – e, no outro extremo, um grau de apreensão de abstração total que opera sem qualquer indício de matéria – o intelecto –, é natural que Ibn Sīnā afirme que esta última faculdade não pode possuir nenhum traço de materialidade.

Desse modo, estabelecem-se duas direções principais. A primeira é verificar quais os principais argumentos e passagens em que Ibn Sīnā afirma a imaterialidade do intelecto e qual a relação entre a incorporeidade e a imaterialidade[65]. A segunda é verificar se há algum tipo de relação entre a suposta imaterialidade e a imortalidade. Se afirmar-se imortal, deveremos verificar, ainda, o que exatamente se inclui nesse grau, se o intelecto como faculdade ou se a alma como um todo. No primeiro caso, é possível encontrarmos inúmeras afirmações a respeito da incorporeidade da faculdade racional frente à corporeidade das demais faculdades, tais como:

فنقول إن الجوهر الذي هو محل المعقولات ليس بجسم ولا قائم في جسم على أنه قوة فيه أو صورة له بوجه

---

65. Vale lembrar que a questão da imaterialidade e da incorporeidade do intelecto frente às demais faculdades encontra um ponto de partida importante no *De anima* (I,1,403 a7-10) de Aristóteles e nas díspares interpretações dos filósofos que o sucederam. A questão baseia-se em saber se há alguma atividade que pode ser própria da alma sem a colaboração do corpo ou, ao contrário, todas as atividades da alma são dependentes do corpo. Se entendida a alma como dependente da matéria, a primeira não poderia, pois, ser afirmada imaterial e independente. Como bem assinala Verbeke, o estudo da alma é sempre indireto, isto é, observando-se suas atividades, identificam-se suas origens. No caso de Ibn Sīnā, o método empregado é o mesmo, mas suas conclusões afirmam a independência da alma em relação ao corpo e, portanto, sua imaterialidade. Cf. atrás I.1; cf. Verbeke, "Introduction IV-V", *op. cit.*, pp. 21-23, para as considerações materialistas de Alexandre de Afrodísia: "segundo ele, a alma nasce da mistura dos elementos" (p. 21); a imaterialidade afirmada por Tomás: "o exercício do pensamento não requer a intervenção de um órgão corporal se bem que o conteúdo do pensamento encontra sua origem na experiência sensível. Graças a esta distinção, são Tomás pode afirmar que a alma humana é imaterial e imortal" (p. 22) e a posição de Simplício: "o intelecto não assegura a coesão do corpo e não se serve dele como de um instrumento" (p. 23).

Dizemos que a substância que é o receptáculo dos inteligíveis não é um corpo e não subsiste por um corpo enquanto ela for, de algum modo, faculdade ou forma desse corpo[66].

Quanto ao caráter imaterial do intelecto, podemos encontrá-lo nessa passagem:

وأما القوة الإنسانية فسنبين من أمرها أنها متبرئة الذات عن الانطباع في المادة ونـبين أن جميع الأفعال المنسوبة إلى الحيوان يحتاج فيها إلى آلة .

Quanto à faculdade humana, explicaremos em breve que sua essência é isenta de ser impressa na matéria, e explicaremos que em todas as ações que se referem ao animal, há a necessidade de um órgão[67].

Assim, embora não sejam sinônimos, a imaterialidade e a incorporeidade do intelecto são dois atributos frente à materialidade e à corporeidade das demais faculdades[68]. A hipótese de incorporeidade e imortalidade para todas as faculdades da alma à exceção do intelecto já fora descartada por

---

66. Rahman: V,2,209s / Bakós: V,2,148s. "Dicemus ergo quod substantia quae est subiectum intelligibilium non est corpus, nec habens esse propter corpus ullo modo eo quod est virtus in eo aut forma eius". Cf. Riet: V,2,81s.
67. Rahman: I,4,39 / Bakós: I,4,27. "Sed constat quia vis humana ex seipsa non potest imprimi in materia; et constat quod omnes actiones attributae animali necesse est ut habeant instrumenta [...]". Cf. Riet: I,4,78.
68. Materialidade e corporeidade não são tomados como sinônimos. São dois atributos que se referem às faculdades da alma que operam por meio de órgãos, ou seja, os sentidos externos e internos. O texto frisa inúmeras vezes a corporeidade dessas faculdades em vista da incorporeidade do intelecto. O termo "corpo" aqui traduz o termo *jism* / جسم, significando os corpos sublunares, compostos de matéria e forma. Não se trata, pois, dos corpos celestes. Cf. Goichon, *Lexique, op. cit.*, p. 99. Vale lembrar que a inteligência ativa, na esfera da Lua, flui a matéria e as formas para o mundo sublunar. Ao longo da história da filosofia, os termos "matéria e corpo" têm significados muito particulares em cada um dos casos, o que, levado ao extremo, comportaria falar de corpos sem matéria ou matéria sem corpo. Não tomamos os dois termos com um significado absoluto mas entendemos que, no sistema de Ibn Sīnā, os corpos sublunares remetem à materialidade; assim como a matéria que flui da inteligência ativa remete aos corpos corruptíveis. Assim, matéria e corpo, tomados no mundo sublunar, são dois atributos das faculdades vegetais e animais, ao passo que o intelecto, próprio à alma humana, acompanha sua incorporeidade, ao mesmo tempo em que não se imprime na matéria. É somente nesse sentido restrito aos fenômenos sublunares que entendemos ser possível grifar os dois atributos às faculdades da alma.

Ibn Sīnā ao final do Capítulo IV, não sem razão, antecedendo a abertura do estudo do intelecto: تبين أن جميع القوى الحيوانية لا فعل لها إلا بالبدن ووجود القوى أن تكون بحيث تفعل فالقوى الحيوانية إذا إنما تكون بحيث تفعل وهي بدنية. فوجودها أن تكون بدنية فلا بقاء لها بعد البدن.

/ *ficou evidente que o conjunto das faculdades animais não age a não ser pelo corpo e que a existência das faculdades é em vista de seu agir. Assim, as faculdades animais só existem enquanto agem e são corpóreas. Logo, sua existência é corporal e não possuem sobrevivência além do corpo*[69]. Para evidenciarmos o contraste que se estabelece entre o intelecto e as demais faculdades animais e vegetais, resumamos, pois, o modo de operação destas últimas em relação ao corpo para, em seguida, destacarmos as passagens a respeito do intelecto.

Uma afirmação fundamental a respeito dos dois conjuntos de faculdades vegetais e animais encontra-se no Capítulo IV, Sessão 3, em que Ibn Sīnā, ao tratar da faculdade estimativa e de seu respectivo depósito – o conjunto mais elevado na hierarquia das faculdades animais – assevera que أن أفعال هذه القوى كلها بآلات جسمانية / *as ações dessas faculdades são todas por meio de órgãos corporais*[70]. Não é sem razão que todas as faculdades operam por meio de órgãos corporais, na medida em que apreendem dados materiais e particulares das coisas que se lhes avizinham. Sejam elas faculdades dos sentidos externos ou internos, a estrutura de graus de abstração e de introjeção dos dados sensíveis para o interior da alma novamente estabelece relações entre o que é mais externo no corpo e o que é mais interno na alma. Focalizando o conjunto das faculdades que percebem, já fora estabelecido que o órgão do tato, o mais exterior dos sentidos externos, se distribui por toda a pele do corpo e, como vimos, ele é a base da sensibilidade em sua função de apreender as

---

69. Rahman: IV,4,201 / Bakós: IV,4,142. "Dicemus autem quod, postquam ostendimus omnes virtutes sensibiles non habere actionem nisi propter corpus, et esse virtutum est eas sic esse ut operentur, tunc virtutes sensibiles non sunt sic ut operentur nisi dum sunt corporales; ergo esse earum est esse corporales; igitur non remanent post corpus". Cf. Riet: IV,4,66s.
70. Rahman: IV,3,182 / Bakós: IV,3,129. "[...] actiones harum omnium virtutum fiunt instrumentis corporalibus". Cf. Riet: IV,3,34. Remetemos ao Capítulo I, no qual tratamos de fornecer a localização de cada um dos órgãos dos sentidos externos assim como dos sentidos internos.

qualidades táteis, o que só se perfaz com o contato direto com a coisa. A ele seguem-se os outros sentidos, culminando com a visão que, por meio do pneuma adequado, forma a imagem no cruzamento dos nervos, já no interior do corpo. A todos esses sentidos externos, a posição de Ibn Sīnā é clara:

فنقول أما المدرك من القوى للصور الجزئية الظاهرة على هيئة غير تامة التجريد والتفريد عن المادة ولا مجرد أصلا عن علائق المادة كما تدرك الحواس الظاهرة فالأمر في احتياج إدراكه إلى آلات جسمانية واضح سهل، وذلك لأن هذه الصور إنما تدرك ما دامت المواد حاضرة موجودة.

Dizemos a respeito do que é percebido pelas faculdades quanto às formas particulares exteriores, segundo uma disposição que não é total quanto a abstrair e quanto à separação da matéria, e que não está de modo algum livre das aderências com a matéria, como é o caso da percepção dos sentidos externos, é bem evidente e mesmo fácil de compreender que a percepção disso que percebe tem necessidade de órgãos corporais. E isso é assim porque essas formas só são percebidas enquanto as matérias são matérias presentes, existentes[71].

Contudo, na medida em que é possível verificar que as formas apreendidas pelos sentidos externos desaparecem na mesma proporção em que a coisa desaparece do alcance dos órgãos dos sentidos externos, também é possível atestar que algo proveniente dessas sensações permanece, de algum modo, naquele que sente. Como vimos, o que é fixado e estabilizado pelos sentidos internos é de duas categorias: a primeira refere-se às formas fixadas na faculdade formativa e a segunda, às intenções apreendidas pela estimativa e fixadas na faculdade que conserva e se lembra. Esses dois graus de abstração, não obstante apresentarem diferenças quanto ao traço de materialidade da apreensão da coisa, ainda se referem ao particular. Por essa razão, Ibn Sīnā sustenta que não há razão para afirmar

---

71. Rahman: IV,3,188 / Bakós: IV,3,132 s. "[...] dicentes quod ex omnibus virtutibus id quod est apprehendens formas singulares exteriores secundum affectionem imperfectae abstractionis et separationis a materia, nec abstractae aliquo modo ab appendiciis materiae sicut apprehendunt sensus exteriores, quod egeat instrumentis corporalibus, manifestum est. Haec enim forma non apprehenditur nisi quamdiu materiae permanserint et exstiterint praesentes". Cf. Riet: IV,3,45.

que tais faculdades prescindissem de órgãos, porquanto os dados que apreendem são próprios da matéria assinalada no particular.

وأما المدرك للصور الجزئية على تجريد تام من المادة وعدم تجريد ألبتة من العلائق المادية كالخيال فيحتاج أيضا إلى آلة جسمانية

E quanto à percepção das formas particulares segundo uma abstração completa da matéria mas sem que sejam, de modo algum, abstraídas as aderências materiais como [ocorre] na imaginação, é necessário para isso, também, um órgão corporal[72].

Se, por um lado, o tipo de apreensão realizado pela formativa dispensa a presença da coisa diante de si, por outro lado, a apreensão efetuada não é capaz de se descolar das características intrínsecas daquele particular determinado. Ibn Sīnā se utiliza de exemplos para mostrar que a figura externa de um homem só pode ser imaginada daquele determinado modo, assim como a figura de um quadrado só pode ser imaginada numa determinada forma particular[73]. Sendo que a imagem sempre está ligada a um traço de materialidade tanto no modo de apreensão como no efeito que essa apreensão gera, tal faculdade deve também estar ligada, necessariamente, a um órgão. Por isso, reforça Ibn Sīnā que / فقد اتضح أن الإدراك الخيالي هو أيضا إنما يتم بجسم *ficou evidente que a apreensão imaginativa também só se realiza por meio de um corpo*[74].

Quanto à estimativa, ainda que a apreensão das intenções não se realize sempre por meio das formas trazidas pelos sentidos externos, tal apreensão mantém-se sempre em referência a uma situação determinada e particular, e não de um modo geral e universal próprio da forma inteligível que se realiza no intelecto. Vale notar que a estimativa, em suas ações de

---

72. Rahman: IV,3,188 / Bakós: IV,3,133. "Sed apprehendenti formas singulas secundum abstractionem perfectam a materia et secundum privationem abstractionis ullo modo ab appendiciis materialibus, sicut est imaginatio, necessarium est etiam instrumentum corporale". Cf. Riet: IV,3,45.
73. Cf. Rahman: IV,3,188s / Bakós: IV,3,133s.
74. Rahman: IV,3,192 / Bakós: IV,3,136. "Ergo ostensum est quod apprehensio imaginabilis non nisi corpore perficitur". Cf. Riet: IV,3,52.

julgar, recorre não só aos dados armazenados na memória, que é o seu depósito próprio, mas também às formas armazenadas na imaginação, que é o depósito próprio do sentido comum; a partir disso, nesse caso, agindo como se fosse imaginativa, estabelece relações entre as formas e as intenções para chegar ao seu julgamento próprio operando acima de todas as outras faculdades animais da alma humana. Mas a estimativa, em sua ação mais focal, também opera diretamente sobre a coisa particular apreendendo as intenções de modo direto sem a intervenção dos sentidos externos. Nesse caso, ainda que apreenda dados imateriais de modo imediato em contato com o particular, essa apreensão não é do caráter inteligível porque não é destituída das aderências materiais que a ligam àquele particular determinado. Essa operação universal só é possível pelo conceito, realizado pelo intelecto com a colaboração da inteligência ativa. Portanto, a estimativa, ainda que encime as faculdades vegetativas e animais, realizando o mais alto grau de abstração que antecede o grau de abstração pelo intelecto, não deve operar sem órgão justamente porque suas apreensões ainda são de caráter particular e, portanto, ao modo das formas imaginativas, ainda que sem os contornos imaginativos característicos destas últimas. É por essa razão que Ibn Sīnā afirma:

ولما علمت هذا في الخيال فقد علمت في الوهم الذي ما يدركه إنما يدركه متعلقا بصورة جزئية خيالية على ما أوضحنا

E como conheceste isto sobre a imaginação, também conheceste sobre a estimativa que somente percebe o que percebe estando em relação com uma forma particular, imaginativa, conforme elucidamos[75].

Vale observar que, à medida que aumenta o grau de abstração, os órgãos das faculdades interiorizam-se no corpo. Do tato, o mais exterior dos exteriores, até a visão, o mais interior dos exteriores, e do sentido comum – na câmara frontal do cérebro, contíguo ao órgão da visão e o mais exterior dos sentidos internos – até a faculdade que conserva e se

---

75. Rahman: IV,3,194 / Bakós: V,3,137. "Cum autem cognoveris hoc in imaginatione, iam cognovisti hoc in aestimatione quae, quicquid apprehendit, non apprehendit illud nisi in forma singulari imaginabili, sicut ostendimus". Cf. Riet: IV,4,54.

lembra – na parte posterior do cérebro, depósito da estimativa que é o mais interno dos sentidos internos e o mais próximo da apreensão intelectual – os modos de apreensão seguem ritmadamente um caminho de introjeção para o grau mais íntimo e próprio da alma humana que é o intelecto. Nesse grau extremo o material torna-se imaterial, o corporal, incorpóreo e o particular, universal. Em uma palavra, o não-conhecido torna-se conhecido. E o sabido, conhecido.

Do tato à estimativa, adianta-se a direção da argumentação para afirmar a incorporeidade do intelecto. Não é à toa que a última seção do Capítulo V que encerra o *Kitāb al-Nafs* discorre longamente a respeito dos órgãos que pertencem à alma sem tecer uma só palavra a respeito do intelecto. Tendo afirmado, na abertura da obra, que a alma não é corpo e que a ação por excelência da alma humana é conhecimento pelo intelecto, não pode haver razão para que essa faculdade seja de natureza distinta da substância da qual é faculdade. Se o corpo, formado em suas faculdades e órgãos, deve sua estrutura à inteligência da alma, não se despreza que entre os dois extremos deva haver um contato primordial que os estabeleça em harmonia. A estrutura utilizada por Ibn Sīnā reforça a hipótese de que a comunicação através dos diversos graus e modos da existência é a garantia de que a natureza não se manifesta por bruscas oposições mas por um desbordar constante em graus hierárquicos de si mesma, nos quais os limites do material e do imaterial se configuram como extremos de uma só manifestação[76]. Estrutura semelhante pode ser encontrada nas explicações que Ibn Sīnā fornece na última seção do *Kitāb al-Nafs*. A conexão entre a alma e o corpo é feita pelos fluidos pneumáticos que, por sua natureza específica, intermediam essa comunicação. Os dados entre os órgãos seguem uma hierarquia de funções, respeitando-se a régia conexão que a alma tem com o corpo. Ora, se ela o formou, deve ter iniciado por algum dos órgãos e se ramificado para os demais. Portanto, essa seqüência da formação dos órgãos mantém-se como estrutura básica para o funcionamento do corpo e das faculdades da alma.

---

76. Remeta-se novamente à descrição do Primeiro Existente, necessário por si, e à processão metafísica das dez inteligências até o mundo sublunar presentes na *Metafísica* em *A Origem e o Retorno*.

O caráter material das apreensões das faculdades externas, tendo sido introjetado para o interior das câmaras do cérebro, é mantido por meio dessa estrutura de comunicação, que não é de modo algum incorpórea, no máximo sutil.

فنقول أولا إن القوى النفسانية البدنية مطيتها الأولى جسم لطيف نافذ في المنافذ روحاني، وإن ذلك الجسم هو الروح.

Dizemos primeiramente que o primeiro portador das faculdades anímicas corporais é um corpo sutil que penetra os espaços vazios pneumáticos e esse corpo é o pneuma[77].

A particularidade de cada faculdade do corpo acompanha-se da mistura adequada do pneuma que a porta. Assim, para cada faculdade corresponde-lhe um pneuma apropriado que porta e transporta os dados dessa determinada faculdade àquela que lhe é superior[78]. Deve-se considerar, porém, que a ligação do corpo com a alma se faz por um contato primeiro que, depois, deriva nos demais membros. Do mesmo modo como a estrutura hierárquica da percepção se mantém em dobras constantes de comunicação entre os diversos estágios – tanto das faculdades como dos dados apreendidos – também encontramos estrutura semelhante na ligação e na relação entre o corpo e a alma. O primeiro contato e o primeiro órgão é o coração, a partir do qual derivam todos os outros órgãos e membros. Isso se dá na medida em que

فإذا كانت النفس واحدة فيجب أن يكون لها أول تعلق بالبدن ومن هناك تدبره وتنميه وأن يكون ذلك بتوسط هذا الروح. / Se a alma for una

---

77. Rahman: V,8,263 / Bakós: V,8,186. "Primo igitur dicemus quod virtutum animalium corporalium vehiculum est corpus subtile, spirituale, diffusum in concavitatibus, quod est spiritus". Cf. Riet: V,8,175. O termo "pneuma" traduz روح. A correspondência entre pneuma, espírito e sopro mantém-se na língua árabe visto esse termo derivar de ريح, que significa "ar, sopro, vento". Nesse caso, a opção por "pneuma" indica a tradição médica dos fluxos pneumáticos atravessando o organismo e isolando a provável confusão que o termo "espírito" traz em relação à alma humana. Nesse último caso, a identificação só é possível com o intelecto. Cf. Goichon, *Lexique, op. cit.*, p. 144 e Van Riet, *Lexique arabo-latin IV-V, op. cit.*, p. 236.
78. A distinção dos pneumas determinados é conseqüência da observação de diversos atos. Se a mistura fosse única, as faculdades seriam uma só e seus atos, os mesmos. Ora, mas como os atos são diversos, as faculdades também o são e, conseqüentemente, acompanham-se-lhes misturas pneumáticas diversas.

é preciso que haja para ela uma primeira ligação com o corpo, e de lá ela o rege e o faz crescer, e isso se faz por intermédio desse pneuma[79].

فالقلب مبدأ أول تفيض منه إلى الدماغ قوى، فبعضها تتم أفعالها في الدماغ وأجزائه كالتخيل والتصور وغير ذلك، وبعضها يفيض من الدماغ إلى أعضاء خارجة عنه كما يفيض إلى الحدقة وإلى العضل الحركة، وتفيض من القلب إلى الكبد قوة التغذية.

Pois o coração é um primeiro princípio do qual emanam as faculdades para o cérebro, das quais algumas realizam suas ações no cérebro e em suas partes tal como a imaginativa, a concepção e outras, enquanto outras desbordam do cérebro em direção aos membros que lhe são exteriores tais como em direção à pupila do olho e em direção aos músculos motores. E do coração emana em direção ao fígado a faculdade de nutrição[80].

A partir disso, a alma, por meio do coração, segue a organizar o corpo nos limites da potencialidade particular da mistura daquela determinada

---

79. Rahman: V,8,263 / Bakós: V,8,187. "Unde si anima una est, oportet esse membrum unum propter quod principaliter pendeat ex corpore et ex quo regat corpus et augmentet, et hoc fiat mediante hoc spiritu". Cf. Riet: V,8,176. Por intermédio do pneuma, corpo sutil, o primeiro engendrado é o coração. Deste derivam todos os outros membros, como explicado em detalhe nesta Seção 8. Iniciando pela conexão que a alma faz com o corpo por meio dos pneumas adequados, o primeiro engendrado é o coração que, somado ao cérebro e ao fígado, constitui a tríade dos principais órgãos a partir dos quais ramificam-se as faculdades da alma que operam por órgãos. Não é difícil perceber que, para realizar toda essa constituição do corpo para que se torne um organismo, a alma como substância inteligente se utiliza da faculdade do intelecto para intermediar tal operação. Em mais de um lugar já verificamos que essa conexão é o intelecto prático que rege o corpo e o coloca em funcionamento. Cf. atrás II.1.
80. Rahman: V,8,266s / Bakós: V,8,189. "Ergo cor est principium primum et ab ipso emanant virtutes ad cerebrum, quarum quaedam suas actiones perficiunt in cerebro et in partibus eius, sicut imaginatio et formalis et ceterae, quaedam vero emanant a cerebro ad alia membra quae sunt extra illud, sicut ad pupillam et ad musculos moventes. Et a corde emanat ad epar virtus nutriendi [...]". Cf. Riet: V,8,181. A conexão da alma com o corpo tem o coração como primeiro órgão. É a partir dele que os outros órgãos são formados pela alma. Tal afirmação pode se basear na evidência de que o coração pulsante é que vivifica o corpo humano. O termo روح / *rūh*, traduzido por fluxo pneumático ou espiritual, deriva da mesma raiz dos termos "sopro, respiração". O coração, fazendo da matéria um organismo vivo, o faz por meio da respiração, o pneuma que vivifica. Esse primeiro estágio de contato permite dizer que tal matéria é um organismo.

matéria. Do mesmo modo que a comunicação dos dados interiorizados para dentro da alma se faz por contato contíguo das faculdades da alma, o contato desta com o corpo mantém-se em primeiro lugar com o coração. Ele é o laço de comunicação que une e estabelece continuidade entre a matéria corpórea e a alma.

فيجب أن يكون أول تعلق النفس بالقلب، وليس يجوز أن تتعلق بالقلب ثم بالدماغ فإنها إذا تعلقت بأول عضو صار البدن نفسانيا، وأما الثاني فإنما تفعل فيه لا محالة بتوسط هذا الأول، فالنفس تحيي الحيوان بالقلب .

Pois é preciso que a primeira ligação da alma seja com o coração, mas não é admissível que ela se ligue ao coração, depois ao cérebro, mas, quando ela se liga ao primeiro membro, o corpo torna-se anímico. E quanto ao segundo, ela não age sobre ele a não ser por meio daquele primeiro. Desse modo, a alma vivifica o animal pelo coração[81].

Até o final dessa seção Ibn Sīnā detalha os movimentos pneumáticos que as faculdades vegetativas e animais realizam em sua mútua comunicação. Não se encontra aí uma só palavra a respeito do intelecto. A razão é simples: a seção denomina-se في بيان الآلات التي للنفس / *explicação sobre os órgãos que a alma possui*[82] e, como o intelecto opera sem órgãos, este não foi o lugar de tratar de suas características. A ausência do tratamento do intelecto nessa seção específica sobre os órgãos reforça o tratamento anterior aplicado ao caso do intelecto. Em todos os casos em que a comparação entre o intelecto e o restante das faculdades vegetais e animais se realiza, a distância entre o primeiro e as demais se acentua. Diferentemente das faculdades animais e vegetais, a faculdade racional não opera por órgãos, é incorpórea, é imaterial.

---

81. Rahman: V,8,264 / Bakós: V,8,187. "Oportet ergo ut anima principaliter pendeat ex corde: impossibile est autem prius eam pendere a corde et postea a cerebro: cum enim pendet a primo membro fit corpus animal; in secundo autem non operatur nisi mediante primo. Anima autem vivificat animal ex corde [...]". Cf. Riet: V,8,176.
82. Rahman: V,8,262 / Bakós: V,8,186. "Capitulum de ostensione instrumentorum animae". Cf. Riet: V,8,174.

III.5. A imaterialidade e a incorporeidade do intelecto

Iniciáramos o nosso Capítulo I afirmando que a estrutura adotada por Ibn Sīnā em seu *Kitāb al-Nafs* denota ser inadequado não a entendermos segundo uma hierarquia crescente em direção ao coroamento do intelecto como a mais alta das faculdades humanas. Entretanto, "a mais alta" ou a "mais elevada" tem que ser compreendida como "a mais própria". Se assim não fosse, não afirmaria Ibn Sīnā que:

وأخص الخواص بالإنسان تصور المعاني الكلية العقلية المجردة عن المادة كل التجريد على ما حكيناه وبيناه، والتوصل إلى معرفة المجهولات تصديقا وتصورا من المعلومات العقلية.

Das propriedades, a mais própria ao homem é formar as intenções universais, inteligíveis, separadas da matéria, abstraídas completamente conforme o que dissemos e mostramos e, partindo das coisas conhecidas verdadeiras inteligíveis, chegar ao conhecimento das coisas não conhecidas por assentimento e por concepção[83].

O ato por excelência da alma humana é inteligir e, por isso, o intelecto efetiva a mais própria de suas ações. Nesse sentido, o intelecto é a alma humana em sua ação mais radical. Se, no início do *Kitāb al-Nafs*, Ibn Sīnā procurou evidenciar o caráter imaterial da alma em contraste com o caráter material do corpo, é forçoso que ele devesse evidenciar que o ato mais próprio de uma substância inteligente é por meio de sua faculdade mais própria e, por conseguinte, essa faculdade não poderia ser de natureza distinta da natureza da substância da qual ela é faculdade. Se, no caso das faculdades corporais, a alma imaterial pode ser tida como operando ma-

---

83. Rahman: V,1,206 / Bakós: V,1,146. "Quae autem est magis propria ex proprietatibus hominis, haec est scilicet formare intentiones universales intelligibiles omnino abstractas a materia, sicut iam declaravimus, et procedere ad sciendum incognita ex cognitis intelligibilibus credendo et formando". Cf. Riet: V,1,76. "Assentimento" traduz o termo تصديق que Bakós (n. 136) identifica com o termo συγχατάθεσις utilizado pelos estóicos e também por Alexandre de Afrodísia. "Concepção" traduz تصور. Cf. também Goichon em seu *Lexique* no verbete صور.

terialmente, isso se deve apenas ao fato de ela estar acompanhada de um corpo, por ela formado, para realizar os atos da vida, mantê-lo em operação e conhecer aquilo que não é ela mesma. Todo o funcionamento do organismo culmina e se dirige para o ato mais próprio da alma que é inteligir, numa palavra, conhecer e ter consciência disso. Esse último grau de apreensão é o termo ao qual devem chegar todas as apreensões corporais das faculdades que operam por meio de órgãos. Em última instância, a alma conhece em si mesma todos os dados que lhe foram introjetados por meio dos sentidos até destituírem-se de todas as aderências materiais pela iluminação da inteligência ativa.

Assim entendido, o caráter desse conhecimento não se distancia do caráter explicitado na alegoria do homem suspenso no espaço. Neste, a alma se toma pensante e consciente de si porque não possui dados sensíveis além de si mesma para inteligir e, por isso, inteligir a si mesma. Para se mover desse modo está implícito que possui uma capacidade para isso, uma faculdade que lhe seja intrínseca. Esta é o intelecto que, desse modo, só cabe ser tomado como imaterial e destituído de corpo, acompanhando o caráter da própria percepção em questão. No segundo caso, os dados que são distintos da apreensão de si mesma chegam à alma pelas faculdades corporais. Se, no caso dos sentidos externos, o conhecimento se faz em contato com os particulares que não são a alma, no caso dos dados estabilizados nos sentidos internos sobre os quais o intelecto opera, o conhecimento se dá dentro da própria alma e ela, então, não conhece, como tem consciência disso. Ainda se for considerado o caso incomum do conhecimento pelo intelecto sagrado, este também é um conhecimento que a alma adquire de algo que não é ela mesma, não no sentido dos dados trazidos pelas faculdades corporais mas, ao contrário, por meio dos dados trazidos imediatamente pelos princípios da inteligibilidade da inteligência ativa. Nesse caso, também a alma conhece em si e tal movimento só pode se efetivar por meio de uma faculdade que a realize, e esta é o intelecto. Por tais razões, o caráter imaterial e incorpóreo do intelecto deve necessariamente acompanhar o caráter imaterial e incorpóreo da alma em sua substância. Isto é o que se afirma na abertura da Seção 2 do Capítulo V:

فنقول إن الجوهر الذي هو محل المعقولات ليس بجسم ولا قائم في جسم على أنه قوة فيه أو صورة له بوجه.

Dizemos que a substância que é o receptáculo dos inteligíveis não é um corpo e não subsiste por um corpo enquanto ela for, de algum modo, faculdade ou forma desse corpo[84].

Vejamos algumas razões apresentadas por Ibn Sīnā para evidenciar o caráter imaterial do intelecto[85]. Um primeiro caso é evidenciado na constatação da existência da alma individual, figurada por Ibn Sīnā na alegoria do homem suspenso no espaço, que ilustra a evidente percepção de si efetuada pela alma acompanhada de seu corpo. É importante esclarecer que o início da referida imagem se dá com o convite a "imaginarmos" um homem que tivesse sido criado naquelas determinadas condições. Não é o caso de considerar que Ibn Sīnā argumenta em favor da existência da alma utilizando o exemplo de homens que teriam os sentidos vedados e caindo no vácuo (!). O convite a que "imaginemos" tal situação indica que o relato não tem valor de argumentação rigorosa e não pode ser tomado como prova da imaterialidade da alma. Aliás, a seção I, na qual se encontra tal alegoria, diz tratar-se da "constatação" da existência da alma e não de prova. Tal constatação é, para Ibn Sīnā, algo evidente, o que dispensa provas. A consciência de si, nesse caso, é uma evidência para todos os homens e se dá com a alma acompanhada de seu corpo. Em nenhum momento Ibn Sīnā evoca algum caso que não seja o da própria experiência humana. A alegoria aparece uma segunda vez, de modo resu-

---

84. Rahman: V,2,209s / Bakós: V,2,148s. "Dicemus ergo quod substantia quae est subiectum intelligibilium non est corpus, nec habens esse propter corpus ullo modo eo quod est virtus in eo aut forma eius". Cf. Riet: V,2,81s.
85. Ibn Sīnā dedica-se a isso com mais atenção nessa mesma Seção 2 do Capítulo V, que trata da constatação da subsistência da alma racional não impressa numa matéria corporal, sendo uma substância que apreende os inteligíveis. Para reforçar a proximidade dos traços entre o intelecto e a alma, note-se que a argumentação de Ibn Sīnā nesta seção se inicia a respeito do intelecto e, ao final, se transporta para a própria alma. Pode-se resumir a argumentação em quatro partes: a consciência de si; o fato de os órgãos corporais não possuírem essa mesma consciência; a fadiga dos órgãos e uma demonstração geométrica que se encontra na abertura da seção. Cf. também Rahman: I,4,39 / Bakós: I,4,27.

mido, na Seção 7 do Capítulo V – a seção mais completa e adequada para estudar a consciência de si como fundamento de sua psicologia – para ilustrar a estrita percepção de si como diferença evidente de outras percepções tais como sentir, conhecer, agir etc.[86]. Autores que procuram invalidar uma suposta cadeia argumentativa dessa alegoria geralmente a tomam por argumento ao invés de alegoria. É o caso, por exemplo, de Sebti[87], que a invalida por considerá-la "uma prova irrefutável da imaterialidade da alma"[88]. Equivoca-se, também, ao afirmar que esta é a única via apresentada por Ibn Sīnā. Na seção em curso, mostramos algumas outras vias propostas pelo autor. Em qualquer dos casos, não existe uma situação da alma antes da existência do corpo na qual ela poderia tomar-se pensante. No caso de sua existência separada após a dissolução do corpo, o caso é distinto. Após o desaparecimento do corpo, a permanência da consciência da alma também é afirmada, mas isso só é possível pela passagem individualizada daquela alma naquele determinado corpo. Assim, somos imortais pela alma mas somos conscientes de nós mesmos pelo corpo individualizado naquela matéria determinada. É a consciência de si, atingida pela experiência individual com um corpo, que permanece depois do desaparecimento deste. Nessas condições, a alegoria do homem suspenso no espaço deve ser tomada nos limites de uma alegoria e não como uma prova final de que a alma pensa-se sem corpo. Vale lembrar que as almas são engendradas com os corpos e adquirem autonomia depois de um certo tempo. O desaparecimento dos segundos não implica necessariamente o desaparecimento da primeira, pois os segundos não são causa da primeira, assim como um corpo gerado por outro – depois de certo tempo – adquire autonomia e, mesmo desaparecendo o primeiro pelo qual o segundo foi gerado, este permanece pela autonomia conquistada. Paradigma semelhante é usado por Ibn Sīnā para explicar como a alma, mesmo acompanhada por um corpo durante um determinado tempo, pode prescindir dele para continuar existindo.

---

86. Cf. Rahman: V,7,255s / Bakós: V,7,181 / Riet: V,7, 161-163.
87. Cf. M. Sebti, *Avicenne: L'âme humaine*, Paris, PUF, 2000, pp. 117-124.
88. *Idem*, p. 117.

Em suma, a consciência de si é a base da evidência[89]. Esse caráter põe em contraste o intelecto frente às demais faculdades que operam por órgãos como seus instrumentos de percepção. Argumenta Ibn Sīnā que, se o intelecto exercesse sua atividade por meio de um órgão qualquer, ele não poderia ter conhecimento nem de seu órgão e menos ainda de seu ato próprio. Todas as demais faculdades, por operarem por meio de órgãos como seus instrumentos intermediários de percepção, não apreendem a si e nem seus intermediários.

فنقول إن القوة العقلية لو كانت تعقل بالآلة الجسدانية حتى يكون فعلها الخاص إنما يستتم باستعمال تلك الآلة الجسدانية لكان يجب أن لا تعقل ذاتها وأن لا تعقل الآلة وأن لا تعقل أنها عقلت.

> Dizemos que se a faculdade intelectual conhecesse pelo órgão corporal, de modo que sua própria ação só se realizasse pelo emprego desse órgão corporal, seria necessário que ela não conhecesse sua essência e que ela não conhecesse o órgão e que ela não conhecesse ter conhecido[90].

Desse modo, Ibn Sīnā dirige a argumentação na direção do contraste entre as faculdades perceptivas que operam por meio de órgãos e o traço distintivo da consciência de si que só se observa pela faculdade intelectual. No caso dos sentidos externos e internos, entre eles e os dados de suas particulares percepções interpõe-se um instrumento que é o próprio órgão corporal, sendo que essas faculdades apreendem algo de exterior a si mesmas e exterior aos seus órgãos. O que é apreendido por meio dessas faculdades é o sensível que chega ao respectivo órgão e não o próprio órgão ou mesmo a percepção de si. Pois, الحس إنما يحس شيئًا خارجا ولا يحس ذاته ولا آلته ولا إحساسه وكذلك الخيال لا يتخيل ذاته ولا فعله ألبتة / *os sentidos só sentem algo exterior mas não sentem a si próprios, nem seus órgãos, nem sua sensação. E, do mesmo modo, a imaginação não imagina de modo algum nem*

---

89. Cf. Verbeke, "Introd. IV-V", p. 24.
90. Rahman: V,2,216s / Bakós: V,2,153. "Dicemus igitur quod virtus intellectiva, si intelligeret instrumento corporali, oporteret ut non intelligeret seipsam, nec intelligeret instrumentum suum, nec intelligeret se intelligere". Cf. Riet: V,2,93.

a si mesma e nem sua ação[91]. Apenas a faculdade intelectual apreende sua própria essência. Isso seria uma diferença nos meios da efetivação da percepção quanto ao instrumento que, nesse caso, indicaria que entre ela e sua essência nada se interporia.

فإنه ليس لها بينها وبين ذاتها آلة ، وليس لها بينها وبين آلتها آلة ، وليس لها بينها وبين أنها عقلت آلة ، لكنها تعقل ذاتها وآلتها التي تدعى لها وأنها عقلت ، فإذن تعقل بذاتها لا بآلة ، بل قد نحقق.

Entre ela e sua essência não há instrumento; assim como nada há, entre ela e seu instrumento, um outro instrumento; assim com não há instrumento entre ela e o que ela intelige. Antes, ela intelige sua essência e seu instrumento que lhe é atribuído[92], e intelige isto, pois ela intelige por si mesma e não por meio de um instrumento, antes, [do modo] como já verificamos[93].

91. Rahman: V,2,218 / Bakós: V,2,154. "Item sensus non sentit nisi aliquid extrinsecum nec sentit seipsum nec instrumentum suum nec quod sentiat. Similiter imaginatio non imaginat seipsam nec actionem suam ullo modo". Cf. Riet: V,2,96. A afirmação segue mostrando as razões disso de modo mais detalhado já mencionado acima.
92. A aparente contradição nessa afirmação a respeito do instrumento atribuído ao intelecto pode ser interpretada a partir da relação entre a alma e o intelecto, como indicação de que entre a alma inteligente e sua percepção de si interpõe-se o próprio ato dessa percepção, o qual se efetua por meio de sua própria faculdade de inteligir, isto é, o intelecto. É possível distinguir a substância inteligente de sua faculdade intelectual, apesar de que elas não poderiam existir separadamente uma da outra. Uma substância inteligente implica a capacidade de inteligir e, portanto, uma faculdade intelectiva. Por outro lado, uma faculdade intelectiva não poderia destituir-se de inteligência. Alma inteligente e faculdade do intelecto são, pois, uma só substância passível de distinção pela razão.
93. Rahman: V,2,217 / Bakós: V,2,153. "[...] inter ipsam etenim et essentiam suam non est instrumentum, nec inter ipsam et instrumentum eius est instrumentum, nec inter ipsam et id quod intelligit est instrumentum; sed intelligit seipsam, et ipsum instrumentum quod adscribitur ei, et intelligit se intelligere: ergo intelligit per seipsam, non per instrumentum". Cf. Riet: V,2,93s. Mas por que o intelecto, conhecendo com a ajuda de um instrumento, não poderia se conhecer? Ora, se o intelecto conhecesse seu instrumento, devido à própria forma desse instrumento, seria necessário concluir que o intelecto conheceria sempre a forma desse instrumento, pois esta estaria sempre presente nele; o intelecto introduziria, assim, uma alteridade numérica para conhecer seu instrumento, pois "para compreender e conhecer esse instrumento seria necessário apreender a forma que lhe é própria" (Verbeke, "Introd. IV-V", *op. cit.*, p. 24). Cf. também Carra de Vaux, *Avicenne*, Paris, Félix Alcan, 1900, pp. 228 ss. Na medida em que o intelecto não tem presente em si nenhuma forma de qualquer instrumento de conhecimento que o acompanhe em seus movimentos, então, o intelecto deve, necessariamente, apreender-se diretamente e sem mediação. Na passagem em questão, embora o termo possa ser traduzido por "órgão", o termo "instrumento" parece ser mais apropriado, visto sua maior

A argumentação encontra, assim, no contraste entre o sensível e o inteligível suas vias de conclusão. As vias de acesso ao sensível por meio das faculdades corporais trazem os dados que não são a própria alma. Esses dados são externos ao corpo, sendo levados num processo de introjeção paulatina ao interior da alma, como vimos. O receptáculo e lugar dos inteligíveis é a faculdade intelectual, imaterial: a mais interna e própria da alma. Se verificarmos que o tato possui o instrumento mais exterior e mais envolvente do corpo e seguirmos em direção às câmaras cerebrais, é possível dizer que os instrumentos interiorizam-se em direção ao mais interno da alma, desmaterializando-se paulatinamente até atingir a faculdade intelectual no ato mais intrínseco que a alma possui – o inteligir – de caráter imaterial e incorpóreo. É sobre o fato de as demais faculdades não terem percepção de si que o intelecto emerge em sua diferença principal: a consciência é indicador da imaterialidade e da imediatidade em sua ação, pois entre a substância inteligente e o ato de apreender-se nada há que se lhe interponha[94].

A diferença entre as faculdades que percebem por meio de órgãos e o intelecto que aprende sem órgão estende-se a duas outras características que podem ser observadas: a fadiga experimentada pelos órgãos e a dificuldade em perceber um sensível fraco após ter percebido um sensível forte[95].

القوة الدراكة بالآلات يعرض لها من إدامة العمل أن تكل لأجل أن الآلات تكلها إدامة الحركة وتفسد مزاجها الذي هو جوهرها وطبيعتها، والأمور القوية الشاقة الإدراك توهنها وربما أفسدتها.

[Quanto à] faculdade que percebe por meio de órgãos, ocorre por acidente e por causa da constância da ação que ela se fadigue. Isso se dá pelo fato que a constância do movimento cansa os órgãos e corrompe sua compleição pois isso é sua substância e sua natureza; e que as coisas fortes e difíceis de perceber as enfraquecem e às vezes as corrompem[96].

amplitude para explicar que o intelecto não possui nem órgão e nem qualquer intermediário que o auxilie a realizar suas funções.
94. Concordamos com Verbeke quando afirma que "Avicena está persuadido que uma faculdade que opera com o auxílio de um órgão corporal não é capaz de se conhecer: para ele o conhecimento de si é um princípio espiritual". Cf. Verbeke, "Introd. IV-V", *op. cit.*, p. 25.
95. Esse argumento ecoa passagens de Platão e do próprio Aristóteles.
96. Rahman: V,2,218 / Bakós: V,2,155. "[...] hoc est quod virtutibus apprehendentibus per

Nessa categoria incluem-se todas as faculdades da alma humana, com exceção do intelecto. Não é difícil constatar que as faculdades vegetativas da alma se corrompem com o uso, assim como ocorre com o constante uso dos órgãos dos sentidos externos. O mesmo se pode observar com os sentidos internos, notadamente no caso do enfraquecimento da memória com a idade avançada. A exceção do intelecto explica-se tanto pelo fato de não haver fadiga no ato de inteligir como por não haver dificuldade na apreensão de inteligíveis fracos após a apreensão de inteligíveis mais intensos. Aliás, ocorre mesmo o contrário, como se lê nesta passagem:

والأمر في القوة العقلية بالعكس، فإن إدامتها للعقل وتصورها للامور التي هي أقوى يكسبها قوة وسهولة قبول لما بعدها مما هو أضعف منها.

Mas a coisa na faculdade intelectual é inversa pois sua constância em inteligir e sua concepção das coisas mais intensas lhe fazem adquirir mais força e mais facilidade de receber o que vem em seguida a essas mais fracas[97].

Se para aquele que vê ضوءا عظيما / *uma luz intensa*[98] não é possível ver simultaneamente – ou logo em seguida – um fogo fraco ou uma luz fraca, assim como para aquele que escuta um som intenso, essa percepção lhe prejudica ouvir um som mais fraco, no caso do intelecto o conhecimento de algo intenso facilita a percepção de algo menos intenso. A apreensão de um inteligível forte não prejudica o ato do intelecto, contrariamente ao que ocorre com as faculdades que operam por meio de órgãos. Nestes últimos, por exemplo, uma luz forte ou um som muito forte danifica o órgão que percebe. Para o argumento contrário que defendesse a fadiga do intelecto, Ibn Sīnā responde que as dificuldades de entendimen-

instrumenta accidit ex perseverantia operis fatigari: instrumenta enim fatigantur ex iugi motu et destruitur eorum complexio quae est eis substantialis et naturalis. Ea autem quae fortia et difficilia sunt apprehendi, debilitant instrumenta et aliquando destruunt [...]" Cf. Riet: V,2,96.
97. Rahman: V,2,219 / Bakós: V,2,155. "In re autem intelligibili e contrario fit. Assiduitas enim suae actionis et formandi ea quae sunt difficilia, acquirit ei virtutem facilius apprehendendi id quod est post illa debilius illis". Cf. Riet: V,2,97.
98. Rahman: V,2,219 / Bakós: V,2,155. "[...] nimium splendorem [...]". Cf. Riet: V,2,97.

to observadas com o avanço da idade – ou no caso das doenças – não se devem ao intelecto mas à corrupção dos órgãos das faculdades que lhe servem. Por esse motivo afirma ele que, se ocorresse da faculdade intelectual se cansar, isso فذلك لاستعانة العقل بالخيال المستعمل للآلة التي تكل / *seria em razão de que o intelecto solicita o auxílio da imaginação que emprega o órgão que se fadiga*[99]. Para reforçar o contraste entre as faculdades corporais e o intelecto, Ibn Sīnā assinala, por fim, o desgaste natural que os órgãos das faculdades apresentam em oposição ao que ocorre no caso da ação do intelecto.

وأيضا فإن أجزاء البدن كلها تأخذ في الضعف من قواها بعد منتهى النشوء والوقوف، وذلك دون الأربعين أو عند الأربعين، وهذه القوة المدركة للمعقولات إنما تقوى بعد ذلك في أكثر الأمر، ولو كانت من القوى البدنية لكان يجب دائما كل حال.

Além disso, todas as partes corporais enfraquecem-se começando pelas suas faculdades depois de desenvolvidas e isso ocorre aos quarenta anos ou por volta dos quarenta anos. Mas a faculdade que percebe os inteligíveis só é forte, geralmente, depois disso na maioria dos casos e se ela pertencesse às faculdades corporais deveria [se fadigar] sempre em todos os casos[100].

E, assim, por tais razões é possível afirmar que a faculdade intelectual فليست إذن من القوى البدنية / *não pertence, portanto, às faculdades corporais*[101]. Ibn Sīnā também apresenta uma outra via de argumentação fundada em paradigmas geométricos[102] para demonstrar que o intelecto não pode ter lugar no corpo. A conclusão parcial nessa passagem afirma:

---

99. Rahman: V,2,219 / Bakós: V,2,155. "[...] quod habet ex hoc quod intellectus iuvatur imaginatione operante instrumento deficienti [...]". Cf. Riet: V,2,97s.
100. Rahman: V,2,219 / Bakós: V,2,155. "Item omnium partium corporis debilitantur virtutes in fine aetatis iuvenilis, quod fit circiter quadraginta annos. Haec autem virtus apprehendens intelligibilia plerumque non corroboratur nisi ultra hanc aetatem. Unde, si esset de virtutibus corporalibus, deberet tunc debilitari". Cf. Riet: V,2,98.
101. Rahman: V,2,219 / Bakós: V,2,155. "Ergo non est de virtutibus corporalibus". Cf. Riet: V,2,98.
102. Por ora, não entraremos em detalhes a respeito da demonstração geométrica que Ibn Sīnā desenvolve nessa passagem, a qual pode ser encontrada com detalhe em Verbeke, "Introd. IV-V", *op. cit.*, pp. 26 ss. e em Carra de Vaux, *Avicenne, op. cit.*, pp. 229-232. Este último encerra a explicação dizendo: "Não sei o que se pensará desta prova, talvez seja preciso o espírito bem geométrico para saboreá-la (!)" (*idem*, p. 232). A demonstração abre a seção e um aprofundamento nos princípios geométricos aí apresentados não está descartado. De todo modo, esta é uma entre outras vias de constatação da imaterialidade do intelecto que são apresenta-

وإذن لم يمكن أن تنقسم الصورة المعقولة ولا أن تحل طرفا من المقادير غير منقسم ولا بد لها من قابل فينا فلا بد من أن نحكم أن محل المعقولات جوهر ليس بجسم ولا أيضا متلقيها منا قوة في جسم.

Visto que não é possível que a forma intelectual se divida e nem que ela tome por receptáculo uma extremidade não-divisível das grandezas, mas que ela deva ser necessariamente em nós algo que recebe, é indispensável julgar que o receptáculo dos inteligíveis é uma substância que não é corpo e que não há de modo algum em nós algo que as recebesse como uma faculdade num corpo[103].

Outra via de constatação da imaterialidade da faculdade intelectual prende-se à própria natureza imaterial dos inteligíveis. Do mesmo modo como, pela natureza do sensível, acompanha-se-lhe uma faculdade de princípio e compleição adequada para ser o receptor da coisa percebida, a mesma estrutura é afirmada como princípio de efetivação para o processo inteligível. "Além disso, basta examinar a própria natureza dos inteligíveis para se dar conta de que a faculdade que os pensa não pode ser material"[104]. E por que não? Ora, porque

متلقى الصورة المعقولة منا جوهر غير جسماني ولنا أن نبرهن على هذا برهان آخر فنقول إن القوة العقلية هو ذا يجرد المعقولات عن الكم المحدود والأين والوضع وسائر ما قيل من قبل.

o receptor da forma inteligível em nós é uma substância incorpórea, e o podemos constatar por outra demonstração, dizendo que a faculdade intelectual é o que abstrai os inteligíveis da quantidade determinada, do lugar, da posição e das outras coisas que foram ditas antes[105].

 das por Ibn Sīnā nesta seção. Não é a única ou a "prova decisiva" como a teria chamado Shahrastani (cf. Carra de Vaux, *Avicenne, op. cit.*, p. 232).
103. Rahman: V,2,214 / Bakós: V,2,151. "Ergo impossibile est dividi formam intellectam. Quandoquidem autem impossibile est dividi formam intellectam, et impossibile est ut subiectum eius sit terminus mensurarum indivisibilis, cum ipsa necessario egeat receptibili, tunc omnino necesse est iudicare quod subiectum intelligibilium substantia est quae non est corpus, nec est etiam divisibilis, nec est virtus quae sit in corpore". Cf. Riet: V,2,88.
104. Cf. Verbeke, "Introd. IV-V", *op. cit.*, p. 25.
105. Rahman: V,2,214 / Bakós: V,2,151 "[...] sed receptibile formarum intelligibilium aliqua substantia est ex nobis non corporalis. Quod possumus etiam probare alia demonstratione, dicentes quod virtus intellectiva abstrahit intelligibilia a quantitate designata et ab ubi et a situ et a ceteris omnibus quae praediximus". Cf. Riet: V,2,89. "Em outras palavras, são univer-

Tal realidade não pode existir num corpo, pois o corpo é determinante de qualidades inexistentes na forma inteligível. Tal forma, sendo abstraída da matéria e das aderências com a matéria, não pode possuir existência nas coisas particulares e sensíveis que são apreendidas pelas demais faculdades. Se, então, o caráter da forma inteligível é ser destituída dos acidentes assinalados pela matéria, o lugar dos inteligíveis não pode ser nem o que é percebido pela forma sensível, nem um órgão e nem uma faculdade que opera por meio de órgãos[106]. Não estando nem no exterior e nem no órgão, sua existência só pode ser na faculdade imaterial, o intelecto.

أعني أن وجود هذه الحقيقة المعقولة المتجردة عن الوضع هل هو في الوجود الخارجي أو في الوجود المتصور في الجوهر العاقل، ومحال أن نقول إنها كذلك في الوجود الخارجي، فبقي أن نقول إنها إنما هي مفارقة للوضع والأين عند وجودها في العقل. (...) فلا يمكن أن تكون في جسم.

Quero dizer: a existência dessa realidade inteligível abstraída da posição, encontra-se na existência exterior ou na existência concebida na substância inteligente?[107] Mas é impossível dizermos que ela é assim na existência exterior. Resta-nos dizer, pois, que ela só é separada da posição e do lugar durante sua existência no intelecto. [...] Logo, não é possível que esteja num corpo[108].

        sais" cf. Verbeke, "Introdução IV-V", *op. cit.*, p. 25. "Os inteligíveis são universais e apresentam, assim, caracteres opostos àqueles das realidades materiais" (*idem*, p. 28).
106. A afirmação da essência como algo indivisível é indicador suficiente para afirmar que ela é recebida por algo igualmente indivisível. Entendido que o divisível é atributo do corpóreo, ao indivisível resta, assim, ser atributo do incorpóreo.
107. Lendo como "substância que intelige".
108. Rahman: V,2,214 / Bakós: V,2,151s. "[...] videlicet, esse huius formae intellectae denudatae a situ, si est ita in esse extrinseco aut est ita in esse formantis in substantia agenti. Impossibile est autem dici quod habeat esse sic in esse extrinseco: restat ergo dici non esse separatam a situ et ubi, nisi cum habet esse in intellectu [...] ergo impossibile est eam esse in corpore". Cf. Riet: V,2,89. "O essencial desse argumento é que o objeto inteligível apresenta caracteres que se distinguem nitidamente dos da realidade corporal; sendo universal, ele transcende os seres particulares do mundo sensível aos quais se refere sem confundir-se com eles". Cf. Verbeke, "Introdução IV-V", *op. cit.*, p. 26. Carra de Vaux conduz a argumentação do seguinte modo: "Ora, essa essência inteligível existe assim purificada na realidade exterior ou na inteligência? É claro que é na inteligência. Se, então, essa essência não pode ser designada por termos de lugar, de situação e outras do mesmo tipo, é que a inteligência, na qual ela está, não é um corpo". Carra de Vaux, *Avicenne, op. cit.*, p. 232.

Os inteligíveis encontram-se, pois, tanto na substância da inteligência agente como no intelecto humano, quando atualizados. A iluminação da primeira sobre as formas imaginativas evidencia o inteligível em potência que elas portam e, simultaneamente, apresenta à alma o inteligível em ato correspondente. Esse duplo modo de entender o processo de intelecção encontraria menos dificuldades em manejar toda a gama dos dados sensíveis externos e internos como preparação para a apreensão e acabamento das formas inteligíveis no intelecto, como já sublinháramos. A afirmação de que a forma inteligível tem وجودها في العقل / *sua existência no intelecto* pode ser entendida a partir da iluminação efetivada pela inteligência ativa sob dois aspectos: não só a iluminação como sendo a apresentação do inteligível que é contemplado pelo intelecto, mas também que esse inteligível corresponde ao que é visto pelo intelecto a partir dos traços comuns que são extraídos pela iluminação dos dados particulares da formas imaginativas estabilizadas nos sentidos internos. Reitera-se, pois, que as formas inteligíveis estão presentes na inteligência ativa como princípios de inteligibilidade e como formas em ato, a partir da simultaneidade de suas possíveis combinações. De outro modo, no intelecto humano, essas formas atualizam-se de modo ordenado, uma após a outra[109]. O intelecto humano não apreende diretamente as formas inteligíveis potenciais nas coisas particulares e nem as recebe diretamente sempre prontas da inteligência ativa, assim como também não as contempla como algo externo a si nessa mesma inteligência mas as duas direções – sensível e inteligível – encontram-se no intelecto: por um lado, como sendo as formas internas estabilizadas na faculdade formativa e, por outro, como os princípios da inteligibilidade comunicados pela inteligência ativa, passando a existir, então, no intelecto, uma determinada forma inteligível. Mantém-se em toda essa leitura a imagem da alma humana como tendo duas faces, uma voltada para o corpo e outra para os princípios inteligíveis. Não é o caso de haver um estranhamento entre corpo e alma, mas uma tensão natural entre dois extremos pelos quais o homem é tocado.

109. Exceto no grau do intelecto sagrado, caso em que o intelecto humano apreende com mais intensidade, instantaneamente.

ولكنا نقول إن جوهر النفس له فعلان فعل له بالقياس إلى البدن، وهو السياسة، وفعل له بالقياس إلى ذاته وإلى مباديه وهو الإدراك بالعقل.

> Dizemos que a substância da alma possui duas ações: ela possui uma ação em relação ao corpo que é a instauração do corpo e ela possui uma outra ação em relação à sua essência e aos seus princípios que é a percepção pelo intelecto[110].

As duas direções apontadas mostram bem os dois limites entre os quais se hierarquizam os diversos graus de abstração por meio de suas respectivas faculdades. O modo intermitente das operações de cada uma das faculdades é a condição pela qual todas elas servem umas às outras em escala de maior ou menor abstração encimadas pelo intelecto teórico que é a faculdade mais própria da alma humana e a única que permanece intrinsecamente ligada à substância inteligente – a própria alma. Tendo formado o corpo com todas suas faculdades e seus respectivos órgãos por meio do intelecto prático, a alma humana é tomada em suas duas direções igualmente de modo intermitente e é somente uma atenção mais determinada que a alma pode dirigir a uma ou a outra realidade que é capaz de priorizar o material ou o imaterial, o sensível ou o inteligível porque وهما متعاندان متمانعان فإنه إذا اشتغل بأحدهما انصرف عن الآخر ويصعب عليه الجمع بين الأمرين / *as duas opõem-se uma à outra, resistem uma à outra, pois quando a substância da alma se ocupa de uma das duas ela se desvia da outra e lhe é difícil reunir as duas coisas*[111].

Segundo Ibn Sīnā, pelo fato de a alma ser desviada constantemente para uma ou outra direção, quando o corpo está doente, a alma se desvia da intelecção e mesmo perde inteligíveis que já adquirira por causa da doença dos órgãos do corpo. Mas, com a restauração do corpo são, a alma vê novamente presentes em si os inteligíveis que havia adquirido, não sendo necessário que aprenda novamente tudo o que já houvera aprendido.

---

110. Rahman: V,2,220 / Bakós: V,2,156. "Dicemus ergo quod substantia animae habet duas actiones: unam actionem comparatione corporis quae vocatur practica, et aliam actionem comparatione sui et principiorum suorum quae est apprehensio per intellectum". Cf. Riet: V,2,99.

111. Rahman: V,2,220 / Bakós: V,2,156. "[...] et utraeque sunt dissidentes et impedientes se, unde cum occupata fuerit circa unam retrahetur ab alia; difficile est enim convenire utraque simul". Cf. Riet: V,2,99.

Isso indica que o intelecto não é atingido pelas doenças do corpo justamente por não estar impresso em nenhum órgão. Se as aquisições pelo intelecto estivessem ligadas aos órgãos, seria necessário que o intelecto começasse novamente a partir do princípio, o que não é verificado. Destaque-se que a recondução dos inteligíveis ao intelecto se dá porque estes foram adquiridos e a alma, por isso, os retoma por meio da constante iluminação da inteligência ativa.

Uma outra constatação da incorporeidade do intelecto, segundo Ibn Sīnā, baseia-se no fato do caráter da apreensão dos inteligíveis. No caso da apreensão pelo intelecto, os inteligíveis وقد صح لنا أن الشيء الذي يقوى على أمور غير متناهية بالقوة لا يجوز أن يكون جسما ولا قوة في جسم / *são infinitos em potência e já sabemos que a coisa que se potencializa sobre coisas infinitas em potência não é possível que seja um corpo e nem faculdade num corpo*[112]. Assim, a alma humana torna-se conhecedora infinita, pois "o homem é um ser que sem cessar se transcende, que ultrapassa sempre seus próprios limites, suas realizações e suas aquisições; ele é o princípio de uma evolução ilimitada"[113].

Ao final de seu comentário, Verbeke acaba por aproximar – e mesmo substituir – os termos "alma" e "intelecto" e afirma que a conclusão dessa parte do estudo da incorporeidade do "intelecto" no *Kitāb al-Nafs* é bem clara: "a alma humana não está impressa no corpo como uma forma na matéria e ela não existe pelo corpo ou, em outros termos, sua existência não depende de sua união com o corpo; ela é, pois, espiritual"[114]. Tal conclusão, que já nos parece tão habitual depois de havermos examinado os inúmeros argumentos de Ibn Sīnā, aparecendo, entretanto, ao final do exame sobre a incorporeidade do intelecto e não da alma, acaba por levantar a questão de relacionar os dois termos nesse último estágio de

---

112. Rahman: V,2,216 / Bakós: V,2,152. "[...] sunt infinita in potentia. Iam etiam probatum est quod id quod praevalet rebus infinitis in potentia, impossibile est esse corpus aut virtutem quae est in corpore". Cf. Riet: V,2,92. Carra de Vaux, acertadamente, assinala o seguinte: "ora, resulta do que foi dito na física que aquilo que é capaz de apreender em potência coisas sem fim não tem seu lugar num corpo e nem numa simples faculdade do corpo". Carra de Vaux, *Avicenne, op. cit.*, p. 233.
113. Verbeke, "Introd. IV-V", *op. cit.*, p. 25.
114. *Idem*, p. 29.

nosso exame. Podemos perguntar, entre outras coisas, qual é a conseqüência da constatação da incorporeidade do intelecto, da incorporeidade da alma e suas relações com a noção de imortalidade. Se afirmada esta, restaria saber, nesse caso, o que sobreviveria: a alma ou o intelecto e, sobrevivendo, que tipo de atividade se poderia ainda vislumbrar? Ainda mais, se afirmada a sobrevivência, esta seria dita da substância inteligente da alma individual, ou esta tornar-se-ia dissoluta na substância da inteligência ativa sem mais a consciência de si; e, se for o caso da sobrevivência da faculdade do intelecto como atividade, em que termos poderia esta faculdade subsistir fora da substância inteligente da alma individual?

III.6. A permanência do intelecto e a imortalidade da alma individual

A imaterialidade supõe a permanência; e a materialidade, a impermanência. A estrutura dual que apresenta num extremo o corpo e no outro o incorpóreo, num extremo a apreensão sensível e no outro a apreensão inteligível, pode seguir contrastando binômios para ilustrar os dois extremos aos quais se vincula o homem e nos quais opera a alma humana. Uma face voltada para o corpo e outra para o incorpóreo. A imagem das duas faces da alma segue fundando boa parte da visão de Ibn Sīnā, mas nem por isso afirma-se uma realidade dualista. Entre os dois extremos intercalam-se, como já assinaláramos, as faculdades em ascensão de abstração acompanhadas de seus respectivos modos de percepção configurando uma realidade una e única em sucessivas dobraduras. Matéria e imatéria são os limites do mesmo, os dois extremos nos quais a experiência humana confere sua passagem. Em meio a esses dois mundos, a alma humana segue suas duas direções enquanto acompanhada de um corpo.

Entretanto, não é possível tecer qualquer consideração se não se partir da afirmação de que o mais próprio da alma humana é ser uma substância inteligente. Em seu ato próprio, mesmo estando ligada a um corpo, ela opera por meio da faculdade do intelecto. Aliás, é por meio do aspecto prático do intelecto que a alma rege e coordena as ações do corpo. Ligado ao corpo, o intelecto auxilia a alma e rege essa conexão com a matéria corpórea, não obstante a ação mais própria da alma humana ser a face voltada à inteligência, por meio da apreensão dos inteligíveis. Destituída de materialidade, a alma e, destituído de órgão, o intelecto identificam-se respectivamente como substância e faculdade. A alma imaterial é, antes de tudo, uma substância inteligente; e o intelecto, operando sem órgão, segue como a faculdade mais própria da alma humana. Enquanto acompanhada do corpo, a alma desenvolve-o e forma as outras faculdades que a auxiliam a realizar os atos da vida e a conhecer o que não é ela mesma. Nesse caso, corpo e alma seguem em companhia e colaboração mútua: النفس عليا كما وجدت مع وجود بدنها الخص بهيئته ومزاجه / *a alma [por sua disposição] é como se existisse em companhia da existência de seu corpo respectivo com as disposições do corpo e sua compleição*[115]. Não é propriamente um corpo que possui alma, mas uma alma que possui um corpo. Mesmo acompanhada do corpo, a alma possui uma operação própria, não dependendo do corpo em todas as suas ações. Contrariamente, o corpo depende da alma em todas as suas ações. Não há uma única faculdade corpórea que não tenha sido formada pela própria alma e tais faculdades seguem lhe servindo enquanto permanece o corpo. Essas faculdades não possuem nenhum tipo de sobrevivência após a morte do corpo na medida em que se deterioram seus órgãos. No caso da faculdade intelectual, a corrupção não ocorre porque não há matéria a ser corrompida. Visto que todas as faculdades da alma agem ininterruptamente – no caso das faculdades corporais, o início e o fim de suas ações coincidem com o início e o fim da compleição dos órgãos que utilizam – restaria perguntar se haveria alguma ação da alma antes de estar acompanhada do corpo ou depois da dissolução do corpo. Caso houver, restaria indagar a respeito da relação entre ela e a faculdade do intelecto.

Para a questão de saber se é o mesmo afirmar a imaterialidade da alma e a imaterialidade do intelecto, algumas considerações prévias devem ser abordadas. Primeiramente, deve-se ter em mente que o intelecto é a faculdade mais própria da alma. Logo, a imaterialidade do intelecto pressupõe a imaterialidade da alma. A alegoria do homem suspenso no espaço é

---

115. Rahman: V,2,221 / Bakós: V,2,157. "[...] cuius curae anima est causa, quae non habet esse, nisi cum habet esse eius corpus proprium cum officio suo et complexione". Cf. Riet: V,2,101.

indicativa: a alma percebe-se pensante porque é de sua essência assim ser: والنفس تتصور ذاتها وتصورها ذاتها يجعلها عقلا وعاقلا ومعقولا / *a alma concebe a si mesma e sua concepção de si mesma torna-a inteligência, inteligente e inteligível*[116]. A alma percebe-se pensante porque é intrínseco à inteligência inteligir. É intrínseco à substância inteligente possuir a faculdade de inteligir: essa é o intelecto. Esse ato é, pois, resultado da faculdade intelectual. Mas, no caso da ligação da alma com o corpo, o intelecto adquire uma direção em função do corpo – o intelecto prático como o condutor deste e de suas faculdades. No entanto, o caráter primeiro da alma permanece inalterado, sua direção e operação. A primeira é conhecer, a segunda é atualizar constantemente sua faculdade própria, o intelecto. Em si mesma mantém-se consciente de si e, acompanhada do corpo, volta-se a conhecer as coisas que não são si mesma em si mesma, pois النفس تعقل بأن تأخذ ذاتها صورة المعقولات مجردة عن المادة / *a alma intelige apreendendo em si mesma a forma dos inteligíveis abstraída da matéria*[117]. Visto que os inteligíveis são infinitos em potência e a alma humana permanente, ela existe, então, para conhecer infinitamente.

A incorporeidade e a imaterialidade do intelecto identificam-se, em última análise, com a imaterialidade e a incorporeidade da própria alma. Muito do que se disser a respeito da substância da alma, diz-se efetivamente do intelecto, enquanto esse for considerado a faculdade por excelência da alma humana. A alma humana define-se e distingue-se pela existência da faculdade do intelecto nela, mas nenhuma das faculdades é a alma humana em sua própria substância. A constatação da imaterialidade do intelecto no Capítulo V, em acordo com a constatação da imaterialidade da alma demonstrada por Ibn Sīnā no início do *Kitāb al-Nafs*, tem como resultado a imortalidade de ambos[118]. Tendo considerado que a alma é

---

116. Rahman: V,6,239 / Bakós: V,6,170. "Anima autem intelligit seipsam, et hoc quod intelligit seipsam, facit eam intelligere se esse et intelligentem et intellectam et intellectum". Cf. Riet: V,6,134.
117. Rahman: V,6,239 / Bakós: V,6,169. "Dicemus quod anima intelligit eo quod apprehendit in seipsa formam intellectorum nudorum a materia". Cf. Riet: V,6,134.
118. A relação entre incorporeidade e imortalidade pode ser retirada das sentenças finais do Capítulo IV, no qual Ibn Sīnā afirma o desaparecimento de todas as faculdades animais com a morte do corpo. Logo, o imaterial é imortal porque não há corrupção da matéria.

uma substância que não possui matéria a ser corrompida[119], a permanência dessa substância em seu ato mais próprio deve igualmente ser afirmada[120]. A permanência da alma tem no acompanhamento do corpo um divisor e uma baliza fundamentais na análise de Ibn Sīnā. Será que a alma permaneceu operando antes de estar acompanhada de um corpo e será, por outro lado, que permanecerá operando depois da dissolução deste? À primeira questão Ibn Sīnā respondeu que a alma não precedeu o corpo, mas veio à existência juntamente com ele quando a mistura dos elementos tornou-se apropriada para a manifestação da alma[121]. Aquela mistura, tornada por meio da alma um corpo organizado, passou a ser, para ela, مملكتها وآلتها / *o seu reino e o seu instrumento*[122].

فيكون تشخص الأنفس أيضا أمرا حادثا، فلا تكون قديمة لم تزل، ويكون حدوثها مع بدن.

119. "A alma humana é, de fato, simples: não sendo composta de matéria e forma, não se encontra conjuntamente nela o ato de existir e a possibilidade de não ser. O que existe tendo a possibilidade de não ser não pode ser simples, mas deve ser composto. Não é necessário admitir que tudo o que é engendrado perecerá um dia? Avicena responde que esse é o caso de tudo o que é engendrado a partir de um princípio material e de um princípio formal. Mas como a alma humana não apresenta a composição em questão, disso resulta que este axioma não lhe é aplicável". Verbeke, "Introd. IV-V", *op. cit.*, p. 35.
120. A síntese de Carra de Vaux sobre isso é relevante: "A imortalidade da alma é conseqüência imediata de sua espiritualidade. No momento em que a alma racional não está impressa no corpo, que ela é uma substância independente da qual o corpo é apenas o instrumento, a falta desse instrumento não atinge essa substância. Do momento em que a alma, quando reunida à inteligência agente, compreende por sua essência, sem ter necessidade de órgãos, a falta desses órgãos não seria capaz de prejudicá-la. Essas conclusões são evidentes. Desse modo, Avicena aplica-se menos a demonstrar a imortalidade da alma racional do que a verificar por qual modo de dependência ela está ligada ao corpo". Carra de Vaux, *Avicenne, op. cit.*, p. 233.
121. وتلك الهيئآت تكون مقتضية لاختصاصها بذلك البدن ومناسبة لصلوح أحدهما للآخر وإن خفي علينا تلك الحالة وتلك المناسبة. / *E essa preparação é requerida para a sua particularização [da alma] a tal corpo e para uma afinidade a que cada um dos dois se ajuste ao outro mesmo que esteja oculta, para nós, essa condição e essa adequação.* Rahman: V,3,225 / Bakós: V,3,159. "[...] propter quas affectiones illa anima fit propria illius corporis, quae sunt habitudines quibus unum fit dignum altero, quamvis non facile intelligatur a nobis illa affectio et illa comparatio". Cf. Riet: V,3,109. Cf. atrás I.3.
122. Rahman: V,3,225 / Bakós: V,3,159. "[...] et corpus creatum est regnum eius et instrumentum [...]" Cf. Riet: V,5,108.

Além disso, a individuação das almas é algo incidental pois elas não são eternas mas não cessam[123]. Sua incidência[124] é com um corpo[125].

À segunda questão Ibn Sīnā responde que, tendo vindo à existência e experimentado a consciência de si, a alma pode operar a partir disso, de modo independente do corpo e, por isso, quando da dissolução do corpo, a alma deve seguir a operar segundo sua ação mais própria, isto é, inteligir.

فنقول أما بعد مفارقة الأنفس للأبدان فإن الأنفس تكون قد وجدت كل واحدة منها ذاتا منفردة باختلاف موادها التي كانت وباختلاف أزمنة حدوثها واختلاف هيئآتها التي لها بحسب أبدانها المختلفة لا محالة

Quanto à separação das almas [humanas] dos corpos, dizemos sem dúvida alguma que cada uma delas existe como uma essência separada por causa da diversidade da sua matéria engendrada e pela diversidade dos tempos de suas respectivas incidências e pela diversidade de suas disposições, possuídas em relação aos seus corpos diversos[126].

Apesar de tal afirmação, resta saber se a permanência da substância da alma, seguindo a operar por meio do intelecto, far-se-ia como consciência individual ou, então, sua substância diluir-se-ia na substância da inteligência ativa? Dito de outro modo: permanece a consciência de si que a alma possui ou essa consciência só se deu como resultado da experiência com o corpo? Ibn Sīnā responde que, pelo fato da alma ter experimentado com o corpo uma vida individualizada em que as experiências foram úni-

---

123. أزال significa "dissolver, dissipar, cessar" e não deve ser confundido com أزل que significa "eternidade", o que poderia mudar o sentido da frase para afirmar que a alma não se eterniza mas essa possibilidade não tem lugar na filosofia de Ibn Sīnā.
124. A raiz حدث remete à noção de algo que começa a ser, que se produz circunstancialmente, casualmente. Nesse caso, entendido como "condição incidental" que se dá a partir da mistura dos elementos. Cf. Goichon, Léxique *op. cit.*, itens 132-138.
125. Rahman: V,3,224 / Bakós: V,3,159. "Singularitas ergo animarum est aliquid quod esse incipit, et non est aeternum quod semper fuerit, sed incepit esse cum corpore tantum". Cf. Riet: V,3,107.
126. Rahman: V,3,225 / Bakós: V,3,160. "Dicemus ergo quod postea animae sine dubio sunt separatae a corporibus; prius autem unaquaque habuerat esse et essentiam per se, propter diversitatem materiarum quas habebant et propter diversitatem temporis suae creationis et propter diversitatem afectionum suarum quas habebant secundum diversa corpora sua quae habebant". Cf. Riet: V,3,110.

cas e particulares, a alma não perde essa consciência. Em suma, poderíamos dizer que a alma humana é imortal por ser uma substância incorpórea e se mantém, depois da dissolução do corpo, consciente de si por causa da sua individualização no corpo que a acompanhou.

تشخصها باجتماعها وإن جهلناها، وبعد أن تشخصت مفردة فلا يجوز أن تكون هي والنفس الأخرى بالعدد ذاتا واحدة.

A individualização da alma faz-se por reunião, se bem que isso nós ignoramos. E, depois que ela está individualizada, separada, não é admissível que ela e outra alma tornem-se uma só essência[127].

A alma humana é imortal e permanece individualizada e consciente de si após o desaparecimento do corpo. أما أن النفس لا تموت بموت البدن فلأن كل شيء يفسد بفساد شيء آخر فهو متعلق به نوعا من التعلق / *Que a alma não morre com a morte do corpo é porque toda coisa se corrompe pela corrupção de uma outra coisa da qual é dependente por uma espécie de dependência*[128]. Se houvesse dependência da alma em relação ao corpo, com a morte do último necessariamente afirmar-se-ia a morte da primeira, mas sua relação é acidental e não substancial, apesar de que لكنهما جوهران / *os dois são duas substâncias*[129].

فبين إذا أن جوهر النفس ليس فيه قوة أن يفسد، وأما الكائنات التي تفسد فإن الفسد منها هو المركب المجتمع.

---

127. Rahman:V,3,226 / Bakós: V,3,160. "[...] propter quod singularis fit anima, quamvis illud nesciamus. Postquam autem singularis fit per se, impossibile est ut sit anima alia numero et ut sint una essentia [...]". Cf. Riet: V,5,111.
128. Rahman: V,4,227 / Bakós: V,4,161. "Quod anima non moriatur in morte corporis ratio haec est: quia quicquid destruitur ad destructionem alterius, pendet ex eo aliquo modo". Cf. Riet: V,4,113s.
129. Rahman: V,4,227 / Bakós: V,4,161. "[...] sed est utrumque substantia". Cf. Riet: V,4,115. Com a separação das duas substâncias, as faculdades que operam por meio da substância corpórea devem se extinguir. Só devem permanecer, pois, as faculdades que operam sem a necessidade intrínseca da substância corpórea. Como foi amplamente mostrado, o intelecto seria a única nesse caso. Logo, a alma humana sobrevive porque é uma substância distinta do corpo. Sobrevive com sua faculdade mais própria, o intelecto, que também opera sem corpo.

Ficou claro que a substância da alma não possui em si a potência de se corromper e, quanto aos seres engendrados que se corrompem, o que é corruptível neles é o conjunto composto[130].

Como se constata, as relações entre preexistência e sobrevivência da alma em relação ao corpo encontram em Platão e Aristóteles duas vias que não foram seguidas por Ibn Sīnā e fazem de sua concepção algo bem próprio de sua filosofia[131]. Verbeke observa que "sob esse aspecto a posição de Ibn Sīnā é interessante: ele opõe-se categoricamente à preexistência da alma e, apesar disso, ele admite sua imortalidade: rompe, conseqüentemente, com a crença, largamente difundida entre os gregos, de que aquilo que começou a existir não pode continuar indefinidamente"[132]. Uma das peculiaridades de sua doutrina deve-se ao fato de Ibn Sīnā utilizar-se de duas argumentações distintas quanto à existência da alma antes da formação do corpo e depois da dissolução do corpo. No primeiro caso, o início da existência da alma juntamente com o corpo tem na impossibilidade de demonstração de sua preexistência como sendo una ou múltipla um decisivo argumento. No segundo caso, como bem resume Verbeke, "a individualidade, uma vez adquirida, não pode se perder: depois da morte, as almas permanecem distintas umas das outras porque elas foram afetadas por corpos diferentes, porque começaram a existir em momentos diferentes e porque adquiriram qualidades acidentais diferentes em razão da diversidade de seus corpos. Sob esse aspecto, a situação de uma alma que foi unida a um corpo não é a mesma de uma alma que jamais foi atrelada a uma realidade corporal"[133].

Ao argumento que sustentasse que a alma retornaria à inteligência ativa, passando a contemplar os inteligíveis lá existentes, entende-se que, nesse caso, tal contemplação não poderia ser tomada como algo estático pois o operar da alma para adquirir os inteligíveis é sempre um movimen-

---

130. Rahman: V,4,232 / Bakós: V,4,165. "Ergo manifestum est quod in substantia animae non est potentia corrumpendi. Sed generatorum corruptibilium corrumpitur quod est compositum et coniunctum". Cf. Riet: V,4,122.
131. Cf. Verbeke, "Introd. IV-V", *op. cit.*, pp. 30-35.
132. Cf. *idem*, p. 31.
133. *Idem*, p. 32.

to constante e, sendo que a alma não se confunde e nem se dilui na inteligência agente, o contato entre os dois seria mantido. Entretanto, se as faculdades animais sucumbem, como poderia a alma manter o que conheceu ao perder-se a faculdade que conserva e se lembra? É que o próprio da alma humana é inteligir e não, propriamente, se lembrar. A melhor resposta a isso é a ausência de referência a uma memória intelectual. Isso se deve ao fato de que o grau do intelecto determinado como "intelecto adquirido" é a própria garantia do retorno ao conhecido. A consciência de si não é uma memória que a alma levaria consigo, assim como tudo o que a alma conheceu por meio do intelecto nesta vida também não se constitui em memória porque os inteligíveis adquiridos são atualizados constantemente pela luz da inteligência ativa em nós. Acompanhada de um corpo, a alma lembra-se mas, também, atualiza constantemente tudo o que conheceu. Por essa razão, não mais acompanhada do corpo, a alma manteria em ato todos os inteligíveis que adquiriu em sua experiência com o corpo, seguindo, ininterruptamente, em sua ação mais própria, que é conhecer e ser consciente disso. Não há, assim, memória intelectual. O que há é o hábito de conectar-se aos princípios inteligíveis que estão na inteligência ativa.

Algumas balizas podem ser mantidas em todo o desenvolvimento a reunir os traços característicos da alma humana e da inteligência ativa. A primeira afirmação de que a alma não é corpo parte tanto da observação da natureza como da percepção de si. A alma humana provém da inteligência ativa. Esta é separada da matéria e move-se sem órgãos, é imaterial e incorpórea. Desde Al-Fārābī é afirmada como inteligência, inteligida e inteligente, coroando-se como consciência de si. Mas, além das almas humanas, também procedem ao mundo sublunar as almas dos vegetais, dos animais e a própria matéria corruptível. Entretanto, a alma humana diferencia-se do restante assemelhando-se à inteligência ativa por ser consciência de si e, por isso, deve operar sem órgãos, diferentemente das faculdades vegetais e animais. Se as substâncias separadas da matéria são inteligências que não conhecem a corrupção, a alma humana, tomando a si como inteligente, deve ser incorpórea, imaterial e, portanto, indestrutível. Todas as faculdades morrem com o organismo mas o intelecto, que é a faculdade por excelência da alma humana, está isento disso, por ser faculdade imaterial da própria substância imaterial e inteligente. Desse modo, o retorno da alma à esfera da inteligência ativa faz-se sem que se perca sua principal função que é o entendimento. A alma humana retorna consciente e entendendo. Ao infinito.

A alma humana deve sobreviver após a morte do corpo porque é substância inteligente. O intelecto, como a faculdade do entendimento e da consciência, permanece, independentemente de não haver mais os dados trazidos dos sentidos externos ou internos porque estes já foram içados a inteligíveis adquiridos no intelecto. O que é adquirido é como se fosse uma memória intelectual porque é constantemente atualizado pela iluminação da inteligência agente. Sendo assim, a contemplação não deve ser tomada somente como algo estático, mas também como um movimento contínuo dos dados do intelecto adquirido. Ora, se os inteligíveis adquiridos podem ser contemplados continuamente, as operações silogísticas pelas quais se chega a outros inteligíveis e a intuição imediata de outros inteligíveis devem ser consideradas, pois não seria mais o caso de uma alma vazia de dados que não a consciência de si – como no caso do homem suspenso no espaço – mas de uma alma que possui no intelecto a aquisição de uma infinidade de inteligíveis alcançados por meio das faculdades dos sentidos externos e internos formados durante sua existência com o corpo.

Tendo passado pela experiência com o corpo[134], a alma armazenou dados, alcançou o entendimento, adquiriu inteligíveis e, por essa experiência única de consciência, de particularidade e de independência de ação em relação ao corpo, a alma permanece individual em sua operação e fixa sua dependência apenas nos princípios iluminadores da inteligibilidade trazidos pela inteligência ativa. Afinal, como poderia perder sua individualidade se o intelecto dessa individual substância inteligente adquiriu em sua experiência com o corpo a consciência de si mesmo como algo que a distingue das outras almas e dos outros existentes? Ora, não fora

---

134. "No momento em que as almas deixam os corpos, essa diferença original reunida à diferença do tempo de suas produções e de suas partidas fora dos corpos, as impedem de se confundirem e faz com que permaneçam essências distintas." Carra de Vaux, *Avicenne, op. cit.*, p. 237.

definido que as formas inteligíveis em grau de intelecto adquirido retornam à alma constantemente pela iluminação ininterrupta da inteligência ativa? Desse modo, o que foi visto não se perde mais, em razão do hábito da conexão. Não há memória que sobreviva, mas os princípios da inteligibilidade são a garantia de que a consciência de si e as formas inteligíveis adquiridas não se perdem. A afirmação de que a alma é superior ao corpo deve ser entendida, assim, no limite do imperecível em vista do perecível. No homem, corpo e alma são dois companheiros. A alma só vem à existência com o corpo. A consciência de si que permanece após a morte do corpo só é possível pelo corpo, pois, se não houvesse essa experiência com a matéria, a alma não se tornaria individualizada. Curiosamente, seríamos imortais individualmente, não só por causa da alma mas também e principalmente por causa do corpo.

Um outro itinerário à guisa de um epílogo deve destacar os seguintes passos: a alma humana é, em sua essência, uma substância inteligente imaterial que não preexiste ao corpo mas também não depende do corpo para existir. A alma humana começa a existir juntamente com o corpo, quando a mistura dos elementos permite sua manifestação. A partir daí, ela segue acompanhada de um corpo. Como ato próprio e intrínseco a si, ela intelige e conhece a si mesma. Acompanhada de um corpo, formaliza suas faculdades nos limites que a mistura dos elementos permite, tornando o corpo um organismo capaz de realizar os atos da vida e, por conseguinte, passando a conhecer as coisas que não são ela mesma. Esses dados são trazidos para o interior da alma por meio de sucessivos graus de abstração dos sentidos externos até o intelecto. O intelecto opera sobre os dados estabilizados nos sentidos internos que são o modo de abstração contíguo e anterior à abstração intelectual. Esses dados estabilizados são iluminados pela inteligência ativa que fornece os princípios da inteligibilidade e opera simultaneamente como se realizasse uma dupla iluminação ao fazer emergir das formas imaginativas e estimativas os inteligíveis em potência que lá estão, ao mesmo tempo em que fornece o inteligível correspondente. É somente nesse sentido que se pode dizer que a inteligência ativa infunde os inteligíveis do mesmo modo que o Sol ilumina com sua luz, possibilitando a atualização das cores em potência. Nesse processo, a alma humana conhece tudo o que conhece, em si mesma: primeiro, porque os dados trazidos pelas faculdades corporais são introjetados ao extremo e só são conhecidos pelo conhecimento próprio da alma humana quando se tornam inteligíveis e, segundo, porque o outro elemento da inteligibilidade é fornecido pela luz da inteligência ativa. Esta, antes de ser dita externa à alma, é melhor entendida como única para todas as almas humanas, pois, afinal, como poderia ser externo à alma humana o que lhe é mais íntimo?[135] A alma humana procede da inteligência ativa. Os dois elementos – dados sensíveis e princípios da inteligibilidade – atualizam, no intelecto, os inteligíveis. No processo de conhecimento, tudo se faz dentro e por dentro da alma humana. A alma em si conhece-se e, acompanhada de um corpo, torna-se uma janela aberta para o conhecimento do que não é ela mesma, não obstante ela ter esse conhecimento em si mesma. Por suas características, a faculdade do intelecto não é impressa na matéria e não opera por órgãos e, com isso, não contradiz a substância inteligente da qual o intelecto é a faculdade mais própria. Assim como a inteligência ativa separada e imortal é uma substância inteligente e realiza sua ação inteligente fornecendo os princípios da inteligibilidade, a alma humana, que dela procede, também opera por meio de sua ação mais própria que é inteligir e, por ser igualmente uma substância imaterial, é, necessariamente, imortal. Com a morte do corpo, a alma humana segue a operar de modo independente da matéria que ela formara e transformara num organismo vivo para realizar os atos dessa vida.

لكن فساد البدن يكون بسبب يخصه من تغير المزاج أو التركيب (...) وبقي أن لا تعلق للنفس في الوجود بالبدن بل تعلقها في الوجود بالمبادي التي لا تستحيل ولا تبطل وأقول أيضا إن سببا آخر لا يعدم النفس ألبتة.

135. Uma observação de Bakós é indicativa quanto à dificuldade de afirmar a total exterioridade da inteligência agente nas almas humanas. A alma concebe a si mesma (p. 170) "porque o intelecto agente reside nela". Cf. Bakós, n. 666. A melhor visão a respeito da posição da inteligência agente seria a de contemplar os dois aspectos ao qual o homem se vincula: matéria e imatéria. O aspecto visível e exterior da inteligência ativa traduz-se pela afirmação de que ela é a décima inteligência, a da esfera da Lua. Por outro lado, sendo imaterial, seu aspecto não-visível se constata como presença nas operações próprias da alma humana.

Mas a corrupção do corpo se faz por uma causa que pertence propriamente ao corpo: a alteração da mistura e da compleição [...]. Resta que, para a alma, quanto à existência, não há dependência do corpo mas, antes, a dependência quanto à existência é em virtude de outros princípios que não mudam e nem se destroem. Digo, ainda, que uma outra causa não aniquila, de modo algum, a alma[136].

Em todos os casos, o intelecto, como a mais própria das faculdades da alma humana, é o meio intrínseco à sua existência e o meio pelo qual seu ato mais próprio pode se atualizar. O horizonte do destino da alma humana seria, desse modo, um movimento constante de aprendizado. A experiência da alma com o corpo seria apenas uma de suas estações. O paradigma do homem aviceniano é ser filósofo por excelência e, talvez, aprender sem cessar seja o seu mais íntimo desejo. E não o nosso?

---

136. Rahman: V,4,231 / Bakós: V,4,164. "Restat ergo ut nullius eorum esse pendeat ex altero; esse autem animae pendet a principiis aliis quae non permutantur nec destruuntur". Cf. Riet: V,4,120. فقد بان إذاً أن النفس الإنسانية لا تفسد ألبتة , وإلى هذا سقنا كلامنا , والله الموفق / *E assim ficou demonstrado que a alma humana não se corrompe de modo algum e nessa direção guiamos nosso discurso. E Deus é quem favorece.* Rahman: V,4, 233 / Bakós: V, 4,165. "Ergo ostensum est humanam animam non corrumpi ullo modo, et ad hoc perduximus nostrum verbum nutu divino". Cf. Riet: V,4,124.

Conclusão

Na introdução deste trabalho, estabelecemos alguns objetivos que nos guiaram na leitura do *Livro da Alma* de Ibn Sīnā. Propuséramos seguir de perto a letra do autor, procurando recuperar o cerne de suas concepções a respeito das relações entre alma e intelecto, acompanhando-nos de críticas e de interpretações clássicas a esse respeito. Inicialmente, no Capítulo I, disséramos ser necessário estabelecer a definição do sujeito da ciência da alma, verificar o estatuto de substancialidade a ela atribuído e, a partir de sua definição como perfeição primeira responsável por transformar a matéria num organismo, estabelecer suas múltiplas faculdades. Isso entendemos ter realizado com sucesso e, embora tenhamos nos inclinado a aprofundar algumas questões, os limites deste trabalho nos obrigavam a apresentar essa primeira etapa como um preâmbulo ao tema focal do intelecto.

No Capítulo II, havíamos estabelecido a importância de investigar a divisão da faculdade racional como uma nova premissa para podermos seguir com as relações entre alma e intelecto. Assim, nesse capítulo, entendemos ter alcançado bom êxito ao que fora proposto, embora o estabelecimento da divisão básica da faculdade racional em nenhum momento foi assunto esgotado em toda sua extensão. Em cada uma das seções do Capítulo II apresentamos diversas notas com indicações paralelas de possíveis estudos futuros que não caberiam no presente trabalho. De todo modo, o objetivo traçado para que o capítulo intermediário fosse simultaneamente um novo aprofundamento e uma preparação para, ao final, identificarmos suas conseqüências, foi alcançado.

No Capítulo III, disséramos que pretendíamos seguir por uma investigação mais apurada sobre as relações que se estabeleceriam entre o binômio alma e intelecto, porquanto havíamos construído, nos dois capítulos anteriores, um solo seguro para podermos especular com confiança. Para tal, restauramos um itinerário de apreensões e níveis de abstração do sensível ao inteligível, recuperando conclusões retiradas dos dois capítulos anteriores. Com isso, verificamos as implicações das afirmações da imaterialidade e da incorporeidade da alma e suas relações com a questão da permanência da alma individual. Por esse aspecto, entendemos que o Capítulo III também cumpriu a função que lhe fora atribuída por nós no início deste trabalho. Entretanto, assim como ocorreu no capítulo intermediário, uma série de ramificações também foram indicadas ao longo das notas como possibilidades de outros estudos subseqüentes, pois, por ora, não se encontravam num espaço adequado para serem desenvolvidos. Assim, entendemos que, em linhas gerais, atingimos os objetivos propostos, na medida em que o longo trajeto que pretendíamos percorrer no início foi possível de ser completado.

Não obstante termos cumprido nosso itinerário, isso não significa em absoluto que demos nossas pesquisas por encerradas. Concluir nesse estágio não significa, pois, interromper o caminho iniciado, mas meramente encerrar um degrau da investigação. Testemunhas disso são as próprias ramificações que surgiram ao longo do caminho, suficientes para mostrar que a elas devemos voltar com ânimo renovado e, de maneira mais apurada, verificarmos novas hipóteses de trabalho. Exemplo disso é a análise que fizemos da seção V,5 no Capítulo II, assim como a tradução com notas que apresentamos ao final da obra. Ambas são ricas em mostrar que a questão está longe de ter resposta definitiva. O cerne da teoria do conhecimento, como foi visto ali, estabelece um laço necessário entre a psicologia e a metafísica da *Al-Šifā'*. Isso nos leva a crer que na filosofia primeira encontram-se algumas respostas que podem nos auxiliar a completar o desenho do sistema proposto pelo nosso filósofo quanto a uma ciência da alma.

É mister lembrar que a metafísica, nesse caso, é também uma cosmologia, implicando ainda mais o entrelaçamento das ciências que mencionáramos na introdução a este trabalho. Lembremos que o próprio *Prólogo* da *Al-Šifā'* anunciara uma reunião dos saberes da época num sistema organizado, herárquico e inter-relacionado. Após termos percorrido o *Livro da Alma,* é oportuno atestarmos que tal entrelaçamento não é meramente um estrutura artificial sobre a qual se arranjam teorias diversas. Ao contrário, trata-se de uma interdependência sistemática e de uma estrutura funcional em que se ligam as disciplinas com suas respectivas noções.

Por esses motivos, entendemos que a análise da alma não se esgota no *Livro da Alma,* mas levantamos a hipótese de que seu estudo possui ramificações que devem estar nas concepções metafísicas e cosmológicas contidas no último tomo da obra *Al-Šifā'*. Apesar de fornecermos algumas indicações a esse respeito, consideramos que elas são insuficientes frente às ricas possibilidades de efetuação que podem resultar de uma nova pesquisa nesse sentido. Em resumo, uma ciência da alma, segundo entendida por Ibn Sīnā, implica uma ciência dos primeiros princípios e uma cosmologia. Se o estabelecimento do *Livro da Alma* como sendo o VI da parte da Física já inclui a ciência da alma nas ciências da natureza, possibilitando sua articulação com as demais, o pressuposto de uma metafísica e de uma cosmologia integrá-la-ia definitivamente nos movimentos do cosmos. Uma curta recuperação de algumas passagens da *Metafísica da Al-Šifā'* sustentam melhor o que queremos dizer.

Em seu primeiro capítulo é apresentada a divisão das ciências em especulativas e práticas. As primeiras são aquelas em que se busca o aperfeiçoamento da faculdade especulativa da alma pela realização do intelecto em ato, e as segundas, em que se busca o mesmo tipo de aperfeiçoamento, mas com o resultado conseqüente do aperfeiçoamento da potência do agir moral. Tanto a psicologia como a metafísica encontram-se dentre as especulativas: "Foi mencionado que a ciência especulativa compreende três seções: a Física, as Matemáticas e a Metafísica"[1]. Isso, no entanto, não as isola das ciências práticas – como bem mostra o final da *Metafísica*, no qual se inclui um estudo sobre a moral e a política – pois a alma humana visa o bem no agir. De todo modo, a base dos fundamentos da ciência da alma está fincada sobre princípios justificados na metafísica. No que diz respeito aos fundamentos sobre os quais se apóia cada uma das ciências e como se efetua a ligação entre as duas, esta passagem é definitiva: "Com efeito, os princípios de toda ciência particular são questões na ciência mais alta assim como os princípios da Medicina o são na Física e os princípios da medição o são na Geometria. Assim, nesta ciência [Metafísica] mostram-se os princípios das ciências particulares que estudam as disposições das coisas particulares existentes"[2].

Assim, pois, a sustentação teórica do que fora afirmado no início do *Livro da Alma* a respeito do sujeito dessa ciência, seu método e seus limites carece de justificação numa ciência que lhe segue na ordem da composição da *Al-Šifā'*. Nessa medida, por si só, a declaração de que os fundamentos dos princípios da ciência da alma são fornecidos pela metafísica justifica a necessidade de nos dirigirmos àquele livro para completarmos o sistema proposto no próprio *Livro da Alma*. Se é possível referir-se a um sistema em Ibn Sīnā – ao menos na *Al-Šifā'* visto ter sido escrita e composta segundo um projeto determinado – a composição do *Livro da Alma* contido na física, apesar de anterior à metafísica, deve conter elementos metafísicos que, embora presentes na intenção do autor, só são manifestos no último tomo da obra. Por essa razão também justifica-se a

---

1. Avicenne, *La métaphysique du shifa, Livres I à V*, trad. G. Anawati, Paris, J. Vrin, 1978, p. 86. Para estas premissas a respeito das ligações entre a ciência da alma e a metafísica, utilizamos a tradução de Anawati, que nos parece suficiente para esta etapa da discussão. Ao nos ser concedida a condição de avançarmos nessa investigação, procuraremos definir a edição do texto árabe mais adequada para o caso.
2. Idem, p. 95. Para um estudo da *Metafísica* e sua presença na tradição latina medieval, cf. A. Storck, *Les modes et les accidents de l'être: Etude sur la Metaphysique d'Avicenne et sa reception dans l'Occident latin*, Tese de doutorado, Tours, Université François Rabelais, 2001, notadamente a primeira parte em que se discute a classificação das ciências em Avicena, a metafísica como ciência e o sujeito da metafísica; e, na segunda parte, destacando-se o capítulo IV a respeito da recepção da metafísica no mundo latino.

investigação da questão da alma no livro da *Metafísica* como uma continuidade da teoria por ele proposta.

Além da justificação pelo estabelecimento dos princípios, no curso da ciência da alma, deve-se levar em conta que a própria condição existente da alma humana a partir da mistura dos elementos, como vimos, é um processo que se insere nas descrições metafísicas a partir da definição de seu sujeito: "Assim, o sujeito primeiro dessa ciência é o existente (*al-mawjūd*) enquanto tal; e o [domínio] de suas pesquisas são as coisas que o acompanham necessariamente enquanto existem incondicionalmente"[3]. As primeiras definições a respeito dessa ciência – "E é [chamada] filosofia primeira porque é a ciência da primeira das coisas na existência" (p. 95) – guardam um longo trajeto que inclui, em uma de suas etapas, a existência da alma humana a partir da mistura dos elementos. Essa intenção é declarada por Ibn Sīnā ainda no começo do livro:

> E depois disso passaremos aos princípios dos existentes, estabeleceremos a [existência] do princípio primeiro, que ele é um e verdadeiro, em suprema majestade. [...] depois mostraremos como é sua relação com as criaturas que procedem dele e qual a primeira coisa que procede dele. Em seguida, como a partir dele se escalonam as coisas criadas começando pelas substâncias inteligíveis, depois as substâncias inteligíveis animadas, as substâncias dos corpos celestes, os elementos, as [coisas] engendradas a partir deles e o homem. Depois como esses seres retornam a ele e como ele é para eles um princípio ativo e como ele é para eles um princípio perfectivo e qual será o estado da alma humana quando sua conexão com a natureza é rompida e qual será o estatuto de sua existência[4].

Uma das atribuições que inicia tal processão e que finda com a etapa da existência da alma humana deve-se ao caráter substancial inteligente de ambas. Se ao primeiro existente atribui-se tal princípio pela sua separação da matéria, a alma humana acompanha-se de atributos semelhantes que, igualmente, ligam as duas disciplinas[5]. Vejamos esta curta passa-

---

3. Avicenne, *La métaphysique du shifa*, op. cit., p. 94.
4. *Idem*, p. 105.
5. Cf. o artigo de D. Gutas, em Vvaa, *Filósofos da Idade Média*, S. Leopoldo, Unisinos, 2000, pp. 44-61, no qual o autor relaciona a alma racional às esferas celestes: "Ambas são substân-

gem do capítulo VI da *Metafísica* no qual Ibn Sīnā associa ao primeiro existente a condição de substância inteligente, semelhante ao que se afirmou a respeito da alma humana:

> O necessário da existência é inteligência pura porque ele é uma essência separada da matéria de todo modo. [...] o que está livre da matéria e de suas aderências, que é realizada na existência separada, é inteligível por si. Por ser intelecto por si, é igualmente inteligível por si. Ele intelige, pois, sua essência. Sua essência é pois, intelecto, inteligente e inteligido. E isso não significa que haja aí coisas múltiplas. Com efeito, na medida em que ele é identidade pura, ele é inteligência[6].

Nessa passagem, é difícil não reconhecer os princípios amplamente propostos para a condição de substância inteligente da alma humana no *Livro da Alma*. Basta, para tal, remetermo-nos à alegoria do homem suspenso no espaço ou às passagens em que a consciência de si a define em sua essência. Não é à toa que a questão do intelecto no *Livro da Alma* está inteiramente ligada à questão do intelecto na *Metafísica*: o sujeito de ambas é uma substância imaterial. Apesar de suas particularidades, a relação e a referência são reforçadas por Ibn Sīnā ainda no Capítulo VII da *Metafísica*: "Em seguida, é preciso que tu saibas que quando se diz do primeiro que ele é inteligência, diz-se segundo o sentido simples que conheceste no *Livro da Alma* e que não há nele diversidade de formas ordenadas diferentes como ocorre na alma, segundo o sentido indicado no *Livro da Alma*"[7]. As referências circulares de uma ciência a outra indicam que Ibn Sīnā as toma em constante relação, de modo a se completarem e a completarem o sistema.

---

cias cuja essência é pensar os *intelligibilia*; elas se distinguem, porém, na natureza de seus corpos, aos quais pertencem [...] Enquanto a alma racional estiver ligada ao corpo humano, ninguém poderá estar totalmente em condições de pensar todos os *intelligibilia* de forma plena (ou de receber o eflúvio divino)" (pp. 58 ss.).

6. Avicenne, *La métaphysique du shifa*, op. cit., p. 95. A atribuição de separabilidade identificada com o princípio que origina e ordena toda as coisas tem, dentre outros, um ponto significativo em Anaxágoras. Cf. Anaxágoras, Fragmento 12 em G. Kirk, *Os Filósofos Pré-socráticos*, Lisboa, Fundação Calouste Gulbenkian, 1984, p. 383.
7. Avicenne, *La métaphysique du shifa*, op. cit., p. 101.

Concluir que a ciência da alma implica a metafísica tem como conseqüência direta que às duas implica-se uma cosmologia. Afinal, não é possível separar, no caso de Ibn Sīnā, a metafísica da cosmologia. O Capítulo IX da *Metafísica* pode ser considerado o cerne dessa aliança ao tratar da emanação das coisas a partir da supremacia do primeiro existente. Vejamos esta passagem:

> Há, pois, para cada esfera celeste uma alma motriz que intelige o bem. Por causa de seu corpo [celeste] é dotada de imaginação, concepção e vontade dos particulares. E isso que ela intelige do primeiro e do princípio próximo que lhe é próprio, será um princípio que a excitará ao movimento. Há, pois, para toda esfera uma inteligência separada. A relação dessa inteligência à esfera é similar à [esfera] da inteligência agente em nossas almas sendo um modelo universal e intelectual para a espécie de sua ação[8].

A comparação entre o movimento das esferas celestes e da alma humana é possível na medida em que se admite que o movimento só pode ser realizado por uma alma que mova e, sendo produzida por uma inteligência absolutamente separada da matéria, a relação entre essa esfera e o primeiro existente é similar à posição da inteligência agente quanto às nossas almas. Há outras referências diretas à produção das almas humanas tratadas no *Livro da Alma*, como se vê, por exemplo, nessa outra passagem:

> o que é indubitável é que existem inteligências simples, separadas, que se produzem com a produção dos corpos humanos; elas não são corruptíveis, mas permanecem. Mostramos isso nas ciências físicas. Elas não emanam [diretamente] da causa primeira porque são múltiplas, apesar da unidade específica, mas porque elas são incidentais. Elas são causadas pela causa primeira por um intermediário[9].

De todo modo, fixando-nos na produção supralunar, o número de esferas dos orbes celestes indica o número de inteligências e das almas e liga definitivamente os princípios metafísicos a uma cosmologia:

---

8. Avicenne, *La métaphysique du shifa, op. cit.*, p. 135.
9. *Idem*, p. 143.

se as esferas das estrelas errantes são tais que o princípio do movimento das esferas de cada planeta só é uma potência dos planetas, não está distante que o número [das inteligências] separadas seja o mesmo que aquele dos planetas e não o das esferas.E que seu número seja dez depois do primeiro. A primeira é a inteligência motriz imóvel; ela move a esfera do corpo extremo. Depois aquela que se lhe assemelha para a esfera das fixas, depois a que se lhe assemelha para a esfera de Saturno e assim sucessivamente até que se chegue à inteligência que flui sobre nossas almas: é a inteligência do mundo terrestre. Nós a chamamos inteligência agente[10].

A particularidade da metafísica de Ibn Sīnā tornar-se uma cosmologia exime-a de ser uma construção destituída da consideração direta das coisas da natureza. Além disso, o sentido inverso igualmente prevalece, isto é, que tal cosmologia guarda um sentido psicológico em seus movimentos. Note-se que os movimentos propostos para o mundo supra lunar assemelham-se a movimentos da alma humana que descrevemos neste trabalho:

apreendeste que tudo o que intelige tem uma essência separada [...] e que o movimento celeste é anímico, ele emana de uma alma que renova de um modo contínuo os objetos particulares de suas escolhas. Assim, o número das inteligências separadas, depois do primeiro princípio, será aquele dos movimentos[11].

A observação do movimento dos astros aliado ao sistema contido no *Almagesto* de Ptolomeu resulta, pois, na inclusão do cosmos visível e na constituição de um laço entre psicologia, metafísica e cosmologia, o que não deixa de ser um viés de discussão bastante atual quanto à recuperação do entrelaçamento dessas ciências. Essa, a nosso ver, é a linha de pesquisa mestra mais indicada pela qual devemos seguir, a partir de então, para completar o sistema.

Devemos registrar, além disso, que com este nosso estudo esperamos ter contribuído para recuperar o pensamento do autor no sentido de restaurar uma parte do tecido da História da Filosofia pouco espesso nesse período e lacunar em língua árabe, além de indicar alguns caminhos para

---

10. *Idem*, p. 136.
11. *Idem*, p. 135.

um início de diálogo em língua portuguesa entre a tradição de Ibn Sīnā, em árabe, e a de Avicena em latim. É mister atentar para o fato de que a tradição da filosofia ocidental subseqüente ainda guarda muitos outros temas e conexões que permanecem latentes a serem estudados, além da direção metafísica e cosmológica que indicamos acima por julgarmos ser a mais plausível neste momento. Se é certo que os interditos de Kant, em sua *Crítica da Razão Pura*, dificultaram o acolhimento de afirmações tais como: "devemos examinar aqui as disposições das almas humanas uma vez que tenham deixado seus corpos e a qual estado pertencerão"[12], também é certo que os caminhos de uma ciência da alma dirigiram-se pelo estabelecimento de novos caminhos pela ciência dos modernos onde muitas conexões foram perdidas. Se uma das continuidades da ciência da alma é ver-se transformada em psicologia moderna, os liames das disciplinas que se reuniram em Ibn Sīnā não mais se estabilizaram por imposição da própria História da Ciência e da Filosofia: dividiram-se as disciplinas, multiplicaram-se as subdivisões e dificilmente passou por alguém reunir todas as ciências pela pena de um só. Ecos de suas teorias, é bem verdade, pode ser identificados ao longo do período moderno, mas de modo estanque. Recuperar o trajeto de alguns de seus conceitos e concepções pode nos surpreender quando nos conduzem a estabelecer sua continuidade, por exemplo, por meio dos estudos psicológicos de John Locke e pelo peculiar movimento das idéias; a saber que teses de Brentano que auxiliaram Husserl em sua Fenomenologia devem guardar no conceito "intencionalidade" raízes da *ma'na* de Ibn Sīnā; e que um resgate que inclua as relações entre a psicologia e a medicina certamente encontrará em Freud e no nascimento da Psicanálise um arcabouço rico de relações. Caminhos e vias que permitem fecunda efetuação nas discussões atuais sobre o conjunto das ciências e os desafios contemporâneos, particularmente a respeito das relações entre psicologia, cosmologia e metafísica. Caminhos ao longo dos quais talvez esse nosso pequeno estudo sobre a vasta obra de Ibn Sīnā tenha, de algum modo, algo a contribuir. Finalizamos firman-

---

12. *Idem*, p. 157.

do nossa intenção de continuar a trilhar os caminhos da investigação histórica da filosofia enquanto nos for concedido tempo para isso. Para fazer nada além do que cumprir a máxima: "o aprendizado é um reclamo da aptidão, em sua plenitude, para a conexão"[13].

---

13. Rahman: V,6,247 / Bakós: V,6,175 "[...] et ut discere non sit nisi inquirere perfectam aptitudinem coniungendi se intelligentiae agenti [...]". Cf. Riet: V,6,148.

Anexo I

فصل ٥

(في العقل[1] الفعال[2] في أنفسنا والعقل المُنفَعِل عن أنفسنا)[3]

نقول إن النفس الإنسانية قد تكون عاقلة بالقوة. ثم تصير عاقلة بالفعل. وكل ما خرج من القوة إلى الفعل فإنما يخرج بسبب بالفعل يخرجه. فها هنا سبب هو الذي يخرج نفوسنا في المعقولات من القوة إلى الفعل. وإذ هو السبب في إعطاء الصور العقلية فليس إلاّ عقلا بالفعل عنده مبادى الصور العقلية مجردة. ونسبته إلى نفوسنا نسبت الشمس إلى أبصارنا. فكما أن الشمس تبصر بذاتها بالفعل وتُبصَّر بنورها بالفعل ما ليس مبصرا بالفعل كذلك حال هذا العقل عند نفوسنا[4]. فإن القوة العقلية إذا اطلعت[5] على الجزئيات التي في الخيال وأشرق[6] عليها نور العقل الفعل فينا الذي ذكرناه استحالت[7] مجردة عن المادة وعلائقها[8] وانطبعت في النفس الناطقة ...

SEÇÃO 5
A respeito da inteligência ativa em nossas almas e da inteligência passiva [que procede] de nossas almas

Dizemos que a alma humana às vezes é inteligente em potência, depois torna-se inteligente em ato. Ora, tudo o que sai da potência ao ato sai, somente, por uma causa em ato que o tira de lá. Eis aí, pois, uma causa é o que faz nossas almas saírem, quanto aos inteligíveis, da potência ao ato. E sendo a causa em dar as formas inteligíveis, [esta] não é senão uma inteligência em ato na qual estão os princípios das formas inteligíveis abstratas; e sua relação com nossas almas é como a relação do Sol com nossa visão, pois, do mesmo modo como o Sol é visto por si mesmo em ato e, por sua claridade em ato, é visto algo que não está visível em ato, assim é o caso dessa inteligência em nossas almas. Desse modo, se a faculdade intelectual vê os particulares que estão na imaginação e brilha sobre eles a claridade da inteligência ativa em nós, como mencionamos, eles se tornam abstraídos da matéria e das suas aderências e se imprimem na alma racional [...]

V
CAPITULUM DE INTELLIGENTIA AGENTE IN NOSTRIS ANIMABUS ET DE PATIENTE EX NOSTRIS ANIMABUS

Dicemus quod anima humana prius est intelligens in potentia, deinde fit intelligens in effectu. Omne autem quod exit de potentia ad effectum, non exit nisi per causam quae habet illud in effectu et extrahit ad illum. Ergo est hic causa per quam animae nostrae in rebus intelligibilibus exeunt de potentia ad effectum. Sed causa dandi formam intelligibilem non est nisi intelligentia in effectu, penes quam sunt principia formarum intelligibilium abstractarum.

Cuius comparatio ad nostras animas est sicut comparatio solis ad visus nostros, quia sicut sol videtur per se in effectu, et videtur luce ipsius in effectu quod non videbatur in effectu, sic est dispositio huius intelligentiae quantum ad nostras animas. Virtus enim rationalis cum considerat singula quae sunt in imaginatione et illuminatur luce intelligentiae agentis in nos quam praediximus, fiunt nuda a materia et ab eius appendiciis et imprimuntur in anima rationali, [...]

... لا على أنها أنفسها تنتقل من التخيل إلى العقل منّا ولا على أن المعنى [9] المغمور في العلائق - وهو في نفسه واعتباره في ذاته مجرد - يفعل مثل [10] نفسه. بل على معنى أن مطالعتها تعد النفس لأن يفيض عليها [11] المجرد من العقل الفعال [12]. فإن الأفكار والتأملات حركات معدة للنفس نحو قبول [13] الفيض. كما أن الحدود الوسطى معدة بنحو أشد تأكيدا لقبول النتيجة وإن كان الأول على سبيل والثاني على سبيل أخرى كما ستقف عليه. فتكون النفس الناطقة إذا وقعت لها نسبة ما إلى هذه الصورة بتوسط إشراق العقل الفعال حدث منها فيها شيء من جنسها من وجه وليس من جنسها من وجه كما أنه إذا وقع الضوء على الملونات فعل في البصر منها أثرا ليس على جملتها من كل وجه. (...)

não como se eles próprios [os particulares] passassem da imaginação para o nosso intelecto e nem como se as intenções imersas nas aderências [materiais] – e que em si mesmas [as intenções] e em vista de sua essência são abstratas – fizessem, elas próprias, um exemplar; mas no sentido de que sua consideração [do intelecto] predispõe a alma para que flua sobre ela o [caráter] abstrato da inteligência ativa, sendo que as cogitações e as meditações são movimentos que predispõem a alma na direção da recepção do fluxo, do mesmo modo como os termos médios são predisposições que levam na mais firme direção para assegurar a recepção da conclusão. E se a primeira é de uma maneira, a segunda é de outra, como constatá-lo-ás. Assim, quando se dá para a alma racional um caso qualquer [em relação] a esta forma [inteligível], por meio da iluminação da inteligência ativa advém dela [inteligência ativa], nela [alma racional], algo do ponto de vista do seu gênero [da forma] e algo que não é do ponto de vista do seu gênero; do mesmo modo como que se dá quando da luz sobre as [coisas] coloridas a se produzir dela [luz] na vista uma impressão que não engloba [as coisas coloridas] sob todos os pontos de vista.

[...] non quasi ipsa mutentur de imaginatione ad intellectum nostrum, nec quia intentio pendens ex multis (cum ipsa in se sit nuda considerata per se), faciat similem sibi, sed quia ex consideratione eorum aptatur anima ut emanet in eam ab intelligentia agente abstractio.

Cogitationes enim et considerationes motus sunt aptantes animam ad recipiendum emanationem, sicut termini medii praeparant ad recipiendum conclusionem necessario, quamvis illud fiat uno modo et hoc alio, sicut postea scies. Cum autem accidit animae rationali comparari ad hanc formam nudam mediante luce intelligentiae agentis, contingit in anima ex forma quiddam quod secundum aliquid est sui generis, et secundum aliud non est sui generis, sicut cum lux cadit super colorata, et fit in visu ex illa operatio quae non est similis ei ex omni parte.

... فالخيالات[14] التي هو معقولات بالقوة تصير معقولات بالفعل لا أنفسها[15] بل ما يلتقط عنها. بل كما أن الأثر المتأدي بواسطة الضوء من الصور المحسوسة ليس هو نفس تلك الصور بل شيء أخر مناسب لها يتولد بتوسط الضوء في القابل المقابل[16] كذلك النفس الناطقة إذا طالعت تلك الصور الخيالية واتصل بها نور العقل الفعال ضربا من الاتصال استعدت[17] لأن تحدت فيها من ضوء العقل الفعال مجردات تلك الصور عن الشوائب[18].

فأول ما يتميز عند العقل الإنساني أمر الذاتي منها والعرضي وما به تتشابه تلك الخيالات وما به تختلف[19]. ....

...assim, as [formas] imaginativas que são inteligíveis em potência tornam-se inteligíveis em ato não por si próprias – ao contrário, pelo que se capta a partir delas – e, assim como as impressões das formas sensíveis vindas por meio da luz não são elas próprias essas formas, mas algo distinto correspondente a elas que se produz por meio da luz frente a frente, do mesmo modo a alma racional, na medida em que vê essas formas imaginativas e conecta-se nela a claridade da inteligência ativa, impõe-se da conexão uma aptidão para que advenha nela [alma racional] da luz da inteligência ativa os [caracteres] abstratos dessas formas separadas das misturas.

Sendo assim, a primeira [coisa] que caracteriza o intelecto humano é de sua ordem essencial e acidental e o que nele assemelham-se aquelas [formas] imaginativas e o que nele [elas] se diferenciam.

Imaginabilia vero sunt intelligibilia in potentia et fiunt intelligibilia in effectu, non ipsa eadem sed quae excipiuntur ex illis; imno sicut operatio quae apparet ex formis sensibilibus, mediante luce, non est ipsae formae sed aliud quod habet comparationem ad illas, quod fit mediante luce in receptibili recte opposito, sic anima cum coniungitur formis aliquo modo coniunctionis, aptatur ut contingant in ea luce intelligentiae agentis ipsae formae nudae ab omni permixtione.

Primum autem quod percipit de eis humanus intellectus est id quod de eis est essentiale et accidentale, et id cuius causa sunt similes imaginationes illae et differunt:...

...فتصير المعاني التي لا تختلف بها[20] تلك معنى واحدا في ذات العقل بالقياس إلى التشابه. لكنها فيها[21] بالقياس إلى ما تختلف به تصير معاني كثيرة. فتكون للعقل قدرة على تكثير الواحد من المعاني وعلى توحيد الكثير. أما توحيد الكثير فمن وجهين. أحدهما بأن تصير المعاني الكثيرة المختلفة في المتخيلات بالعدد إذا كانت لا تختلف في الحد معنى واحدا. والوجه الثاني بأن يركب من معاني الأجناس والفصول معنى واحدا بالحد. ويكون وجه التكثير بعكس هذين الوجهين. فهذه من خواص العقل الإنساني. وليس ذلك لغيره من القوى. فإنها تدرك الكثير كثيرا كما هو والواحد واحدا كما هو. ولا يمكنها أن تدرك الواحد البسيط بل الواحد من حيث هو جملة مركبة من أمور وأعراضها...

Assim, as intenções que não se diferenciam naquelas [formas imaginativas] tornam-se uma intenção única na essência do intelecto por analogia às [suas] semelhanças. Mas elas [intenções] naquelas [formas imaginativas], por analogia ao que se diferenciam, tornam-se, no intelecto, intenções múltiplas, pois o intelecto possui um poder, quanto às intenções, de multiplicar a unidade e de unificar a multiplicidade. Quanto a unificar o múltiplo, isso [é tido] sob dois aspectos: um deles em que as intenções múltiplas diferenciadas numericamente nas [formas] imaginativas, se não se diferenciam quanto à definição, tornam-se uma intenção única. E o segundo aspecto [é aquele] em que das intenções dos gêneros e das diferenças se compõe uma intenção única pela definição. E o modo da multiplicidade é no sentido inverso a esses dois aspectos [apresentados]. E isso [existe] dentre as particularidades do intelecto humano, mas não quanto às demais faculdades. Pois essas apreendem o múltiplo, múltiplo como ele é; e a unidade, unidade, como ela é; e não é possível que elas apreendam a unidade simples, mas a unidade enquanto um conjunto composto das coisas e de seus acidentes.

...sed intentiones quibus non differunt ipsae formae fiunt una intentio in essentia intellectus comparatione similitudinis; sed comparatione eius in quo differunt fiunt multae. Ergo intellectus habet potestatem multiplicandi de intentionibus quae sunt una, et adunandi quae sunt multae. Sed adunatio multorum fit duobus modus: uno, ut intentiones quae sunt multae et differentes dimensionibus in imaginationibus fiant una intentio, cum non differunt in definitione; alio, ut de intentionibus generum et differentiarum componatur intentio una in definitione; modi autem multiplicandi fiunt e converso istorum.

Isti autem modi sunt de proprietatibus humani intellectus, quas non habet alia virtus: aliae enim virtutes apprehendunt quod est multum, multum sicut est, et quod est unum, unum sicut est; cum autem apprehendunt unum quod est coniunctum compositum ex aliquibus et ex eorum accidentibus...

...و لاَ يمكنها أن تفصل العرضيات وتنزعها[22] من الذاتيات.

فإذا عرض[23] الحسّ على الخيال والخيال على العقل صورة ما أخذ[24] العقل منها معنى. فإن عرض عليه صورة أخرى من ذلك النوع وإنما هي أخرى بالعدد لم يأخذ العقل منها ألبتة صورة ما غير ما أخذ إلاَ من جهة العرض الذي يخص هذا من حيث هو ذلك العرض بأن يأخذه مرة مجردا ومرة مع ذلك العرض[25]. ولذلك يقال إن زيدا وعمروا[26] لهما معنى واحد في الإنسانية ليس على أن الإنسانية المقارنة[27] لخواص عمرو هي بعينها الإنسانية التي تقارن خواص[28] زيد كأن ذاتا واحدا هي لزيد ولعمرو كما يكون بالصداقة أو بالملك أو بغير ذلك. بل الإنسانية في الوجود متكثرة[29]....

E não é possível que elas [as outras faculdades] separem os acidentes e os extraiam das essências. Assim, se o sentido apresenta uma forma qualquer à imaginação e a imaginação [apresenta-a] ao intelecto; o intelecto apreende dela [da forma] uma intenção.

Mas ao apresentar-se a ele [intelecto] uma outra forma daquela [mesma] espécie – sendo outra somente numericamente – o intelecto não apreende dela, de modo algum, uma outra forma qualquer [além] da que apreendera, a não ser pelo aspecto do acidente que caracteriza essa [outra forma] e enquanto é esse acidente [caso] em que ele [o intelecto] a apreenderia ora [como] abstrato ora com o acidente. Por isso se diz que Zayd e ʿAmr possuem ambos uma única intenção quanto à humanidade não como se a humanidade conjunta às particularidades de ʿAmr fosse em sua determinação a [mesma] humanidade conjunta às particularidades de Zayd [ou] como se fosse uma essência única para Zayd e para ʿAmr assim como é [única] para a "amizade" ou "autoridade" ou para outras desse [gênero]. Contrariamente, a humanidade, quanto à existência, é múltipla.

...non possunt separare accidentalia eorum ab essentialibus eorum.

Cum autem aliquam formam representat sensus imaginationi et imaginatio intellectui, et intellectus excipit ex illa intentionem, si postea repraesentaverit ei aliam formam eiusdem speciei quae non est alia nisi numero, iam non excipiet intellectus ex ea aliam formam praeter quam acceperat ullo modo, nisi secundum accidens quod est illius proprium ex hoc est illud accidens, ita ut aliquando accipiat illam nudam, aliquando cum illo accidente. Et propter hoc dicitur quod Socrates et Plato sunt una intentio in humanitate, non quod humanitas quae est coniuncta proprietatibus Socratis ipsa eadem sit iuncta proprietatibus Platonis, quasi ambo haberent unam essentiam, sicut fit in amicitia et in aliis relationibus, sed quia humanitas multiplicata est in esse:

... فلا وجود لإنسانية واحدة مشترك فيها في الوجود الخارج حتى تكون هي بعينها إنسانية زيد وعمرو[30]. وهذا تستبين في الصناعة الحكمية[31]. ولكن معنى ذلك أن السابق من هذه إذا أفاد[32] النفس صورة الإنسانية فإن الثاني لا يفيد ألبتة شيئا. بل يكون المعنى المنطبع منهما في النفس واحدا هو عن الخيال الأول. ولا تأثير للخيال الثاني. فإن كل واحد منهما كان يجوز أن يسبق فيفعل هذا الأثر بعينه في النفس ليس كشخص إنسان وفرس. هذا[33]

ومن شأن العقل إذا أدرك أشياء فيها تقدم وتأخر أن يعقل معها الزمان ضرورة[34]. وذلك لا في زمان بل في آن. والعقل يعقل الزمان في آن. وأما تركيب القياس والحد فهو يكون لا محالة في زمان ...

Pois não [há] uma existência para uma humanidade única na qual [houvesse] [algo] comum quanto à existência exterior de modo que ela [tal suposta existência] fosse em sua determinação uma [mesma] humanidade [de] Zayd e 'Amr – e isso explicaremos na arte da sabedoria. Entretanto, o significado disso é que a precípua desta [forma humana] na medida em que toca a alma [já] é a forma da humanidade, pois a segunda [forma humana] não fornece de modo algum [essas] coisas; melhor, a intenção impressa de ambas na alma humana é única [e] ela [a intenção] procede da primeira forma imaginativa e não é um efeito da segunda forma imaginativa. Desse modo, é possível a cada uma das duas [formas imaginativas] se antecipar na feitura dessa impressão em sua determinação na alma [mas] não do mesmo modo como [a forma particular] do indivíduo "homem" e "cavalo". Essa...

E na situação em que o intelecto percebe as coisas que se precedem e se sucedem, inteligir [juntamente] com elas, o tempo, é uma necessidade – e isso não num tempo mas num instante pois o intelecto intelige o tempo num instante. E quanto à sua [do intelecto] composição do silogismo e da definição esta é, pois, sem dúvida alguma, num tempo...

Humanitas enim una non est in qua conveniant quae repraesentet esse extrinsecum, ita ut ipsa eadem sit humanitas Platonis et Socratis (hoc autem declarabitur tibi in doctrina sapientiae).

Quod autem de hoc intelligitur hoc est: quod prima forma humana quae praecedit, ipsa prodest tantum animae ad cognoscendum formam humanam; secunda vero nihil prodest; intentio enim impressa animae una est, quae non est nisi imaginatio prima, et imaginatio secunda nihil operatur; potuit autem unaquaeque praecedere et operari illud idem in anima, non sicut hic homo singularis et hic equus. Intellectus autem cum apprehendit aliqua inter quae est prius et posterius solet cum illis intelligere tempus necessario, nec in tempore sed in momento. Intellectus enim intelligit tempus in conclusione et in terminis, et hoc subito.

... إلاَّ أن تصوره [35] النتيجة والمحدود يكون دفعة [36].

والعقل ليس عجزه عن تصور الأشياء التي هي في غاية المعقولية والتجريد عن المادة لأمر [37] في ذات تلك الأشياء ولا الأمر في غريزة العقل بل لأجل أن النفس مشغولة في البدن بالبدن [38]. فتحتاج في كثير من الأمور إلى البدن. فيبعدها البدن عن أفضل كمالاتها.

وليس العين إنما لا تطيق أن تنظر إلى الشمس لأجل أمر في الشمس وأنها غير جلية [39] بل لأمر في جبلة بدنها. فإذا زال عن النفس منّا هذا الغمور [40] وهذا العوق كان تعقل النفس لهذه أفضل التعقلات للنفس وأوضحها وألذها. ولأن كلامنا في هذا الموضع إنما هو في أمر النفس من حيث هي نفس وذلك من حيث هي مقارنة لهذه المادة ...

...salvo que sua [do intelecto] concepção da conclusão e do definido é súbita. Mas a insuficiência do intelecto que procede da concepção das coisas que estão no limite da inteligibilidade e da abstração a partir da matéria, não é [,tal insuficiência,] por uma imposição no que diz respeito à essência dessas coisas e nem por uma imposição quanto à natureza do intelecto; mas por causa de que a alma está ocupada quanto ao corpo, com o corpo. E ela necessita do corpo para muitas coisas, [se bem] que o corpo a distancia das suas melhores perfeições. O olho não é capaz de olhar para o Sol não somente por causa de uma imposição no que diz respeito ao Sol e [por causa] que ele [o olho] [é] distinto da [natureza] do brilho, mas [também] por uma imposição quanto à compleição de seu corpo. E, na medida em que, se dissipasse de nossa alma esta imersão e este obstáculo, a alma inteligiria por isso as melhores intelecções para a alma, as mais lúcidas e as mais deleitáveis. Mas visto que nosso discurso quanto a esse tema é somente quanto ao que diz respeito à ordem da alma enquanto alma, e isto enquanto ela estiver em conjunto com essa matéria...

Quod autem intellectus non potest formare ea quae sunt in ultimo intelligibilitatis et abstractionis a materia, hoc non habet ex aliquo quod sit in essentia illarum rerum nec ex aliquo quod sit in natura intellectus, sed ex hoc quod anima impedita est in corpore et ex corpore, et quod in multis eget corpore, sed corpus elongat eam a dignioribus suis perfectionibus; hoc enim quod oculus non potest intueri solem non habet ex aliquo quod sit in sole, nec hoc quod sol non appareat sed [...]; cum autem aufertur de nostra anima ipsa aggravatio et impedimentum, tunc intelligentia animae de his est melior quam habet anima et quae est purior et delectabilior.

Sed quia noster sermo hic non est de anima nisi secundum quod est anima, scilicet secundum quod est iuncta huic materiae,...

...فليس ينبغي لنا أن نتكلم في أمر معاد[41] النفس - ونحن متكلمون في الطبيعة[42] - إلى أن ننتقل إلى الصناعة الحكمية وننظر فيها في الأمور المفارقة. وأما النظر في الصناعة الطبيعية فيختص بما يكون لائقا بالأمور الطبيعية. وهي الأمور التي لها نسبة إلى المادة والحركة. بل نقول إن تصور[43] العقل يختلف بحسب وجود الأشياء. فالأشياء القوية جدا قد يقصر العقل عن إدراكها لغلبتها. والأشياء الضعيفة الوجود جدا كالحركة والزمان والهيولى[44] فقد يصعب تصورها لأنها ضعيفة الوجود. والأدام[45] لا يتصورها العقل وهو بالفعل مطلقا. لأن العدم يدرك من حيث لا يدرك الملكة[46]. فيكون مدرك العدم من حيث هو عدم والشرّ من حيث هو شرّ شيء، هو بالقوة وعدم كمال[47]....

...assim, não nos é exigido [aqui] falar a respeito da ordem do retorno da alma – afinal, estamos falando a respeito da natureza – [mas] para que passemos [depois] para a arte da sabedoria na qual analisaremos as ordens separadas. E quanto à análise a respeito da arte natural, esta caracteriza-se pelo que é conveniente às ordens naturais; sendo que tais ordens são as que possuem uma relação com a matéria e [com] o movimento. Mas [,voltando ao assunto,] dizemos que o modo de conceber do intelecto se diferencia de acordo com a existência das coisas. Assim, as coisas muito intensas – pela sua superioridade – às vezes restringem o intelecto quanto à sua percepção. E as coisas existentes muito sutis tais como o movimento, o tempo e a *hylé* – por serem sutis existencialmente – às vezes dificultam o seu [do intelecto] modo de conceber. E [mesmo] estando o intelecto em ato completo ele não concebe os inexistentes porque percebe-se o inexistente mediante [o fato de que] não se percebe a posse e, desse modo, o inexistente é percebido enquanto um inexistente; e o mal enquanto mal é algo em potência e um inexistente perfeito.

...tunc non debemus loqui quid erit anima post mortem cum loquamur de natura, donec perveniamus ad doctrinam sapientiae et speculemur separatas, quia doctrinae naturalis non est proprium speculari nisi quod est rerum naturalium et quae habent comparationem ad materiam et motum.

Sed dicemus quod formatio intellectus differt secundum esse rerum. Res enim subtilissimas aliquando non potest intellectus apprehendere, quia excedunt eum; quae vero sunt debilis esse, ut motus et tempus et materia, aliquando difficile est intelligi eo quod sunt debilis esse. Privationes quoque non apprehendit intellectus in effectu absolute; privationem enim apprehendit per hoc quod non apprehendit habitum eius, sed intellectus apprehendit privationem ex hoc quod ipse fuit habens privationem, malum vero ex hoc quod est malum et in potentia et est privatio privationis:...

...فإن أدركه عقل فإنما يدركه لأنه بالإضافة إليه بالقوة. فالعقول التي لا يخالطها ما بالقوة لا تعقل العدم والشرَ من حيث هو عدم وشرَ ولا تتصورهما. وليس في الوجود شيء هو شرَ مطلقا.

...e se um intelecto apreendesse-o [um inexistente perfeito] somente apreendê-lo-ia porque ele [o inexistente] está em relação com ele [intelecto] em potência [o intelecto]. Pois os intelectos que não se misturam a eles [inexistentes] que estão em potência não inteligem o inexistente e o mal enquanto inexistente e mal e sequer os concebem, pois não há na existência algo que seja um mal completo.

...si apprehendit intellectus, non apprehendit nisi ex hoc quod est similitudo inter hunc et illa in potentia. Intelligentia enim cui nihil potentiae admixtum est, non intelligit privationem nec malum secundum quod est privatio et malum, nec formantur in ea, quia in eis quae sunt non est aliquod malum absolute.

Notas

1. Algumas dificuldades apresentam-se no título desta seção. O termo عقل é usado para traduzir a noção do movimento intrínseco a um princípio inteligente, isto é, o intelecto. No entanto, é distinta a forma de operar do intelecto humano em vista das dez inteligências cósmicas separadas da matéria. Por isso, não obstante o termo ser o mesmo, há uma sutil distinção entre seu uso em referência às inteligências cósmicas e seu uso em vista da faculdade intelectual no homem. Por essa razão, é possível espelhar tal distinção por uma dupla interpretação do termo. Assim, traduzimos عقل por "inteligência" quando se tratar das inteligências cósmicas, isto é, quando se refere à inteligência da qual procedem nossas almas, e por "intelecto" quando se referir exclusivamente à faculdade intelectual da alma humana. A tradução latina seguiu essa distinção e ela nos parece oportuna para designar os conceitos em questão. Assim, a inteligência é entendida aqui como a própria substância inteligente e o intelecto como uma faculdade própria da atividade dessa inteligência. A alma humana, por sua vez, também é uma substância inteligente e possui, portanto, uma faculdade intelectual, o intelecto. Como será afirmado em seguida, o movimento do intelecto "sai" da potência ao ato e, para tal, é necessário um intelecto já em ato que o mova. Três são os elementos que estão presentes: o que está em potência, o que está em ato e o que age para realizar a passagem. O título dessa seção coloca em evidência esses

elementos. O termo seguinte (فعّال), por sua vez, pode ser traduzido tanto por agente como por ativo. A composição dos dois termos (العقل الفعّال), portanto, pode se combinar de quatro modos: intelecto ativo, intelecto agente, inteligência ativa ou inteligência agente. Partindo do argumento de que o intelecto, para sair da potência ao ato, necessita de uma instância em ato que o faça sair, essa instância, em nós, designamos como intelecto agente porque age e conclui o movimento da potência ao ato. Porém, essa função não é realizada exclusivamente pela alma humana, mas pela atividade de uma inteligência única a todas as almas humanas. Essa inteligência é uma inteligência em perpétua atividade, pois emana ininterruptamente os princípios da inteligibilidade para os intelectos particulares de cada alma humana, assim como o Sol ilumina com sua luz os raios que tornam possível a visão em ato. Desse modo, temos que o "intelecto agente" em nossas almas é, na verdade, uma "inteligência ativa", única e comum para todas as almas. Assim, intelecto agente e inteligência ativa seriam dois aspectos de uma mesma atividade: a primeira referindo-se ao caso particular de cada faculdade particular e a segunda, como o aspecto comum de uma inteligência em atividade que independe da existência das faculdades humanas particulares. A preposição في/ "em" para designar a presença da inteligência ativa em nossas almas é significativa, pois contrasta com a preposição عن / "de" no sentido de procedência para indicar a condição do aspecto passivo da inteligência em nossas almas. Cf. Goichon, *Lexique*, 225; Riet, *Lexique*, 250s. Para as citações seguintes dos referidos léxicos, apenas indicaremos: G. 225 e R. 250. Em G. 228/5 temos: "inteligência ativa ou intelecto agente". O binômio ativo/passivo ou agente/paciente pode ser entendido do seguinte modo: a décima inteligência é sempre ativa. O seu caráter passivo só ocorre em função da alma humana. O aspecto passivo na alma humana é o intelecto material e o aspecto ativo na alma humana é o intelecto agente. Essa indicação levará a discussões posteriores, notadamente pelos averroístas latinos do século XIII d.C., a polemizarem a respeito do núcleo próprio da alma humana. Pois, se o aspecto passivo e ativo da inteligência está em nossas almas, abre-se a possibilidade de pensar que seria a inteligência por si a operar e a pensar em nós, o que comprometeria a autonomia da alma humana quanto aos inteligíveis. No entanto, em Ibn Sīnā isto não está presente, pois a experiência com o corpo garante a permanência da substância inteligente da alma individualizada mesmo após a dissolução deste.

2. 55/ título: الفعّال. Alguns termos derivados da raiz فعل podem ser assim resumidos: فعل ato ou ação (effectum) G. 511 / actio, actus R. 479 / انفعال pai-

xão (afecção) G. 512 / فِعْلِيّ ativo (adjetivo – efetivo) G. 513 / اِنْفِعَالِي passivo (adjetivo) G. 517 / فَعَّال ativo, agente (adjetivo intensivo – mais no sentido daquilo que está em atividade.) G. 514 / agens, efficiens / فَاعِل que faz, eficiente; que age, agente G. 515 / agens R. 479 / مُنْفَعِل paciente (passivo) G. 518 / patiens R. 479 / مَفْعُول feito (efeito) G. 516.

3. 55/ título: العقل. A tradução latina acompanhou o termo como "inteligência" mas Bakós optou por traduzir como "intelecto". Trata-se, porém e mais propriamente, das conseqüências da atividade da "inteligência" em nossas almas. Em 55/08a, a referência não deixa dúvidas de que se trata do modo como "a inteligência" se relaciona com nossas almas. A seqüência da argumentação se desenvolve no sentido de explicar como a "inteligência" em sua atividade ininterrupta toca nossas almas. Logo, o título quer indicar mais o caráter da atividade e da passividade da "inteligência" antes de analisar como essa atividade é vista do ponto de vista da alma humana como intelecto agente ou intelecto passivo. Deve-se verificar também se há algum aspecto ativo do intelecto humano. Pois, se a alma é uma substância inteligente, pergunta-se qual sua atividade ininterrupta? O título da seção pode ser entendido como sendo um estudo do aspecto ativo da inteligência em nossas almas, isto é, qual o efeito que a atividade ininterrupta dessa inteligência tem sobre nossas almas – ressalte-se que a atividade ininterrupta é iluminar, irradiar constantemente fluxos de matéria e imatéria. Quanto ao caráter imaterial, sua atividade é irradiar os princípios da inteligibilidade. E o aspecto passivo da inteligência, visto que, na alma humana, é possível constatar esse caráter passivo, entendido como potencial. A passividade, contrariamente à atividade, é um aspecto da inteligência visto na alma humana e por isso a preposição عَن / "de".

4. A fonte remota da analogia é do próprio Aristóteles em *De anima*, III, 5, mas a fonte mais próxima na qual Ibn Sīnā deve ter-se baseado é Al-Fārābī. Em sua رسالة في العقل / *Epístola sobre o intelecto,* ao tratar da inteligência agente afirmando similaridades entre o modo de operar do órgão da visão, da luz e das cores, a fonte é clara: " وكما ان الشمس هي التي تجعل العين بصرا بالفعل والمبصرات مبصرات بالفعل بما تعطيه من الضياء كذلك العقل الفعال هو الذي جعل العقل الذي بالقوة عقلا بالفعل / (...) بالفعل بما اعطاه من ذلك المبدا وبذلك بعينه صارت المعقولات معقولات بالفعل. " *assim como o Sol é aquele que faz com que o olho seja visão em ato e os visíveis, visíveis em ato por meio da luz que os toca, do mesmo modo a inteligência ativa é aquela que faz com que o intelecto que está em potência [seja] intelecto em ato por meio disso que lhe toca desse princípio e, por isso, os inteligíveis em potên-*

cia tornam-se inteligíveis em ato. Cf. رسالة في العقل, الفارابي ed. do texto árabe por Maurice Bouyges, Beirouth, Dar el-Machreq Sarl, 1986, p. 27.

5. 55/08: اطلعت A nota de Rahman apresenta a variação para طلعت. A raiz originária significa "aparecer", "surgir" no sentido dos astros que se elevam no horizonte, em suma, do levante. A forma derivada, por extensão, significa "aprender", "conhecer". O termo sugere o jogo de relações da metáfora apresentada que relaciona a luz do Sol com a luz do conhecimento.

6. 55/09: أشرق. A raiz شَرَقَ significa "iluminar", "brilhar" e evidencia novamente um vocabulário solar para tratar das coisas do intelecto.

7. 55/10: استحالت. Goichon indica o termo com o sentido da transformação sem perda substancial, uma alteração. Isso corrobora para entender que a passagem de um estado ao outro se faz por comunicações e transformações, como se fossem dobras do real.

8. 55/09: علائق. O termo francês *attache* parece bem traduzir o sentido em questão. Não se trata da conexão ou da ligação mas sim da "aderência", a ligação física e concreta.

9. Este é um dos termos mais ricos e complexos no vocabulário de Ibn Sīnā, usado pela primeira vez nesta passagem: معنى / *ma'na*. As divergências de tradução e interpretação são constantes e derivam da impossibilidade de tomá-lo sempre num único e mesmo sentido, principalmente porque o termo é usado primariamente para designar uma apreensão específica da faculdade estimativa – tanto no animal como no homem – e para designar a apreensão pelo intelecto. A dificuldade está justamente em não haver concordância no uso de um termo que possa ser usado simultaneamente para os dois casos: animal e homem. O sentido corrente de *ma'na* é, de fato, "noção, sentido ou significado" (cf. D. Reig, *Dictionaire Larousse arabe-français*, Paris, Larousse, 1987, p. 458) – sendo o particípio passado do verbo عنى – *'ana* – que é traduzido geralmente como "significar, querer dizer, concernir" (cf. F. Corriente, *Diccionario árabe-español*, Barcelona, Herder, 1991, p. 539). No vocabulário da lógica, sempre referente aos movimentos do intelecto, não haveria, pois, a dificuldade mencionada. No presente caso, a impossibilidade se dá pelo termo ser usado para designar a apreensão pela faculdade estimativa que está – na hierarquia das faculdades proposta por Ibn Sīnā – em grau abaixo do intelecto. Também Goichon se embaraça nessa questão e (cf. G. 469) traduz معنى por "idéia" – Bakós a segue – afirmando que este termo quase sempre designa o inteligível (apesar de que este convém mais a مقول / *maqūl* e "idéia" a فكرة – *fikra*) enquanto *ma'na* é empregado algu-

mas vezes para um grau de abstração inferior ao intelectual; em seu mais baixo grau, significando a apreensão da estimativa. Sua própria argumentação inviabiliza, pois, o uso do termo "idéia" e, não obstante também o termos usado em outros estudos, o abandonamos. A mesma impossibilidade ocorre com os termos "noção", "conceito" ou "significado", pois todos eles referem-se exclusivamente ao modo de concepção pelo intelecto, e são, nesse caso, sinônimos das formas inteligíveis, o que não é sempre o caso referido por Ibn Sīnā. Toda idéia, noção, significado ou conceito é uma *ma'na* mas a recíproca não se aplica: nem toda *ma'na* é uma noção, conceito ou idéia. Para resolver isto poder-se-ia manter o original, criando-se um neologismo: *ma'na,* ou adotar termos distintos para o caso da alma humana e o da alma animal, mas, ainda assim, nenhum dos termos parece adequado. Por ora, nesta tradução optamos por recuperar o termo latino "intentio" usado na tradução latina (cf. léxico, p. 419) e que, desde que reconduzido à sua raiz original, vai ao encontro da neutralidade da tradução por um único termo. A "intenção" aqui referida não é a intenção do movimento pelas faculdades práticas de buscar um fim determinado por uma ação ou desejo, mas o sentido e a direção que toda forma material, imaginativa ou mesmo estimativa possui, isto é, o sentido que aquela forma possui para aquela determinada faculdade que apreende. A idéia de "tender a" indica sentido e direção, mesmo significado mas não necessariamente sob uma implícita elaboração racional. A vantagem está em que, mantido o termo "intenção", não se compromete o caráter da apreensão pela estimativa que é uma faculdade do âmbito animal. Assim, é possível dizer que a ovelha apreende a intenção do lobo e que o intelecto apreende a intenção das formas imaginativas unificando-as numa única intenção. Subentendido está que cada um dos dois casos se realiza nos limites das próprias forças de cada faculdade, no primeiro caso, uma apreensão particular e, no segundo, universal. Nesse sentido, o termo sugere direção, movimento e ligação com outras formas, o que também é próximo do conceito referido em معنى / *ma'na*. Ganha-se também no sentido de manter a vizinhança do termo na tradição latina e suas transformações até os dias atuais. Basta citar que sua derivação na filosofia moderna em "intencionalidade" tem aí sua origem, termo, aliás, que Edmund Husserl, por meio de Brentano, recuperou nos escritos medievais, notadamente nos de Tomás de Aquino e que deve guardar em suas raízes aspectos da معنى de Ibn Sīnā.

10. O termo مثل, aqui traduzido como "exemplar", remete-se semanticamente ao universo de termos com que Ibn Sīnā faz referência às idéias platônicas, no sentido de cópia ou modelo. Goichon, G. 660, registra "modelo" ou "exemplar"

mas no plural indica tratar-se das idéias platônicas. Assim, por exemplo, o termo مثال / *miṯāl* pode ser entendido como "idéia" no sentido platônico, e a passagem em questão indica a crítica ao sistema dos platônicos. Vale lembrar que a tradição do termo fez com que, por exemplo, مثاليّة / *miṯāliyya* modernamente significasse "idealismo". Cf. A. El-Hélou, "Le vocabolaire philosophique". Beyrouth, Libraire du Liban, 1994.

11. A passagem pode ser interpretada de diversos modos pois a frase final do trecho لأن يفيض عليها tem sua tradução mais imediata como "para que brilhe sobre ela". A referência imediata é a "ela", alma, mas pode ser à faculdade do intelecto. Além disso, como na língua árabe todo plural irracional é tratado como singular feminino, existe, ainda, a possibilidade de que a iluminação fosse sobre "eles", ou seja, os particulares que foram referidos algumas linhas acima. Na nota à linha 40, Riet indica Gardet a respeito de "uma dupla claridade" do intelecto agente. O próprio Gardet, não obstante admitir a infusão de formas, alerta para que isso não seja tomado de modo absoluto: "Não se deve, como se faz às vezes, representar-se essa infusão de formas como um modo de fornecimento absolutamente extrínseco. Ela vem do exterior, certamente, mas por uma dupla claridade que, iluminando de uma parte a própria alma e, de outra parte, as formas inteligíveis envolvidas de matéria, imprime essas formas na alma, permitindo à alma que ela as veja tal como existem no intelecto agente" (Gardet, *La pensée religieuse d'Avicenne*, op. cit., p. 151). Uma hipótese que pode ser levantada é entender que o processo de intelecção possuiria um traço de paralelismo e simultaneidade. A iluminação deveria ser entendida, ao menos, sob dois aspectos: primeiramente como o caráter abstrato incidindo sobre as formas imaginativas assim como faz a claridade sobre os objetos coloridos e, em segundo lugar e simultaneamente, a doação da forma pura, correspondente, em ato, à forma inteligível em potência nas formas imaginativas, quando o intelecto, depois de suas considerações, estivesse apto a recebê-las. O intelecto seria, assim, por um lado, uma atividade ao empregar a faculdade cogitativa na busca do termo médio e, por outro, seria uma passividade ao receber a forma inteligível em ato correspondente à forma inteligível em potência nas formas imaginativas. A contemplação seria, nesse caso, a própria visão intelectual da forma inteligível. Esse grau é o entendimento, isto é, a conexão entre o intelecto e a inteligência por meio das formas imaginativas que procedem dos sentidos. Assim, ligam-se os três níveis simultaneamente, ou seja, as coisas, as formas imaginativas e os princípios da intelecção. A alma

humana, nesse grau vê por meio do intelecto essa forma inteligível e a percebe interligada nos três níveis.

12. Para que prevalecesse apenas o conceito de infusão de formas, essa afirmação caberia melhor como sendo "a forma pura", mas o texto diz apenas المجرد o abstrato, o que indica também o caráter abstrato dos princípios inteligíveis.

13. O termo قبول traduz-se como "recepção", "aceitação", "acolhimento", G. 554, R. 496. Optamos por "recepção" mas não sem a ressalva de que em nenhum dos casos se trata de uma passividade absoluta mas de um certo assentimento para a conexão.

14. الخيالات é em Goichon tanto "imaginação" como "fantasma" (cf. G. 238), este último tendo sido a escolha de Bakós. A opção por [formas] imaginativas parece melhor na medida em que mantém a raiz original do termo. A edição latina (R. 196) mantém variações dentro da mesma raiz e não aparece nenhuma vez o termo "fantasma". Além disso, vale lembrar que, no *Kitāb al-Nafs*, Ibn Sīnā usa o termo "fantasia" apenas uma única vez como sinônimo do sentido comum e não propriamente da imaginação (cf. Attie, *Os Sentidos Internos, op. cit.*, p. 162). Não obstante o termo "fantasma" vincular-se tanto à tradição aristotélica como à tradição latina posterior que transliterou o termo grego e apesar de, no caso árabe, tratar-se da mesma discussão, a manutenção do termo árabe dentro da sua própria raiz parece-nos mais adequada nesse caso. Não há uma única forte razão para manter o termo "fantasma".

15. Ibn Sīnā repete que a passagem do particular ao universal não é um movimento exclusivo das formas imaginativas particulares. É preciso insistir que a alma humana não está desvinculada dos princípios da inteligibilidade comum a todos os homens e que impregna todo o cosmos. O contato com esses princípios é o contato do homem com a inteligência ativa. É somente em conexão com esses princípios que é possível o entendimento humano.

16. A expressão diz respeito ao fenômeno da percepção das formas sensíveis coloridas feita a partir dos três elementos que se colocam frente a frente, ou seja, os objetos coloridos, o órgão da visão e a claridade proveniente da luz. Assim, Ibn Sīnā reforça que a apreensão das formas visuais é mediada pela claridade que toca os objetos coloridos e forma no humor cristalino duas imagens correspondentes à forma colorida externa ao órgão da visão. Tais imagens, como é descrito no capítulo dedicado ao estudo da visão, fundem-se numa só por trás dos olhos, e o pneuma adequado as transporta até o sentido comum e, fixada na imaginação, completa-se a percepção visual.

17. O termo الاتصال é a conexão que se estabelece entre a inteligência agente e o intelecto humano. O resultado é o constante fluxo dos princípios da inteligibilidade mediante o amplo esquema que discutimos nessa seção. O maior ou menor grau de intensidade da conexão resulta no maior ou menor grau de facilidade para o aprendizado e para o entendimento. O verbo استعد refere-se à aptidão que todo homem possui para o aprendizado e para o entendimento. É uma capacidade natural que predispõe todos a voltarem-se para a busca do conhecimento como a mais própria das funções da alma humana, como já destacamos.

18. A preposição عن, nesse caso, foi entendida pelo tradutor latino e por Bakós no sentido de separação. Não propriamente que provém da mistura mas que, sendo "proveniente de", logo, separou-se de, ou seja, apartada. Já o termo الشوائب indicaria imperfeição mas no sentido de misturado à particularidade, isto é, não é uma forma pura, abstraída de toda a matéria.

19. O trecho reforça que a capacidade de identificar o comum e o incomum nas formas imaginativas é papel do intelecto – apesar de colaboração da inteligência ativa – sendo justamente a diferença entre a forma inteligível universal e a forma imaginativa particular. Isso diferencia o intelecto de todas as outras faculdades.

20. A passagem aqui traz dificuldades quanto à atribuição dos demonstrativos, mas entende-se com mais propriedade que as intenções não possuem em si formas imaginativas, mas são as formas imaginativas que possuem em si intenções em potência que são atualizadas pela faculdade estimativa ou pelo intelecto. A intenção está a meio caminho entre as formas imaginativas e o inteligível. Do mesmo modo que não é possível dizer que o conceito inteligível possui uma forma imaginativa mas, antes, sua própria forma inteligível, assim também as intenções, por estarem na escala de abstração num grau superior ao das formas imaginativas, não podem ter em si um grau de abstração inferior.

21. Aqui ocorre o mesmo caso de atribuição dos demonstrativos لكنها فيها / *mas ela(s) nela(s)*. O trecho ganha sentido quando se entende que "mas elas [intenções] nelas [formas imaginativas]" e não o contrário. A tradução francesa é confusa nesse trecho.

22. Goichon apresenta o termo نزع como sinônimo de مجرد, os dois significando abstração (cf. G. 692s). O segundo como uma operação própria do intelecto, e o primeiro como uma "operação no plano sensível análoga ao تجريد / *tajrīd* no plano intelectual". Bakós segue-a traduzindo a passagem por "abstração". O léxico latino, nessa passagem, assinala *separare* e não entende o termo

como sinônimo absoluto de "abstração". No nosso entendimento, visto tratar-se de uma operação que não atinge o desnudamento completo dos acidentes e visto que o uso do termo, aqui, aplica-se justamente para diferenciar, ainda que de modo sutil, a primeira da segunda operação, a tradução por "extrair" parece ser mais adequada.

23. A raiz عرض guarda o sentido do que é acidental. Por isso, entendido no sentido daquilo que ocorre, que tem lugar, que se dá de modo contingente. Mas também é aquilo que se estabelece, que se apresenta. Como o verbo não está na forma impessoal, não se entende que se trata de dizer "quando ocorre acidentalmente que venha do sentido à imaginação...", mas que o sujeito da ação é o próprio sentido. Sendo assim, trata-se de um movimento próprio dos sentidos que, em posse da forma qualquer referida, a move na direção da imaginação pois essa lhe é superior e, como bem assinalou Ibn Sīnā quanto à hierarquia das faculdades, umas servem às outras. Por isso traduz-se aqui o termo como "apresentar".

24. أخذ como "apreensão" indica que o intelecto poderia funcionar como os sentidos externos que são afetados pelos seus sensíveis próprios. Mas no caso do intelecto essa apreensão, um tipo de passividade, não é o único atributo que lhe confere meios para inteligir mas conjuntamente com o seu aspecto de atividade próprio de busca do termo médio e, como fora dito logo acima, ele tem o poder de unificar o múltiplo e multiplicar a unidade. O modelo de conhecimento pelo intelecto, por ser o ponto de contato mais próprio do homem, inclina-se a harmonizar aspecto passivo e ativo para a resultante do entendimento.

25. Uma vez que o intelecto apreende a forma inteligível – não por si e diretamente das formas imaginativas, mas seguindo o processo descrito por meio da iluminação da inteligência ativa – ele não apreende novamente a forma que já adquiriu e que lhe é conectada quando for o caso que outra se lhe apresente novamente. Mas o intelecto também distingue a forma abstrata da forma abstrata com seus acidentes.

26. Note-se que a tradução latina substitui o exemplo original das duas personagens زيد و عمرو por "Sócrates e Platão".

27. O sentido do termo مقارنة é "aquilo que está em conjunto com", que lhe está unido mas de modo inerente e que sem tal atributo, a coisa não seria definida em sua plenitude como sendo aquilo que é em sua existência. Dizer puramente "inerente" tem o inconveniente de que, com isso, se pressupõe que haja uma substância na qual essa certa propriedade estaria inerida, o que seria avaliar além do que está sendo exposto na passagem. Goichon (cf. 579 a 581) indica "jun-

ção", "ligação" e "conexão", indicando que o termo é usado analogicamente aos movimentos do silogismo por meio de seus termos.

28. Entendido como o que é próprio da coisa, aquilo que lhe é característico. Considerando que este último designa melhor a noção daquilo que particulariza do que aquilo de que se tem posse. O termo "propriedade" é indicado em G. 217.

29. Lendo com G. 616. Indica-se a discussão a respeito do tema que tanto envolveu os medievais árabes e latinos a respeito da noção de essência e de existência. Em princípio, a obra de Al-Fārābī pode ser tomada como um ponto de partida importante no período, reforçada pela sistematização de Ibn Sīnā, distinguindo, ambos, os dois modos de ser segundo o que a essência una se diferencia da existência múltipla. O modo de relação entre ambas foi tido, por vezes erroneamente, como sendo a existência um mero acidente da essência. O tema é rico e permanece, porém, sem uma resposta definitiva para todos os casos. Ibn Rušd criticou o que entendeu ser o modo de relação defendido pelos seus dois antecessores de língua árabe. No mundo latino, a discussão de Ibn Rušd, voltada para seus antecessores, encontrou críticas na formulação posterior de Tomás de Aquino, principalmente em seu *O Ente e a Essência*.

30. A passagem indica não haver uma forma única de "humanidade" na qual houvesse qualquer tipo de associação ou participação dos existentes concretos com essa suposta forma. Ibn Sīnā parece, aqui, rejeitar a "teoria das idéias" dos platônicos. Ao afirmar que não há uma existência das formas inteligíveis fora dos indivíduos concretos ou de um intelecto que as apreenda, o elemento da forma separada com existência própria torna-se desnecessário para explicar o movimento do conhecimento pelo intelecto. Diferentemente do que defendem os platônicos, a alma conhece não porque se lembra das formas que vislumbrou antes de estar acompanhada de seu corpo e tampouco é capaz de apreender as formas de maneira isolada frente a frente com as coisas. Ao contrário, o intelecto humano precisa ser movido pela conexão com a inteligência ativa. Ambos podem inteligir as formas. Na inteligência ativa, as formas – ou os princípios das formas – existem separadamente não porque as formas existem em si mesmas mas porque são pensadas pelas inteligências separadas. Essa parece ser uma sólida diferença entre a teoria do conhecimento de Ibn Sīnā – e uma das características da *falsafa* em geral – e dos platônicos na medida em que a ele não faz sentido a existência de formas inteligíveis separadas da matéria se não houver uma inteligência que lhes seja o suporte de suas próprias existências. Assim, desvia-se a base da teoria das formas para a própria inteligência. O final da pas-

sagem (55/58a) caracteriza uma diferença importante a respeito do modo pelo qual são apreendidas tais formas e sua relação com o tempo nas inteligências separadas e por meio ordenado ao intelecto. Aqui vale lembrar que o grau do intelecto sagrado apontado anteriormente é o modo que mais se aproxima do modo pelo qual as inteligências separadas inteligem: instantaneamente, de um só golpe, simultaneamente.

31. Trata-se da *Metafísica* da mesma obra enciclopédica *Al-Šifā*. Cf. Bakós n. 10, que lembra que Ibn Sīnā ainda se refere a ela como "ciência divina" na introdução, "filosofia primeira" na seção 2 do cap. I, seguindo denominações de Aristóteles tais como $\pi\rho\omega\tau\eta\ \phi\iota\lambda\sigma\sigma\phi\iota\alpha$ ou $\phi\iota\lambda\sigma\sigma\phi\iota\alpha\ \vartheta\epsilon\sigma\lambda\sigma\gamma\iota\chi\eta$.

32. O sentido literal é "na medida em que beneficia a alma". Porém, no curso da argumentação, entende-se tratar-se do movimento de contato da alma com aquela forma particular determinada.

33. Nesse ponto parece que o texto foi interrompido.

34. Aqui estabelece-se uma fundamental diferença do modo de inteligir das inteligências cósmicas e do intelecto humano. As primeiras não precisam seguir no tempo a ordem dos termos pois entendem, apreendem os inteligíveis instantânea e simultaneamente. De certo modo, a operação do intelecto humano é do mesmo gênero mas o procedimento do intelecto é a partir da ordenação e da sucessão dos inteligíveis, um a um, para que sejam adquiridos novos inteligíveis. O entendimento humano não é simultaneamente o entendimento de todos os inteligíveis mas varia segundo a força da conexão de cada intelecto com a inteligência agente. Por isso, o grau mais elevado – intelecto sagrado – é o que mais se aparenta com o modo instantâneo e simultâneo da apreensão dos inteligíveis pelas inteligências cósmicas, caso em que a intuição intelectual حدس / *ḥads* é mais intensa. De todo modo, deve-se lembrar que em ambos os casos respeita-se a ordem lógica do silogismo como o fundamento de todo inteligir seja ele simultâneo e instantâneo, seja ele segundo a ordenação no tempo.

35. Isto é, o seu modo de conceber, de formar. O termo تصوُّر deriva da mesma raiz de "forma" / صُورَة de onde deriva, também, o nome da "faculdade formativa", sentido interno que fixa as formas sensíveis. Para تصوُّر Goichon G.374 aponta "conceito", termo também atual no vocabulário árabe filosófico. A tradução latina adotou termos próximos à raiz árabe como "formar", "informar", "formação" etc., o que parece mais de acordo com o termo original. O termo "concepção" vai ao encontro do sentido de "formar" na medida em que significa o modo como se concebe, como se forma. Nesse sentido, ambos os

termos parecem ser possíveis. Para se manter a proximidade original, poder-seia manter "formar" mas deve-se verificar que o termo está sendo usado como um movimento do intelecto e não da faculdade formativa. Isso cria um novo problema pois "formar" para a faculdade formativa é apreender os traços materiais, a forma sensível, contorno, figura, das coisas sensíveis. Nesse caso, faculdade formativa, forma e formar estariam de acordo quanto ao mesmo sentido e âmbito do movimento de apreensão. Mas, como تصوُّر está sendo usado para designar a apreensão do intelecto e sendo que esta apreensão não é do mesmo modo da apreensão da faculdade formativa, logo, para diferenciá-las, parece mais adequado que se mantenha, quando tratar-se do intelecto, o termo "concepção".

36. O termo شىء guarda sentido de impacto súbito, repentino. Fixa-se o sentido de que a apreensão pelo intelecto dá-se num estalo. Nessa passagem a tradução latina adotou o termo *subito* apesar de que a frase anterior foi assaz sintetizada pelo tradutor latino.

37. O termo أمر encontra-se em G. 25 somente como sinônimo de شىء "coisa", "algo". Nessa frase, assim como em outras passagens, os dois termos parecem intercambiáveis mas, com mais precisão, deve tratar-se, aqui, أمر como "imposição", no sentido de determinação, mesmo ordem. Mais abaixo, o termo aparece no sentido da "ordem" da alma, assim como existem as ordens dos vegetais e dos animais. Portanto, distinguem-se pelo menos três sentidos na mesma passagem. Deve ser lembrado que a raiz árabe remete ao sentido de comando, ordem, prescrição, de onde, por exemplo, deriva, inclusive, o termo أمير / "emir", ou seja, príncipe.

38. O sentido da partícula ب parece indicar o decurso de tempo em que a alma está acompanhada de um corpo. Nesse tempo, não obstante a alma preparar-se cada vez mais intensamente para adquirir os inteligíveis, ela, a alma, sofre as limitações da matéria corporal. Destaque-se aqui que o corpo não é tido aqui como um obstáculo para a alma no sentido comumente atribuído aos místicos, ou ascetas, que o vêem como um elemento que dificulta o êxtase. O obstáculo aqui referido é o da corrupção ou da limitação dos órgãos do corpo que com o tempo ou pela sua compleição não conseguem acompanhar o que a alma lhes solicita. O sentido, pois, é mais médico do que místico.

39. A passagem indica o termo "claridade" جلية que G. 106 traduz como *clarté* e *rayonnement*. A tradução francesa procurou se esquivar da definição do termo indicando que tal seria *quelque chose dans le Soleil* e a latina *nec hoc quod sol non appareat*. De todo modo, o termo deve ser comparado com os três

termos usados por Ibn Sīnā no início do cap. III a respeito da luz e da visão, no qual distingue os termos "luz", "claridade" e "raio". Visto que traduzimos نور por "claridade", entende-se aqui tratar-se de usar outro termo próximo: "brilho".

40. Os manuscritos, quanto a esse termo, não coincidem e mesmo são díspares, conforme aponta Bakós em sua edição do texto árabe. Rahman nada aponta, mas a grafia do termo é confusa em sua edição. Bakós indica ao menos quatro variações mas a questão principal é quanto à última letra, que poderia ser ر ou ز. O segundo caso غموز é aquele pelo qual opta Bakós e a frase indica que, quando esse "defeito" deixar a alma, então ela inteligirá com mais perfeição. A edição de Rahman opta pelo primeiro final غمور, que é o que parece fazer mais sentido. Em 55/12a Ibn Sīnā usou o termo para referir-se à imersão das intenções nas aderências materiais. O termo não é estranho, pois, ao seu vocabulário. E ganha mais sentido quando se afirma que, "na medida em que tal situação da alma acompanhada do corpo deixe de existir, então..." Ora linha acima Ibn Sīnā afirmou que a alma precisa do corpo. Há inúmeras passagens da colaboração de ambos. O corpo não é visto aqui como um "defeito" mas um colaborador na aquisição do conhecimento pela alma.

41. O texto latino apresenta *post mortem* para معاد. Riet, em nota à linha 19, observa que o termo árabe foi transliterado como "almahad" por André Alpago em sua tradução de um outro tratado de "Avicena". Cf. também Riet, p. 113, 45. O retorno da alma, isto é, sua vida futura está no cap. 7 da *Metafísica da Al-Sifa'*, Livro IX. A tradução francesa, ao adotar *"de l'état final de l'existence de l'âme"*, parece se distanciar do significado forte do termo. Goichon traduz por "vida futura" (cf. G. 471) e علم المعاد por "escatologia" (cf. G. 453/12). É certo de que se trata do estado das almas separadas, após a morte do corpo, mas o sentido de "retorno" tem a vantagem de privilegiar o movimento como um contínuo que se estabelece a partir do começo da alma com o corpo ainda no âmbito das ciências naturais. O tema a respeito do معاد constitui-se num estudo à parte, como indica o próprio Ibn Sīnā, e, nesse caso, a tradução por "retorno" mantém neutralidade quanto a questões que ganham mais sentido apenas no interior do próprio tema.

42. Literalmente, "somos enunciadores (*mutakallimūn*) a respeito da natureza".

43. A "concepção" do intelecto gera ambigüidade ao passo que "o modo de conceber" dirime-a. Trata-se sempre do modo pelo qual o intelecto concebe as coisas e não a concepção que se faz a respeito do intelecto. Talvez, por isso, não obstante تصور ser um substantivo, a melhor tradução seja, pois, "modo de conceber".

44. Trata-se da transliteração do termo grego ὕλη / *hylé*. Em ambos os casos, trata-se da "matéria" mas optamos por deixá-lo transliterado, pois Ibn Sīnā assim o fez, além do que usa o termo هیولى para designar a matéria. O termo مادة em Goichon aparece como "matéria-prima" (cf. G.736).

45. A dificuldade do texto latino é apresentada por Riet, remetendo ao léxico, e à sua "Introd.", pp. 93*-94*. O عدم indica mais precisamente "privação" mas por extensão indica-se "inexistência" e mesmo "não-ser". Cf. G. 415 que bem observa que, ao tratar-se de oposição ao existente, define-se como inexistente e pela mesma razão mantivemos inexistente nessa passagem porque o termo ao qual se fez referência acima foi وجود / existência. Mas logo abaixo a oposição se faz com o termo "posse", caso em que a melhor tradução seria "privação".

46. No sentido de que a ausência é percebida como sendo a ausência de algo. Logo, é este "algo" que a fundamenta.

47. O final da oração, entendida como sendo o mal, inexistência e privação absoluta faz mais sentido do que simplesmente entendê-lo como pura potência.

Anexo II

المنطق

المقالة الأولى من الفن الأول من الجملة الأولى

وهو في علم المنطق

الفصل الأول

فصل في الإشارة إلى ما يشتمل عليه الكتاب

قال الشيخ الرئيس أبو علي الحسين بن عبد الله بن سينا. أحسن الله إليه: وبعد حمد الله. والثناء عليه كما هو أهله. والصلاة على نبيه محمد وآله الطاهرين. فإن غرضنا في هذا الكتاب الذي نرجو أن يمهلنا الزمان إلى ختمه. ويصحبنا التوفيق من الله في نظمه. أن نودعه لباب ما تحققناه من الأصول في العلوم الفلسفية المنسوبة إلى الأقدمين. المبذية على النظر المرتب المحقق. والأصول المستنبطة بالأفهام المتعاونة على إدراك الحق المجتهد فيه زمانا طويلا. حتى استقام آخره على جملة اتفقت عليها أكثر الآراء. وهجرت معها غواشي الأهواء. وتحريت أن أودعه أكثر الصناعة. وأن أشير في كل موضع إلى موقع الشبهة. وأحلها بايضاح الحقيقة بقدر الطاقة. وأورد الفروع مع الأصول إلا ما أتق

A CURA
Lógica

Primeiro Capítulo da Primeira Parte do Tomo I.

Sobre a ciência da Lógica

Seção Primeira

Seção a respeito da indicação do conteúdo do Livro

Disse *al-šaīḫ al-ra'īs* 'Abū 'Alī al-Hussain bin 'Abd Allāh bin Sīnā – que Deus o beneficie; louvado seja Deus e sejam as loas para Ele pois Ele é digno disso; que a bênção esteja sobre seu profeta Muḥammad e seus familiares, os puros:

"Nosso objetivo neste livro – e esperamos que nos seja dado tempo para concluí-lo e que nos acompanhe o êxito de Deus em sua feitura – é consignar o cerne do que verificamos dos fundamentos das Ciências filosóficas atribuídas aos antigos, com base na análise metódica verificada e nos fundamentos deduzidos pelos pensamentos que se auxiliam para perceber o que é verdadeiro e que mereceu um esforço constante desde longo tempo, até se estabelecer num conjunto a respeito do qual a maioria das opiniões converge abandonando-se, assim, as opiniões quiméricas.

بانكشافه لمن استبصر مما نُبَصِّره. وتحقق ما نصوره. أو ما عزب عن ذكرى ولم يلح لفكرى. واجتهدت في اختصار الألفاظ جدا. ومجانبة التكرار أصلا. إلا ما يقع خطا أوسهواً. وتنكبت التطويل في مناقضة مذاهب جلبة البطلان أومكفية الشغل بما نقرره من الأصول. ونعرفه من القوانين. ولايوجد في كتب القدماء شيء يعتد به إلاوقد ضمّناه كتابنا هذا. فإن لم يوجد في الموضع الجارى بإثباته فيه العادة وجد في موضع آخر رأيت أنه أليق به. وقد أضفت إلى ذلك مما أدركته بفكرى. وحصلته بنظرى. وخصوصا في علم الطبيعة و ما بعدها. وفي علم المنطق.

وقد جرت العادة بأن تطول مبادئ المنطق بأشياء ليست منطقية. وإنما هي للصناعة الحكمية. أعني الفلسفة الأولى. فتجنبت إيراد شيء من ذلك. وإضاعة الزمان به. وأخرته إلى موضعه.

ثم رأيت أن أتلو هذا الكتاب بكتاب آخر. أسميهُ "كتاب اللواحق".يتم مع عمرى. ويؤرخ بما يفرغ منه في كل سنة. يكون كالشرح لهذا الكتاب. وكتفريع الأصول فيه. وبسط الموجز من معانيه.

ولي كتاب غير هذين الكتابين. أوردت فيه الفلسفة على ما هي في الطبع. وعلى ما يوجبه الرأى الصريح الذي لا يراعى فيه جانب الشركاء في الصناعة.

Procurei consignar nele grande parte da arte; apontar para cada tema onde se situa a ambigüidade, solucionando-a pela elucidação da verdade, na medida do possível; indicar os desdobramentos com os fundamentos, exceto o que acredito estar claro para quem entendeu o que estamos informando e verifica o que descrevemos, ou aquilo que esqueci e não me ocorreu. Esforcei-me em abreviar consideravelmente os temas e evitei totalmente as repetições, exceto o que tenha se dado por engano ou distração. Evitei estender-me na contestação de doutrinas claramente falsas ou suficientemente trabalhadas pelo que constatamos nos fundamentos e do que conhecemos dos cânones.

Nada existe nos livros dos antigos que não incluímos neste nosso livro. Caso não esteja fixado no lugar de costume, estará em outro que achei mais conveniente, tendo sido complementado com aquilo que foi fruto de minhas reflexões e concluído por meio de minha análise, especialmente na Ciência da Natureza, na Metafísica e na Ciência da Lógica. Era costumeiro prolongar os princípios da Lógica com coisas que não cabem à Lógica por pertencerem à arte da sabedoria, isto é, da Filosofia Primeira, e, por isso, evitei abordar algo a esse respeito e, para não perder tempo com isso, posterguei-o ao seu lugar próprio.

Depois, pensei em dar seguimento a este livro com um outro que chamo *Livro dos Apêndices*, que será terminado até o final de minha vida, e será datado a cada ano que se completar. Ele será como um comentário a este livro ou um desenvolvimento dos fundamentos que aqui estão, numa exposição concisa de suas noções.

ولا يتَقى فيه من شق عصاهم ما يتقى في غيره، وهو كتابي في "الفلسفة المشرقية".
وأما هذا الكتاب فأكثر بسطا، وأشد مع الشركاء من المشائين مساعدة.
ومن أراد الحق الذي لا مجمجة فيه، فعليه بطلب ذلك الكتاب. ومن أراد
الحق على طريق فيه ترضٍّ ما إلى الشركاء وبسط كثير. وتلويح بما لو فيطن له
استغنى عن الكتاب الآخر. فعليه بهذا الكتاب.

ولما افتتحت هذا الكتاب ابتدأت بالمنطق. وتحريت أن أحاذى به ترتيب
كتب صاحب المنطق. وأوردت في ذلك من الأسرار واللطائف ما تخلو
عنه الكتب الموجودة. ثم تلوته بالعلم الطبيعى، فلم يتفق لي في أكثر الأشياء،
محاذاة تصنيف المؤتم به في هذه الصناعة وتذاكيره. ثم تلوته بالهندسة. فاختصرت
كتاب الأسطقسات لأوقليدس اختصارا لطيفا. وحللت فيه الشبه واقتصرت
عليه. ثم أردفته باختصار كذلك لكتاب المجسطى في الهيئة يتضمن مع الاختصار
بيانا وتفهيما. وألحقت به من الزيادات بعد الفراغ منه ماوجب أن بعلم المتعلم
حتى تتم به الصناعة. ويطابق فيه بين الأحكام الرصدية والقوانين الطبيعية.
ثم تلوته باختصار لطيف لكتاب المدخل في الحساب. ثم ختمت صناعة
الرياضيين بعلم الموسيقى على الوجه الذي انكشف لي. مع بحث طويل. ونظر
دقيق. على الاختصار. ثم ختمت الكتاب بالعلم المنسوب إلى ما بعد الطبيعة

Tenho outro livro, além desses dois, em que expus a filosofia como ela naturalmente é e conforme o que se exige de uma opinião franca, isto é, não seguindo o ponto de vista dos colegas da arte, e nem me precavendo de ruptura ou oposição a eles, como fiz alhures. E é meu livro *A Filosofia Oriental*. Quanto a este livro, ele é mais elucidativo e mais condizente com os colegas peripatéticos. Quem quiser a verdade sem circunlocução deve dirigir-se àquele livro, e quem quiser a verdade de forma tal a se conciliar com os colegas e ter mais elucidação e glosas do que já foi mencionado pode dispensar aquele livro e seguir por este.

Iniciei este livro começando pela Lógica e nele procurei seguir a ordenação dos livros do autor da Lógica, indicando nele alguns segredos e coisas apuradas inexistentes em outros livros. Dei prosseguimento a esta parte com a Física mas nessa disciplina não acompanhei de perto, na maioria das coisas, sua classificação e seu memorial. Segui, então, pela Geometria, resumindo o livro *Elementos* de Euclides, com um bom resumo, trazendo soluções para ambigüidades, mas sem me prolongar muito. Depois, prossegui com um resumo do mesmo tipo, do livro sobre astronomia, o *Almagesto*, incluindo, além do resumo, um índice e algumas explicações. Anexei nele, ainda, alguns adendos, terminando-o com o que é necessário para o conhecimento dos aprendizes para dominar a disciplina e fazer correlações entre os princípios da astronomia e as leis naturais. Em seguida, apresentei um bom resumo do livro *Introdução à Aritmética* e concluí a disciplina dos matemáticos com a Música como foi revelada para mim, além de uma pesquisa longa e uma análise minuciosa do resumo. Finalizei o livro com a

على أقسامه ووجوهه. مشارا فيه إلى جمل من علم الأخلاق والسياسات. إلى أن أصنف فيها كتابا جامعا مفردا.

وهذا الكتاب. وإن كان صغير الحجم، فهو كثير العلم، ويكاد لا يفوت متأمله ومتدبره أكثر الصناعة. إلى زيادات لم تجر العادة بسماعها من كتب أخرى. وأول الجمل التي فيه هو علم المنطق.

وقبل أن نشرع في علم المنطق. فنحن نشير إلى ماهية هذه العلوم إشارة موجزة. ليكون المتدبر لكتابنا هذا كالمطلع على جمل من الأغراض.

Ciência que diz respeito à Metafísica segundo suas divisões e seus aspectos, fazendo nele menções às Ciências da Ética e da Política, a partir do que componho uma coletânea separada.

Este livro, embora pequeno no volume, traz muito conhecimento da Ciência. E quem o examina e o utiliza com afinco consegue quase dominar a maioria das disciplinas pois ele contém adendos que nunca foram vistos em outros livros. O primeiro conjunto que ele traz versa sobre a Lógica. Mas, antes de adentrar à Ciência da Lógica, indicamos resumidamente em que consiste cada uma dessas ciências, e para que este nosso livro seja, para quem for manuseá-lo, como um prolegômeno a um grande número de temas"[1].

---

1. Na classificação proposta por Anawati, a *Al-Šifā'* encontra-se catalogada entre as obras de filosofia geral sob o n. 14, mencionada a existência de 105 manuscritos. Cf. G. C. Anawati, *op. cit.*, p. 417. Não nos coube aqui apresentar um estudo exaustivo e sistemático do prólogo, como fizemos, por exemplo, com a tradução anexa de V, 5, reservando a prerrogativa de apresentá-lo naqueles mesmos moldes num outro estudo. Para verificar as interpretações diversas das passagens mais importantes, cf. Gutas, *Avicenna and the Aristotelian Tradition*, *op. cit.*, pp. 49-54, em que se apresenta uma tradução – não do mesmo manuscrito – com algumas notas indicativas a respeito de algumas das dificuldades que aí se encontram. Cf também uma tradução parcial em Guerrero, *Avicena*, *op. cit.*, pp. 53-55.

Bibliografia

AFNAN, S. *Avicenna: His Life and Works.* London, Unwin Brothers, 1958.
AL-FĀRĀBĪ. كتاب اراء اهل المدينة الفاضلة / *Kitāb 'arā' 'ahl 'al-madīna al-fāḍila.* Beirute, 1996.
_____. "Risalt Fi'l-'Aql". Beynouth, Daa El-Machreo, 1986.
_____. *Philosophy of Plato and Aristotle.* Trad. and introd. by Muhsin Madhi. New York, The Free Press of Glencoe, 1962. (reed. Cornell Univ. Press, 1969).
_____. *Traité des opinions des habitants de la cité idéale.* Trad. Tahani Sabri. Paris, J. Vrin, 1990.
ALGAZEL. *Confesiones.* Madrid, Alianza Editorial, 1989.
AL-JABRI, M. A. *Introdução à Crítica da Razão Árabe.* São Paulo, Unesp, 1997.
ANAWATI, G. C. *Études de philosophie musulmane.* Paris, J.Vrin, 1974.
_____. "Essai de bibliographie avicennienne". *Revue thomiste.* Paris, vol. 51, pp. 407-440, 1951.
AQUINO, T. *A Unidade do Intelecto contra os Averroístas.* Lisboa, Edições 70.
ARBERRY, A. J. *Avicenna on Theology.* London, Hyperion Press, 1951.
ARKOUN, M. *La pensée arabe.* Paris, PUF, 1996.
ARNALDEZ, R. *Trois messagers pour un seul Dieu.* Paris, Albin Michel, 1983.
ARISTOTLE. *The Works of Aristotle.* Translated into english by David Ross. Oxford, Clarendon Press, 1908.
ARISTOTE, *De l'âme.* Trad. J. Tricot. Paris, J. Vrin, 1965.
_____. "Météorologiques". Paris, Les Belles Lettres, 1982.

ARISTÓTELES, *De Anima* / بدوي , لأرسطوطاليس في النفس . بيروث , ١٩٨٠ .
Edição árabe por Abdurrahman Badawi. Le Caire, 1954.
ARISTÓTELES, PSEUDO, *Teologia*. Trad. y notas Luciano Rubio. Madrid, Paulinas, 1978.
ATTIE FILHO, M. *Os Sentidos Internos em Ibn Sina – Avicena*. Porto Alegre, Eipucrs, 2000.
_____. *Falsafa, a Filosofia entre os Árabes*. São Paulo, Palas Athena, 2002.
BADAWI, A. *Histoire de la philosophie en Islam*. Paris, J. Vrin, 1972.
_____. *La transmission de la philosophie grecque au monde arabe*. Paris, J. Vrin, 1987.
_____. *Quelques figures et thèmes de la philosophie islamique*. Paris, Maisonneuve et Larose, 1979.
BAUSANI, A. *El Islam en su cultura*. México, Fondo de Cultura Económica, 1980.
BRAGUE, R. "Sens et valeur de la philosophie dans les trois cultures médievales". *Miscellanea Medievalia/ Was ist philosophie em Mittelalter?*. Berlin, Walter de Gruyter, 1998.
BACON, R. *Perspectiva*. In: *Roger Bacon and the Origins of Perspectiva in the Middle Ages*. A critical edition and english translation of Bacon's Perspectiva with Introduction and notes by David C. Lindberg. Oxford, Clarendon Press, 1996.
CARDAILLAC, L. (org.). *Toledo, Séculos XII-XIII*. Rio de Janeiro, Jorge Zahar, 1992.
CARRA DE VAUX, B. *Avicenne*. Paris, Félix Alcan, 1900.
_____. *Les penseurs de l'Islam*. Paris, Geuthner, 1984.
CHATEAU, J. *Les grandes psychologies dans l'antiquité*. Paris, J. Vrin, 1978.
CORBIN, H. *Histoire de la philosophie islamique*. Paris, Gallimard, 1986.
CORTE, M. *La doctrine de l'intelligence chez Aristote*. Paris, J. Vrin, 1934.
CRUZ HERNANDEZ, M. *Filosofia hispano-musulmana*. Madrid, 1957.
D'ALVERNY, M. T. *Avicenne en occident*. Paris, J. Vrin, 1993.
DAVIDSON, H. A. "Alfarabi, Avicenna and Averroes, on Intellect". New York, Oxford University Press, 1992.
DE LIBERA, A. *A Filosofia Medieval*. Rio de Janeiro, J. Zahar, 1990.
_____. *Pensar na Idade Média*. São Paulo, Edição 34, 1999.
_____. *La philosophie médiévale*. Paris, Presses Universitaires de France, 1993.
_____. *La querelle des universaux. De Platon à la fin du Moyen Age*. Paris, Seuil, 1996.
DIXSAUT, M. *Platon et la question de la pensée*. Paris, J. Vrin, 2000.
EUTIMIO, Matino. *El alma y la comparación*. Bibl. Hispánica, 1975, pp. 85-93.
EL-HÉLOU. A. "Le vocabolaire philosophique". Beyrouth, Libraire du Liban, 1994.
FAKHRY, M. *Histoire de la philosophie islamique*. Paris, Les Editions du Cerf, 1989.
FOREST, A. *La Structure métaphysique du concret selon Saint Thomas d'Aquin*. Paris, J. Vrin, 1956.
GARDET, L. *Études de philosophie et mystique comparés*. Paris, J. Vrin, 1972.

_____. *La pensée religieuse d'Avicenne*. Paris, J. Vrin, 1951.
GILSON, E. *A Filosofia na Idade Média*. São Paulo, Martins Fontes, 1995.
_____. "Les sources gréco-arabes de l'augustinisme avicennisant". *Archives d'histoire doctrinale et littéraire du Moyen Âge, 1929-30*, vol. 4, pp. 5-158.
_____. "Avicenne et le point de départ de Duns Scot". *Archives d'histoire doctrinale et littéraire du Moyen Âge*, vol. 2, pp. 89-149, 1927.
GOHLMAN, W. E. *The Life of Ibn Sina*. New York, State University of New York Press, 1974.
GOICHON, A. M. *La philosophie d'Avicenne et son influence en Europe médiévale*. Paris, Librarie d'Amérique et d'Orient, 1940.
_____. *Lexique de la langue philosophique d'Ibn Sina*. Paris, Desclée de Brower, 1938.
_____. *Introduction a Avicenne – son épître des définitions*. Paris, Desclée de Brouwer, 1933.
_____. "L'unité de la pensée avicennienne". *Archives internationales d'histoire des sciences*, Paris, n. 20-21, pp. 290-308, 1952.
GUERRERO, R. R. *Obras Filosóficas de Al-Kindi*.
_____. *Avicena*. Madrid, Ed. del Orto, 1994.
_____. *La recepción árabe del De Anima de Aristóteles: Al-Kindi e Al-Farabi*. Madrid, Consejo Superior de Investigaciones Científicas, 1992.
_____. *Averroes, Sobre Filosofia y Religión*. Navarra, Servicio de Publicaciones de la Universidad de Navarra, 1998.
GOMES, P. *A Filosofia Arábigo-portuguesa*. Lisboa, Guimarães Editores, 1991.
GAUTHIER, R. A. *Introdução à Moral de Aristóteles*. Lisboa, Europa-América, 1992.
GUTAS, D. *Avicenna and the Aristotelian Tradition*. New York, Ed. Hans Daiber, 1971.
HERNANDEZ. M. C. *História del pensamiento en el mundo islámico*. Madrid, Alianza Editorial, 2000, 3 vols.
HARVEY, E. R. *The Inward Wits. Psychological Theory in the Middle Ages and the Renaissance*. London, The Warburg Institute, University of London, 1975.
HAMELIN, O. *La Théorie de l'intellect d'aprés Aristote et ses commentateurs*. Paris, J. Vrin, 1953.
IBN SINA (AVICENNA). *Liber de Anima seu Sextus de Naturalibus I-II-III*. "Avicenna Latinus". Édition critique par S. Van Riet et Introduction Doctrinale par G. Verbeke, 1972.
_____. *Liber de Anima seu Sextus de Naturalibus IV-V*. "Avicenna Latinus". Édition critique par S. Van Riet et Introduction Doctrinale par G. Verbeke, 1968.
_____. *Livre des directives et remarques*. Trad. avec introduction et notes par A. M. Goichon. Paris, J. Vrin, 1951.
_____. *Le Récit de Hayy Ibn Yaqzan*. Trad. A. M. Goichon. Paris, Desclée de Brouwer, 1959.

———. *Psychologie d'Ibn Sina*. Ed. et trad. J. Bakós. Praga, Académie tchécoslovaque des sciences, 1956.

———. *(Avicenne). La métaphysique du Shifa*. Trad. G. Anawati. Paris, J. Vrin, 1985.

———. كتاب النفس - ابن سينا.. Edição do texto árabe por F. Rahman, *Avicenna's De Anima, Being the Psychological Part of Kitāb Al-Shifa*. London, Oxford University Press, 1960.

———. كتاب النفس - ابن سينا.. Edição do texto árabe acompanhado de uma tradução francesa por J. Bakós, *Psychologie d'Ibn Sīnā*. Praga, Académie tchécoslovaque des sciences, 1956.

———. *A Origem e o Retorno*. Trad. de Jamil Ibrahim Iskandar. São Paulo, Martins Fontes, 2005.

IBN RUSHD, (AVERRÓES). *Traité décisif – L'accord de la religion et de la philosophie*. Trad. Léon Gauthier. Paris, Sindbad, 1988.

———. *Sobre Filosofia e Religión*. Selección de textos Rafael Ramón Guerrero. Navarra, 1998.

———. *Tahafut al-Tahafut*. London, University Press, 1987.

———. *Epitome De Anima* كتاب النفس.. Ed. Salvator Nogales. Madrid, Inst. Hispano-Arabe de cultura, 1985.

JAEGER, W. *Aristóteles*. México, Fondo de Cultura Económica, 1995.

———. *La Teologia de los primeros filósofos griegos*. México, FCE, 1992.

JALDUN, I. *Introducción a la historia universal*. México, Fondo de Cultura Económica, 1997.

JANSSENS, J. L. *An Annotated Bibliography on Ibn Sina (1970-1989)*. Leuven, University Press, 1991.

JOLIVET, J. & RASHED, R. *Etudes sur Avicenne*. Paris, Les Belles Lettres, 1984.

———. *Philosophie médiévale arabe et latine*. Paris, J. Vrin, 1995.

JOURNET, C. "Les maladies des sens internes". *Revue thomiste*. Paris, vol. 29, pp. 36-50, 1924.

LABARRIÈRRE, J. L. "De la phronesis animale". *Biologie, logique et métaphysique chez Aristote*. Séminaire du CNRS, 1987. Paris, Ed. du CNRS, 1990, pp. 405-428.

LEWIS, B. *Os Árabes na História*. Lisboa, Editorial Estampa, 1996.

MANTRAN, R. *Expansão Muçulmana*. São Paulo, Pioneira, 1977.

MOREWEDGE, P. *Essays in Islamic Philoshophy, Theology and Mysticism*. New York, The State University of New York at Oneonta, 1995.

MUNK, S. *Mélanges de philosophie juive et arabe*. Paris, J.Vrin, 1988.

MAHLOUBI, B. *La notion d'imagination chez Avicenne*. Tese de doutorado. Paris, Université de Paris I Panthéon-Sorbonne, 1991.

MICHOT, J. *La destinée de l'homme selon Avicenne*. Louvain, 1986.

MOREAU, J. *Aristote et son École*. Paris, PUF, 1962.
NASCIMENTO, C. A. *O que é Filosofia Medieval*. São Paulo, Brasiliense, 1992.
NUYENS, F. *L'Evolution de la psychologie d'Aristote*. Louvain, Institut Supérieur de Philosophie, 1973.
PEREIRA, R. H. S. *Avicena: A Viagem da Alma (Uma Leitura Gnóstico-hermética de Hay Ibn Yaqzân)*. Dissertação de mestrado. São Paulo, FFLCH-USP, 1998.
PLATÃO. *A República*. Trad. e notas de Maria Helena R. Pereira. Lisboa, Fund. Calouste Gulbenkian, 1996.
PLOTINO, *Enéadas I-II*. Madrid, Gredos, 1992.
RAHMAN, F. "Avicenna's Psychology". London, Oxford Press, 1952.
ROMERO, J. L. *La Edad Media*. México, Fondo de Cultura Económica, 1992.
SEBTI, M. *Avicenne. L'âme humaine*. Paris, PUF, 2000.
SORABJI, R. *Aristotle Transformed*. London, Redwood Press, 1990.
STORCK, A. *Les modes et les accidents de l'être: Etude sur la Métaphysique d'Avicenne et sa reception dans l'occident latin*. Tese de doutorado. Université François Rabelais, 2001.
TELLKAMP, J. A. *Sinne, Gegenstände und Sensibilia zur Wahrehmung – Lehre des Thomas von Aquin*. Leiden, E. J. Brill, 1999.
VAN RIET, G. *Philosophie et religion*. Louvain, Presses Universitaires de Louvain, 1970.
VERZA, T. M. *A Doutrina dos Atributos Divinos no Guia dos Perplexos de Maimônides*. Porto Alegre, Edipucrs, 1999.
VVAA. *The History of Islam*. London, Cambridge University Press, 1970.
_____. *Os Filósofos Pré-socráticos*. Edição bilíngüe. Lisboa, Fundação Calouste Gulbenkian, 1994.
_____. "Le sensible: transformations du sens commun – d'Aristote à Reid". *Revue de métaphysique et de morale 96*. Paris, Armand Colin, n. 4 (octobre-décembre), 1991.
_____. *L'Islam: La Philosophie et les Sciences*. Paris, Unesco, 1986.
_____. *Filósofos da Idade Média*. São Leopoldo, Unisinos, 2000.
WOLFSON, H. A. "The Internal Senses in Latin, Arabic and Hebrew Philosophic Texts". *Studies in the History of Philosophy and Religion*. London, Harvard University Press, 1979. pp. 250-314.
ZINGANO, M. *Razão e Sensação em Aristóteles*. São Paulo, L&PM, 1998.

Estudos Árabes

A Arte do Zajal – *Estudo de Poética Árabe*
Michel Sleiman

O Intelecto em Ibn Sīnā (Avicena)
Miguel Attie Filho

O Simbolismo dos Padrões Geométricos da Arte Islâmica
Sylvia Leite

Título	O Intelecto em Ibn Sīnā (Avicena)
Autor	Miguel Attie Filho
Produção Editorial	Aline Sato
Capa	Tomás Martins
Revisão	Geraldo Gerson de Souza
Revisão Técnica do Texto Árabe	Safa A. A-C. Jubran
Projeto Gráfico	Ricardo Assis
Editoração Eletrônica	Amanda E. de Almeida
Formato	16 x 23 cm
Tipologia	Times Arabic
Papel	Cartão Super 6 250 g/m^2 (capa)
	Polén Soft 80 g/m^2 (miolo)
Número de Páginas	296
Impressão e Acabamento	Prol Editora Gráfica